Heimautomation mit Arduino, Raspberry Pi und ESP8266

Thomas Brühlmann

Heimautomation mit Arduino, Raspberry Pi und ESP8266

Das eigene Heim als Smart Home für Heimwerker, Bastler und Maker

Bibliografische Information der Deutschen Nationalbibliothek
Die Deutsche Nationalbibliothek verzeichnet diese Publikation in der Deutschen Nationalbibliografie; detaillierte bibliografische Daten sind im Internet über <http://dnb.d-nb.de> abrufbar.

Bei der Herstellung des Werkes haben wir uns zukunftsbewusst für umweltverträgliche und wiederverwertbare Materialien entschieden.
Der Inhalt ist auf elementar chlorfreiem Papier gedruckt.

ISBN 978-3-95845-671-6
1. Auflage 2021

www.mitp.de
E-Mail: mitp-verlag@sigloch.de
Telefon: +49 7953 / 7189 - 079
Telefax: +49 7953 / 7189 - 082

Lektorat: Sabine Schulz
Sprachkorrektorat: Petra Heubach-Erdmann
Coverbild: @denisismagilov/stock.adobe.com
Satz: III-satz, Husby, www.drei-satz.de
Druck: ADverts in Riga, Lettland

Inhaltsverzeichnis

Einleitung

Die Automatisierung der eigenen Wohnung oder des eigenen Hauses ist ein spannendes Thema für jeden praktisch veranlagten Bastler. Dank der vielen Module und Lösungen kann jeder Anwender sein »Smart Home« individuell und nach eigenen Wünschen aufbauen.

Mit Arduino, ESP8266 und Raspberry Pi können Sie kostengünstig einzelne Lösungen realisieren: Sei es die Raumüberwachung mittels eines Sensor-Netzwerks oder die Lichtsteuerung und deren Visualisierung mit Raspberry Pi und Node-Red.

Eine Schaltzentrale mit Raspberry Pi und Standardschnittstellen wie MQTT erlauben die einfache und offene Integration von Selbstbau-Modulen wie auch fertigen, kommerziellen Modulen und Anwendungen.

Dieses Buch richtet sich an Bastler und Maker, die bereits etwas Erfahrung mit Arduino und Raspberry Pi gesammelt haben und nun praktische Anwendungen in ihrem Heim aufbauen möchten.

Aufbau des Buches

Dieses Buch ist so aufgebaut, dass Sie zuerst Grundlagen über das Arduino-Board, den ESP8266 und den Raspberry Pi lernen. Anschließend werden in verschiedenen Themenkapiteln praktische Projekte aufgebaut und in den nachfolgenden Anwendungskapiteln 8 bis 10 realisiert.

In **Kapitel 1** wird die im Buch verwendete Hardware mit Arduino und Raspberry Pi vorgestellt und in Betrieb genommen.

Die Verbindung dieser Microcontroller-Boards mit dem heimischen Netzwerk oder WLAN wird in **Kapitel 2** erklärt.

Die sehr verbreiteten Module der ESP8266-Reihe werden in **Kapitel 3** in Betrieb genommen. Mit der Installation der bekannten Firmware Tasmota haben Sie eine optimale Basis für die Projekte in den weiteren Kapiteln.

In **Kapitel 4** werden die verbreiteten Protokolle HTTP und MQTT vorgestellt.

Ein Arduino, der über MQTT ins Netzwerk integriert ist, bietet eine einfache Hardware als Sensor- und Aktormodul in der Heimautomation. In **Kapitel 5** nutzt das Arduino-Board dabei die weitverbreitete `PubSubClient`-Bibliothek.

In **Kapitel 6** wird der Minicomputer Raspberry Pi als Schaltzentrale aufgebaut. Die zentrale Anwendung dabei ist die webbasierte Entwicklungsumgebung Node-Red.

In jeder Heimautomation fühlen Sensoren die Umwelt. In **Kapitel 7** werden verschiedene Sensoren eingesetzt, um Zustände im Heim zu erfassen. Mittels verschiedener Gateway-Lösungen können Sensordaten empfangen und verarbeitet werden.

Das **Kapitel 8** beschreibt praktische MQTT-Anwendungen, die man über Node-Red schalten und verwalten kann. Eine drahtlose Fernbedienung erlaubt die Ansteuerung des Fernsehers über Tablet oder Smartphone. Weiter werden analoge Daten eingelesen, die Klingel an der Haustür vernetzt und die Überwachung des Briefkastens ins heimische Netz integriert.

In **Kapitel 9** werden Heimautomations-Lösungen vorgestellt. In einfachen Schritten kann die Anwendung Home Assistant als Basis für eine Heimautomation eingerichtet und konfiguriert werden.

Weitere praktische Projekte wie ein webbasierter Aquarium-Timer, ein Stromwächter zur Energie-Überwachung oder die Temperatur-Überwachung des Gefrierschranks werden in **Kapitel 10** beschrieben.

Mehr Informationen

Weitere Informationen zu den Heimautomations-Projekten im Buch sind auf meiner Website erhältlich:

`https://555circuitslab.com`

Im Downloadbereich finden Sie alle Beispielskripte, 3D-Vorlagen, Ergänzungen und Erweiterungen.

Bei Anmerkungen und Anregungen können Sie mich gerne per E-Mail oder über Twitter kontaktieren.

E-Mail: `maker@555circuitslab.com`

Twitter: `https://twitter.com/arduinopraxis`

Weiterführende Informationen zum Thema Arduino und Sensoren und laufend neue Projekte beschreibe ich in meinem Arduino-Blog.

`http://arduino-praxis.ch`

Auf der Verlags-Website finden Sie Details zu meinen bisherigen Buchprojekten:

Arduino Praxiseinstieg

`https://mitp.de/0054`

Sensoren im Einsatz mit Arduino

`https://mitp.de/150`

Danksagung

Ich möchte mich ganz herzlich bei meiner Familie, meiner Frau Aga und meinen Jungs Tim und Nik bedanken, dass sie mir die Zeit und den Freiraum für dieses Buch-Projekt gewährt haben.

Ein großer Dank geht auch wieder an meine Lektorin Sabine Schulz vom mitp-Verlag. Es war wieder eine sehr angenehme und erfolgreiche Zusammenarbeit.

Dieses Buch widme ich meinem Vater Bernhard.

Im Februar 2021

Thomas Brühlmann

Kapitel 1

Smarthome-Hardware

Die Hardware im IoT- und Smarthome-Umfeld ist mittlerweile sehr vielfältig und viele Hersteller, Anbieter und auch Online-Shops bieten unterschiedliche Komponenten an. Als Anwender verliert man schnell die Übersicht über die verschiedenen Systeme, Techniken und Technologien.

Grundsätzlich kann man bei einem Händler ein kommerzielles Produkt mit vielen verschiedenen Komponenten wie Sensoren, Türkontakten, Lichtschranken, Bewegungsmeldern, Alarmsirenen sowie einer zugehörigen Zentrale kaufen und installieren oder installieren lassen.

Als bastelfreudiger Anwender möchte man aber lieber eigene Module aufbauen und in sein lokales Smarthome integrieren. Meist fängt man dabei mit Sensoren zur Überwachung der Temperatur, Luftfeuchtigkeit oder des Lichts an und baut dann laufend sein System aus.

In diesem Kapitel werden die beiden Technologie-Familien Arduino und Raspberry Pi erklärt und für den Einsatz als IoT-Device und für das heimische Smarthome vorgestellt.

1.1 Arduino

Arduino-Boards sind kleine Microcontroller-Boards mit einer Anzahl von Ein- und Ausgängen. An den Eingängen können Sensoren, Schalter und Kontakte angeschlossen werden. Über die Ausgänge werden Relais, Motoren oder Schaltelemente angesteuert.

Die Erfolgsgeschichte der Arduino-Boards begann im Jahre 2005 an einer italienischen Universität. Die Ausbilder haben ein Microcontroller-Board, basierend auf einem Atmel-Microcontroller, entwickelt, damit die Studenten auf einfache Art und Weise interaktive Anwendungen realisieren konnten. Das Arduino-Board diente dabei als Zentraleinheit und wurde über eine einfache Entwicklungsumgebung in C/C++ programmiert.

Nachdem das Institut der Universität geschlossen wurde, hatten die Entwickler entschieden, dass das Arduino-Projekt unter einer Open-Source-Lizenz als Open-Source-Projekt weiterleben soll.

In der Maker- und Bastlerszene hat sich die Offenheit des Projekts schnell herumgesprochen und viele findige Entwickler haben neue Hardware-Erweiterungen (Shields) oder Bibliotheken realisiert.

Schnell gab es viele Beispiele und Anleitungen für den Einsatz dieser Arduino-Boards. Laufend werden neue Lösungen und Beispiele entwickelt.

Das Arduino-Projekt, ein Webshop, ein Forum und viele Anleitungen finden Sie unter: `https://www.arduino.cc/`.

1.1.1 Arduino als Sensor- und Aktormodul

Dank der Offenheit des Arduino-Projekts eignen sich die Arduino-Boards ideal für selbst gebaute Sensor- und Aktor-Anwendungen im IoT- und Smarthome-Bereich.

Über eine Drahtverbindung oder eine drahtlose Verbindung sind diese Sensor- und Aktormodule mit der Zentrale verbunden, senden Statussignale der Sensoren oder aktivieren einen angeschlossenen elektrischen Verbraucher (Motor, Lampe, Pumpe etc.).

Eine Drahtverbindung kann über folgende Technologien realisiert werden:

- USB-Kabelverbindung
- Bussystem über I2C-Bus
- Bussystem über RS485
- Netzwerkverbindung über Ethernet-Kabel

Eine drahtlose Verbindung kann mit einer der nachfolgenden Techniken realisiert werden:

- 433-MHz-Funktechnologie
- Wireless-Netzwerk (WLAN)
- Infrarot-Signal

Je nachdem, welche der oben genannten Technologien für einen Anwendungsfall eingesetzt werden, stehen dem Anwender entsprechende Erweiterungsplatinen (Shields) oder Zusatzmodule zur Verfügung.

Erfahrene Bastler und Anwender können eigene Arduino-Boards mit den entsprechenden Schnittstellen für eigene, spezifische Anwendungsfälle rund um ihr Smarthome realisieren.

Im nachfolgenden Abschnitt werden einige Arduino-Boards vorgestellt, die für IoT- und Smarthome-Einsätze geeignet sind.

1.1.2 Arduino-Boards

Das Arduino-Board ist eine blaue Leiterplatte mit aufgelöteten, elektronischen Bauelementen. Der Microcontroller ist die Zentrale oder das Gehirn des Boards und ist als großer schwarzer Baustein, in der Umgangssprache als »Chip« bezeichnet, auf dem Board platziert. Der Microcontroller ist quasi der gesamte Computer und beinhaltet neben der Zentraleinheit auch den Speicher. Im Flash-Speicher werden die Programme, Sketche genannt, gespeichert. Die Zentraleinheit führt das Programm aus und verarbeitet die Ein- und Ausgangssignale.

Das Arduino-Board wird über den USB-Anschluss oder über ein externes Netzteil mit Spannung versorgt.

Arduino Uno

`https://store.arduino.cc/arduino-uno-rev3`

Der Arduino Uno ist das Standardboard der Arduino-Baureihe. In Abbildung 1.1 ist das Board abgebildet.

Abb. 1.1: Arduino Uno (Bild: arduino.cc)

Das Board Arduino Uno, Rev.3 dient als Basis für alle Projekte und Beispiele in diesem Buch. Der Arduino Uno eignet sich auch sonst als ideales Entwicklungsboard für den Einstieg in die Elektronik- und Microcontroller-Programmierung.

In Tabelle 1.1 sind die technischen Daten des Arduino Uno aufgelistet:

Bezeichnung	Details
Microcontroller	Atmega328
Spannungsversorgung	6–20 VDC (empfohlen 7–12 VDC)
Betriebsspannung	5 VDC
Digitale Ein/Ausgänge	14 (D0–D13, davon 6 als PWM-Ausgänge)
Analoge Eingänge	6 (A0–A5), Auflösung 10 Bit

Tabelle 1.1: Arduino Uno – technische Daten

Bezeichnung	Details
Strom pro digitalem Pin	20 mA DC
Flash Memory	32 kB (Atmega328P), wobei 0,5 kB vom Bootloader belegt werden
SRAM	2 kB (ATmega328P)
EEPROM	1 kB (Atmega328P)
Serielle Schnittstellen (UART)	1
Taktfrequenz	16 MHz
USB-Schnittstelle	ja
Resetschalter	ja
Onboard ICSP-Stecker	ja
Abmessungen Board (L x B)	70 x 53 mm

Tabelle 1.1: Arduino Uno – technische Daten (Forts.)

Auf dem Arduino Uno sind verschiedene Stecker und Anschlussmöglichkeiten platziert, die für verschiedene Funktionen ausgelegt sind. In Abbildung 1.2 sind die verschiedenen Anschlussmöglichkeiten rot dargestellt.

Abb. 1.2: Arduino Uno – Anschlussmöglichkeiten

Die verschiedenen Anschlussmöglichkeiten haben folgende Funktionen:

USB-Anschluss

USB-Anschluss vom Typ B für die Kommunikation des Arduino Uno mit dem angeschlossenen Rechner. Über diesen Anschluss kann ein Programm (Sketch) auf das Arduino-Board geladen werden. Gleichzeitig kann das Arduino-Board über den USB-Anschluss mit Spannung versorgt werden.

Bei der Programmierung via USB-Anschluss wird der auf dem Arduino-Board integrierte USB/Serial-Wandler verwendet.

Stecker für Stromversorgung

Dieser Anschluss für einen 5,5-mm/2,1-mm-Hohlstecker (Außen-/Innendurchmesser), in der Praxis auch Jack-Adapter genannt, dient zum Anschluss eines externen Netzteils oder einer Batterie zur Stromversorgung. Beim Anschluss einer Spannung über diesen Stecker wird die Stromversorgung aus dem USB-Anschluss deaktiviert.

Dieser Anschluss eignet sich auch, wenn Sie zusätzliche Energie für die Versorgung von Sensoren, Relais oder Motoren benötigen.

Reset-Taster

Der Reset-Taster ermöglicht das Zurücksetzen des Microcontrollers. Mit dem Betätigen des Tasters wird das Arduino-Board zurückgesetzt.

Digitale Ein/Ausgänge D0–D13

Über die obere einreihige Buchsenleiste können die digitalen Ein- und Ausgänge D0 bis D13 angesteuert werden.

ICSP

Die 2x3-polige Stiftleiste mit der Bezeichnung ICSP (In-Circuit Serial Programming) wird für die Programmierung mit einem externen Programmiergerät verwendet.

Analoge Eingänge A0–A5

Buchsenleiste für den Anschluss von 6 analogen Eingangssignalen. Die Eingangssignale müssen im Bereich von 0 bis 5 Volt liegen.

Power-Signale

Buchsenleiste mit den Spannungsversorgungen von 3,3 V und 5 V. Über Spannungsversorgungen, die auf dem Board geregelt werden, können externe Sensoren und Schaltungen auf einem Shield oder dem Steckbrett versorgt werden.

Arduino Mega 2560

`https://store.arduino.cc/arduino-mega-2560-rev3`

Der Arduino Mega ist quasi ein großer Arduino Uno mit einer größeren Anzahl von digitalen Ein- und Ausgängen, 4 seriellen Schnittstellen und einem bedeutend größeren Flash Memory. Der Arduino Mega wird mit einem Atmega2560 betrieben und eignet sich für Anwendungen, wo viele I/O-Pins erforderlich sind oder ein größerer Programmspeicher benötigt wird.

Wie Sie aus Abbildung 1.3 erkennen können, hat der Arduino Mega den gleichen Aufbau wie der Arduino Uno. Die zusätzlichen Pins sind auf erweiterten Pin-Reihen im rechten Bereich der Platine angeordnet.

Durch den gleichartigen Aufbau können viele Erweiterungsplatinen (Shields) auch auf dem Arduino Mega verwendet werden.

Abb. 1.3: Arduino Mega 2560 (Bild: arduino.cc)

In Tabelle 1.2 sind die technischen Daten des Arduino Uno aufgelistet.

Bezeichnung	Details
Microcontroller	Atmega2560
Spannungsversorgung	6–20 VDC (empfohlen 7–12 VDC)
Betriebsspannung	5 VDC
Digitale Ein/Ausgänge	54 (davon 15 als PWM-Ausgänge)
Analoge Eingänge	16, Auflösung 10 Bit
Strom pro digitalem Pin	20 mA DC
Flash-Memory	256 kB, wobei 8 kB vom Bootloader belegt werden
SRAM	8 KB
EEPROM	4 kB
Serielle Schnittstellen (UART)	4
Taktfrequenz	16 MHz
USB-Schnittstelle	ja
Resetschalter	ja
Onboard-ICSP-Stecker	ja
Abmessungen Board (L x B)	101 x 53 mm

Tabelle 1.2: Arduino Mega 2560 – technische Daten

Arduino Pro Mini

`https://store.arduino.cc/arduino-pro-mini`

Der Arduino Pro Mini ist ein abgespecktes Arduino-Board mit kleinen Abmessungen. Auf dem Board läuft der gleiche Microcontroller wie auf dem Arduino Uno.

Der Arduino Pro Mini ist in einer 5-V-Version mit 16 MHz und in einer 3,3-V-Version mit 8 MHz verfügbar.

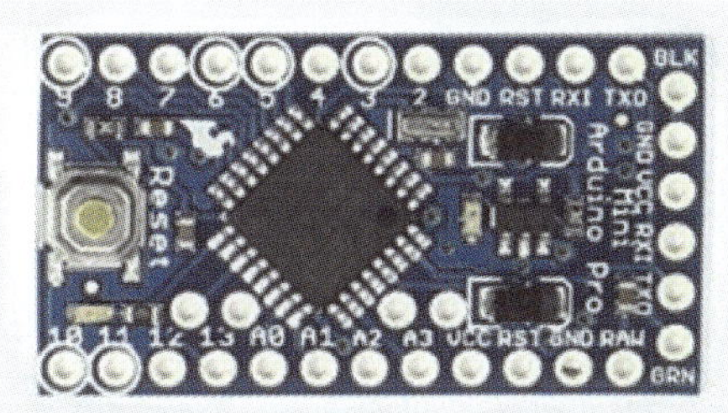

Abb. 1.4: Arduino Pro Mini (Bild: arduino.cc)

Beim Schaltungsaufbau wurden, im Vergleich zum Arduino Uno, etliche Funktionen weggelassen. Zu erwähnen sind dabei der fehlende USB-Stecker und die USB-Seriell-Schaltung.

Für den Programmupload muss ein externer USB-Seriell-Adapter an den Anschlusspins auf der schmalen Boardseite angeschlossen werden (Abbildung 1.5)

Abb. 1.5: Arduino Pro Mini mit angeschlossenem USB-Seriell-Adapter

Das Board ist im Arduino-Shop als »retired« gekennzeichnet, aber wird von vielen Händlern als Clone weitervertrieben.

Dank der schmalen Abmessungen und der kompakten Schaltung eignet sich dieses Board weiterhin ideal für drahtlose, batteriebetriebene Anwendungen.

Die Leiterplatte des Arduino Pro Mini passt in ein kleines Gehäuse und über die Lötpads an den Rändern des Boards können die externen Sensoren oder Schaltungselemente angeschlossen werden.

Das Thema Batteriebetrieb wird in einem späteren Kapitel noch im Detail beschrieben.

1.1.3 Entwicklungsumgebung IDE

Neben der Hardware des Arduino gehört zum Projekt auch eine kostenlose Entwicklungsumgebung.

Diese Entwicklungsumgebung, auch IDE (Integrated Development Environment) genannt, ist die Programmieroberfläche und ermöglicht dem Anwender das Erstellen, Testen und Hochladen von Arduino-Programmen. Die Arduino-Programme werden auch als Sketche bezeichnet.

Die Arduino-Entwicklungsumgebung ist ein Java-Programm. Die Software ist für die Betriebssysteme Windows, Mac OS X und Linux verfügbar.

Die Software wird laufend weiterentwickelt und ist aktuell in der Version 1.8.13 (Stand Herbst 2020) verfügbar und auf der Arduino-Website verfügbar.

`https://www.arduino.cc/en/Main/Software`

Installation

Im Downloadbereich der obigen Internetadresse steht die Software für das jeweilige Betriebssystem bereit.

Windows

Windows-Benutzer nutzen den praktischen Installer, der neben der Entwicklungsumgebung gleichzeitig den notwendigen Treiber installiert.

Mac OS X

Für Mac-Anwender wird die Entwicklungsumgebung als ZIP-Datei bereitgestellt. Nach dem Download und Entpacken kann die Anwendung in einen beliebigen Ordner kopiert und dann ausgeführt werden.

Linux

Linux-Anwender laden sich das passende Paket auf den Rechner und folgen den Schritten der Anleitung.

`https://www.arduino.cc/en/Guide/Linux`

Inbetriebnahme

Nach der erfolgreichen Installation der Entwicklungsumgebung kann das Programm gestartet werden. Die Entwicklungsumgebung startet mit einem leeren Codefenster (Abbildung 1.6).

```
void setup() {
  // put your setup code here, to run once:

}

void loop() {
  // put your main code here, to run repeatedly:

}
```

Abb. 1.6: Arduino-Entwicklungsumgebung

Nun kann ein Arduino-Board über ein USB-Kabel mit dem Rechner verbunden werden.

Für die korrekte Kommunikation zwischen dem Rechner und dem Arduino müssen in der Entwicklungsumgebung das verwendete Arduino-Board und der COM-Port ausgewählt werden.

Die Einstellungen dazu finden Sie unter WERKZEUGE|BOARD beziehungsweise WERKZEUGE|PORT (Abbildung 1.7).

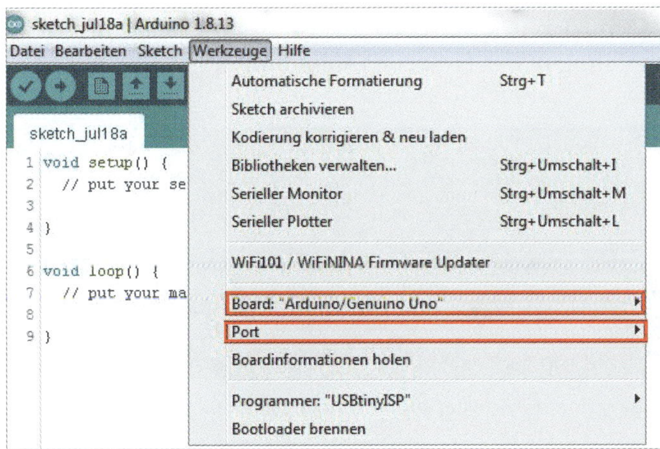

Abb. 1.7: Arduino-Entwicklungsumgebung – Auswahl Board und Port

Mit der richtigen Auswahl der beiden Optionen steht das Arduino-Board für einen ersten Test zur Verfügung.

Verbindungsaufnahme und Sketch »Blink«

Bei der Software-Entwicklung führt man meist als erstes Programm ein »Hello World« aus. Im Arduino-Umfeld nennt sich diese Programm *Blink* und wird mit der Entwicklungsumgebung als Beispiel mitgeliefert.

Das Beispielprogramm *Blink* ist unter DATEI|BEISPIELE|01.BASICS aufrufbar.

Der Blink-Sketch ist, wie der Name aussagt, ein Blink-Programm, das den Ausgang D13 des Arduino-Boards im Sekundentakt ein- und ausschaltet.

Für den ersten Test wird Blink ausgewählt und auf das Arduino-Board geladen. Dazu wird das Icon mit dem Pfeil (Hochladen) angeklickt (Abbildung 1.8).

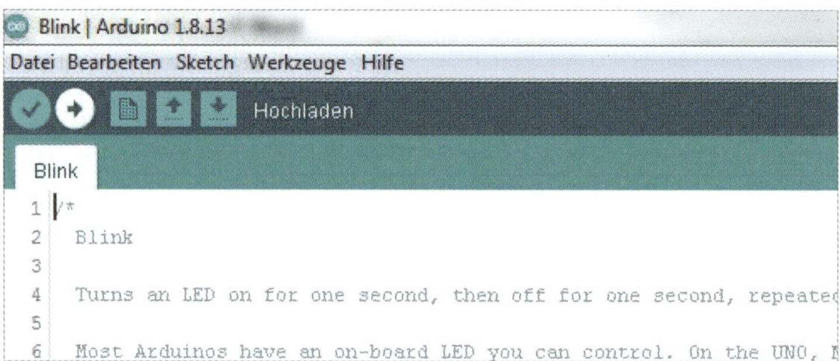

Abb. 1.8: Arduino-Entwicklungsumgebung – Blink hochladen

Nach dem Anklicken der Hochladen-Funktion wird der Blink-Sketch kompiliert und auf das Arduino-Board hochgeladen. Der gesamte Vorgang kann ein paar Sekunden dauern.

Nach dem erfolgreichen Hochladen des Sketches meldet die Entwicklungsumgebung dies mittels Erfolgsmeldung in der Fußzeile (Abbildung 1.9).

```
Hochladen abgeschlossen.
Reading | ################################################## | 100% 0.15s

avrdude: verifying ...
avrdude: 928 bytes of flash verified

avrdude done.  Thank you.
```

Abb. 1.9: Arduino-Entwicklungsumgebung – Blink erfolgreich hochgeladen.

Gleichzeitig wird der Arduino Uno neu gestartet und auf dem Board beginnt die Leuchtdiode mit der Bezeichnung L zu blinken. Gratulation!!

Falls beim Kompilieren oder Hochladen ein Fehler auftaucht, stoppt die Kompilierung und meldet einen Fehler. Wurde beispielsweise ein falsches Board ausgewählt oder die Kommunikation über den COM-Port bricht ab, so wird eine entsprechende Fehlermeldung ausgegeben.

1.1.4 Programmierung, Programmstruktur

Das einfache Blink-Programm zeigt den grundsätzlichen Aufbau eines Arduino-Sketches. Die minimalste Struktur besitzt eine Setup-Funktion `setup()` und ein Hauptprogramm `loop()` (smarthome_kap1_struktur.ino).

```
// Arduino-Sketch - Struktur

void setup()  // Programmstart
{
  // Anweisungen
}

void loop()   // Hauptprogramm
{
  // Anweisungen
}
```

Die Setup-Funktion `setup()` ist zwingend notwendig und wird bei jedem Programmstart einmalig aufgerufen. In dieser Funktion werden Grundeinstellungen und die Deklaration von Variablen und Einstellungen vorgenommen.

Das Hauptprogramm `loop()` wird nach dem Ausführen der Setup-Funktion nun endlos durchlaufen. Das Hauptprogramm wird ausgeführt, bis eine Spannungsunterbrechung oder ein Reset die Ausführung stoppt.

Die Programmstruktur aus diesem Beispiel finden Sie in jedem Arduino-Sketch.

1.1.5 Praxisbeispiel: Temperaturmesser mit NTC und LED

Die Blink-Anwendung aus dem vorherigen Abschnitt dient für den Einstieg in die Arduino-Programmierung und zum Test, ob ein Arduino-Board noch funktioniert.

Der LED-Blinker selbst ist nicht wirklich eine Praxisanwendung.

In diesem ersten Praxisbeispiel soll ein einfacher Temperatur-Sensor die Umgebungstemperatur messen und über eine Anzeigeeinheit mit LEDs ausgeben.

Der Messbereich dieser Anwendung von 0 bis 50 Grad Celsius wird optisch mit 5 Leuchtdioden dargestellt, jeweils in 10-Grad-Einheiten.

Die Aufteilung sieht gemäß Tabelle 1.3 aus.

LED1	LED2	LED3	LED4	LED5
0–10	10–20	20–30	30–40	40–50
Blau	Grün	Gelb	Orange	Rot

Tabelle 1.3: Temperatur-Anzeige mit LED

Idealerweise nimmt man, je nach Temperaturbereich, unterschiedliche Leuchtdioden, um eine optimale Darstellung zu erreichen. Bei den tieferen Temperaturen nimmt man die kalten Farben (Blau, Grün) und bei den höheren Temperaturen entsprechend die warmen Farben (Gelb, Orange, Rot).

Stückliste (Temperaturmesser mit NTC und LED)

- 1 Arduino Uno
- 1 NTC 10 kOhm
- 5 Widerstände 1 kOhm
- 1 Widerstand 10 kOhm
- 5 LED (verschiedenfarbig)
- 1 Steckbrett
- Jumper-Wires

Ein NTC ist ein einfacher Temperatursensor mit negativem Temperatur-Koeffizienten. Bei 25 Grad besitzt der eingesetzte NTC einen Widerstandswert von 10 kOhm. Der Widerstandswert vermindert sich bei höherer Temperatur. Die genauen Temperatur-Werte können aus dem Datenblatt des Lieferanten entnommen werden.

In der Praxis heißt das, dass der NTC bei Kälte einen hohen Widerstandswert hat und bei Hitze ist der Wert niedrig.

NTC-Sensoren gibt es in vielen Größen und Bauformen. In Abbildung 1.10 ist ein einfacher NTC abgebildet, der bei vielen Elektronik-Händlern verfügbar ist. Dieser Typ hat ein dichtes Gehäuse und eignet sich auch für Außenmessungen und Anwendungen im feuchten Umfeld. Der Messbereich dieses Sensor-Typs liegt bei –25 bis +125 Grad Celsius.

Abb. 1.10: NTC-Temperatursensor (Bild: Aliexpress)

Abbildung 1.11 zeigt den Steckbrett-Aufbau der Schaltung mit den Leuchtdioden als Temperaturanzeige. Für die Messung der aktuellen Temperatur wird der Sensor mit einem Widerstand in einer sogenannten Spannungsteiler-Schaltung betrieben. Das Arduino-Board kann nämlich nicht direkt einen Widerstandswert in Ohm messen. Beim verwendeten Messprinzip gibt der Spannungsteiler aus NTC und Widerstand eine proportionale Spannung ab. Diese Spannung, die dem gemessenen Wert entspricht, kann vom Arduino-Board über einen analogen Eingang eingelesen werden.

Der Temperaturbereich von 0 bis 50 Grad und die Anzeige mit Leuchtdioden können bei Bedarf erweitert werden.

Die Ansteuerung der Leuchtdioden erfolgt über die digitalen Ausgänge D2 bis D6.

Das analoge Messsignal wird am analogen Eingang A0 eingelesen.

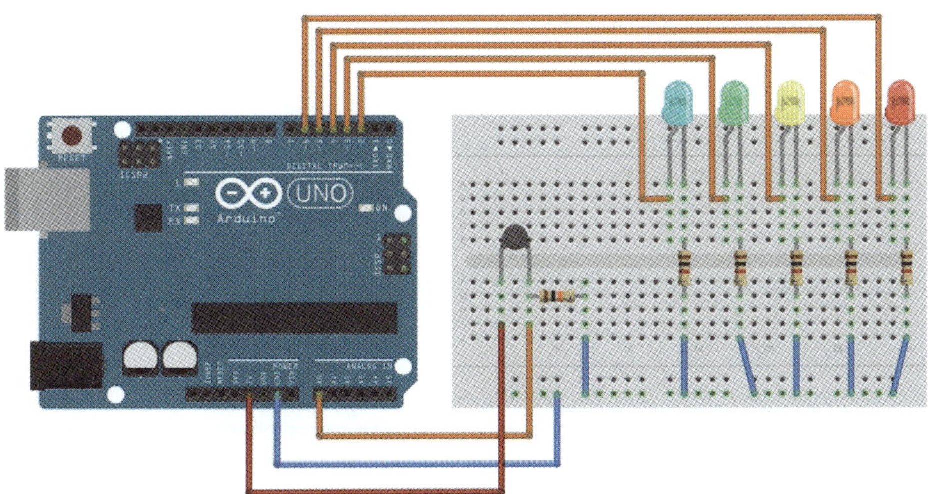

Abb. 1.11: Steckbrett-Aufbau: Temperaturmesser mit LED

Die Berechnung des aktuellen Temperaturwerts erfolgt im Arduino-Code mittels der »Steinhart-Hart-Gleichung«. Für die Berechnung ist die Mathematik-Bibliothek `math.h` erforderlich.

Diese Bibliothek wird zuerst im Programmcode eingebunden (`smarthome_kap1_ntc.ino`).

```
#include <math.h>
```

Die Berechnung der Temperatur benötigt den Widerstandswert des NTC bei 25 Grad Celsius in Ohm.

```
// Widerstandswert bei 25 Grad C
int Wid25Grad= 10000;
```

Nun werden die Variablen für den Messwert, den analogen Eingang und den Temperaturwert deklariert.

```
// analoger Messwert
int valTemp;
// analoger Eingang
int TempPin = 0;
// Wert Temp in Celsius
float tempC;
```

Weiter werden die Pins für die digitalen Ausgänge für die 5 Leuchtdioden definiert.

```
// digitale LED-Ausgänge
int LED1 = 2;
int LED2 = 3;
int LED3 = 4;
int LED4 = 5;
int LED5 = 6;
```

Im Setup wird die serielle Schnittstelle vorbereitet und die digitalen Pins für die Leuchtdioden als Ausgänge gesetzt:

```
void setup()
{
  // Start serielle Ausgabe
```

```
  Serial.begin(9600);
  // Ausgänge setzen
  pinMode(LED1, OUTPUT);
  pinMode(LED2, OUTPUT);
  pinMode(LED3, OUTPUT);
  pinMode(LED4, OUTPUT);
  pinMode(LED5, OUTPUT);
}
```

Im Hauptprogramm `loop()` wird nun bei jedem Programmdurchlauf der analoge Eingang A0 eingelesen und in der Variablen `valTemp` gespeichert. Der Wert wird anschließend an die Funktion `ThermistorC()` übergeben. Die Umrechnungsfunktion rechnet den gemessenen Wert in eine absolute Temperatur um und gibt den Wert zurück. Der Temperaturwert wird in der Variablen `tempC` gespeichert und über die serielle Schnittstelle ausgegeben:

```
void loop()
{
  valTemp = analogRead(TempPin);
  tempC = ThermistorC(valTemp);
  Serial.print("Temperatur: ");
  Serial.print(tempC);
  Serial.println(" C");
```

Nach der Temperaturmessung werden die einzelnen Leuchtdioden der Temperaturanzeige angesteuert. Sobald der Temperaturwert den Endwert des Anzeigebereichs überschreitet, wird die jeweilige Leuchtdiode eingeschaltet.

```
  // Anzeige Temperaturwert mit LEDs
  if (tempC > 10)
  {
    digitalWrite(LED1, HIGH);
  }
  if (tempC > 20)
  {
    digitalWrite(LED2, HIGH);
  }
  if (tempC > 30)
  {
    digitalWrite(LED3, HIGH);
  }
```

```
  if (tempC > 40)
  {
    digitalWrite(LED4, HIGH);
  }
  if (tempC > 50)
  {
    digitalWrite(LED5, HIGH);
  }
```

Nach einer Verzögerung von einer Sekunde beginnt der nächste Messvorgang mit dem nächsten Durchlauf.

```
  // Warten 1 Sekunde
  delay(1000);
}
```

Die oben erwähnte Umrechnungsfunktion `ThermistorC()` rechnet den Messwert des analogen Einganges A0 in den absoluten Temperaturwert in Grad Celsius um. Der Übergabeparameter `RawADC` ist der eingelesene Messwert.

```
double ThermistorC(int RawADC)
{
 double Temp;
 Temp = log(((10240000/RawADC) - Wid25Grad));
 Temp = 1 / (0.001129148 + (0.000234125 * Temp) + (0.0000000876741 *
Temp * Temp * Temp));
 // Umrechnung Kelvin / Grad Celsius
 Temp = Temp - 273.15;
 return Temp;
}
```

1.1.6 Bibliotheken

Arduino-Bibliotheken sind Software-Pakete, die die Funktion eines Arduino-Boards erweitern. In der Arduino-Entwicklungsumgebung werden einige Standardbibliotheken mitgeliefert. Die Standard-Bibliotheken wie `Servo`, `Ethernet`, SD oder Wire sind unter DATEI|BEISPIELE aufrufbar. Für jede Bibliothek stehen Beispielsketche zur Verfügung (Abbildung 1.12).

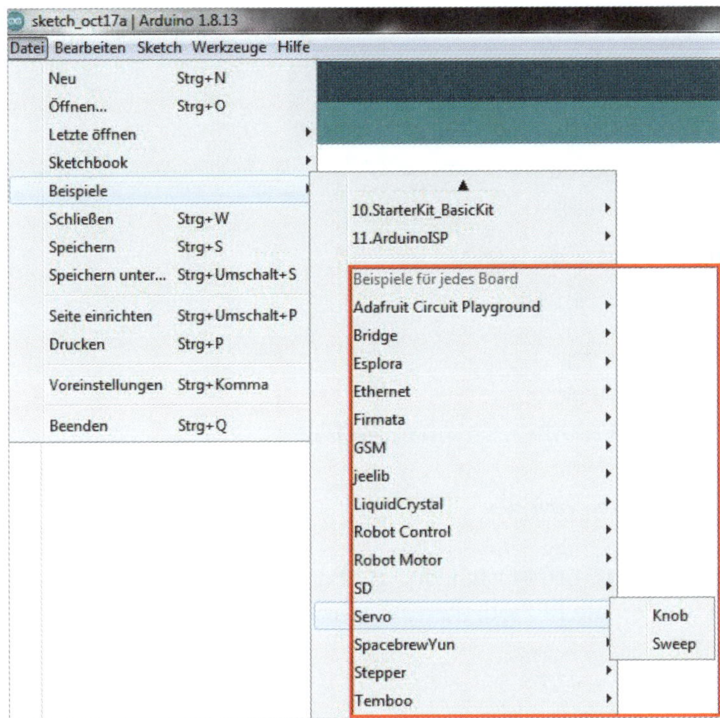

Abb. 1.12: Arduino-IDE – Bibliotheken und Beispiele

Mittlerweile hat die Arduino-Community eine Bibliothek für beinahe jeden Sensor, Baustein oder jedes Modul. Viele findige Arduino-Anwender erstellen eigene Bibliotheken und stellen diese dann der Community zur Verfügung.

Auf der Arduino-Website finden Sie eine große Auswahl an verfügbaren Bibliotheken.

`https://www.arduino.cc/en/Reference/Libraries`

Für Entwickler und Bastler steht ein ausführliches Tutorial zur Verfügung, das die Erstellung einer eigenen Bibliothek beschreibt.

`https://www.arduino.cc/en/Hacking/LibraryTutorial`

Bibliotheken verwalten

Die Verwaltung der Bibliotheken erfolgt über den integrierten Bibliotheksverwalter. Diese Funktion ist unter WERKZEUGE|BIBLIOTHEKEN VERWALTEN zu finden (Abbildung 1.13).

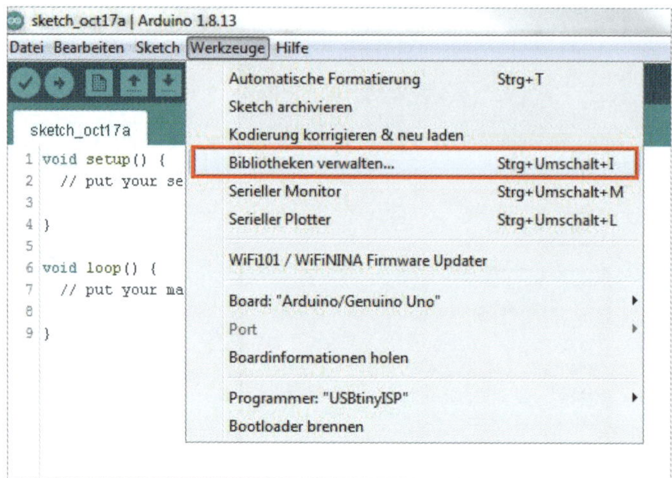

Abb. 1.13: Arduino-IDE – Bibliotheken verwalten

Nach Aufruf des Menüpunkts öffnet sich der Bibliotheksverwalter (Abbildung 1.14). Nach dem Start werden die Bibliotheken aktualisiert.

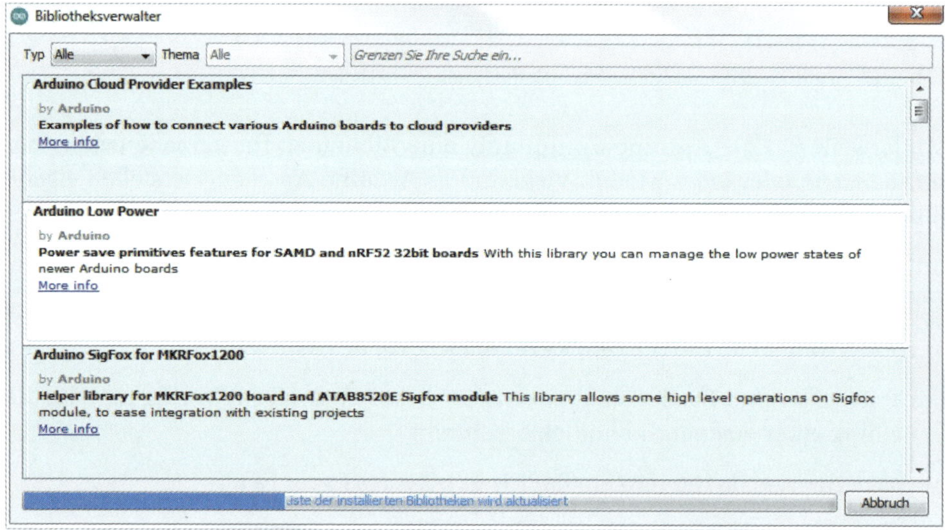

Abb. 1.14: Arduino-IDE – Bibliotheksverwalter

Über das Suchfeld kann nun nach einer gewünschten Bibliothek gesucht werden. Die Suche nach der Servo-Bibliothek findet die bereits installierte Bibliothek `Servo` (Abbildung 1.15).

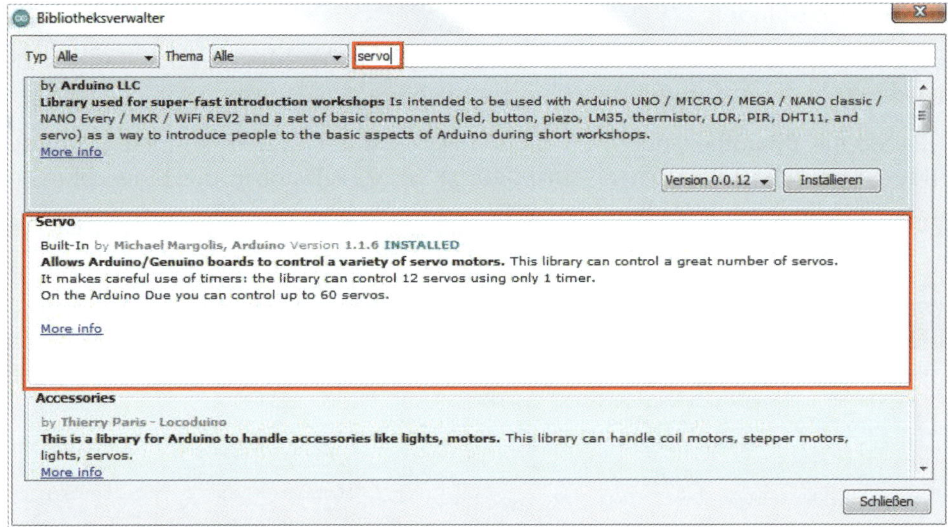

Abb. 1.15: Arduino-IDE – Bibliothek suchen

In Kapitel 5 wird die MQTT-Client-Bibliothek benötigt.

Bei der Suche nach `PubSubClient` finden Sie die gewünschte Bibliothek (Abbildung 1.16).

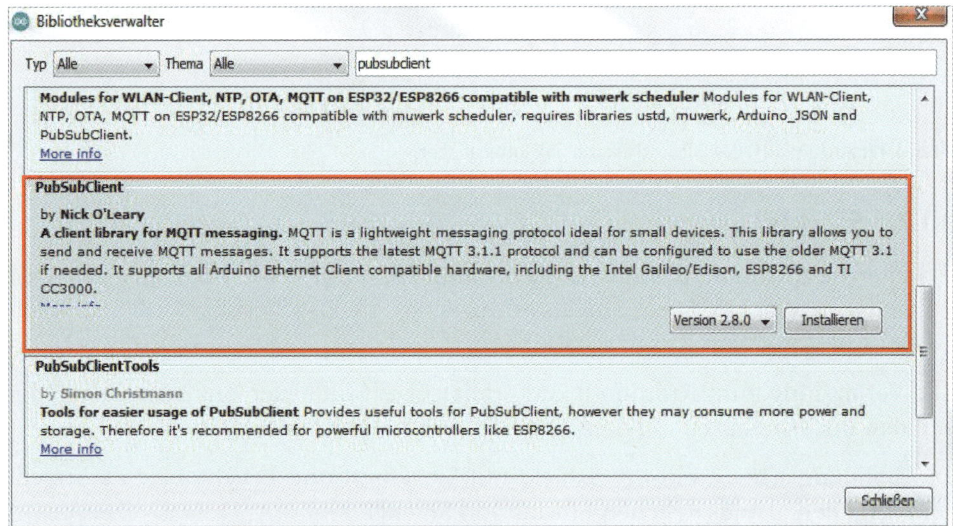

Abb. 1.16: Arduino-IDE – PubSubClient installieren

Mit Klick auf den Button INSTALLIEREN wird die Bibliothek installiert.

Bibliothek einbinden

Bibliotheken für Arduino werden oft als ZIP-File zur Verfügung gestellt und können direkt in die Arduino-Entwicklungsumgebung geladen werden.

Falls Sie die Bibliothek über den Bibliotheksverwalter finden, können Sie diese unter SKETCH|.ZIP-BIBLIOTHEK HINZUFÜGEN als ZIP-Datei in die Entwicklungsumgebung hochladen (Abbildung 1.17).

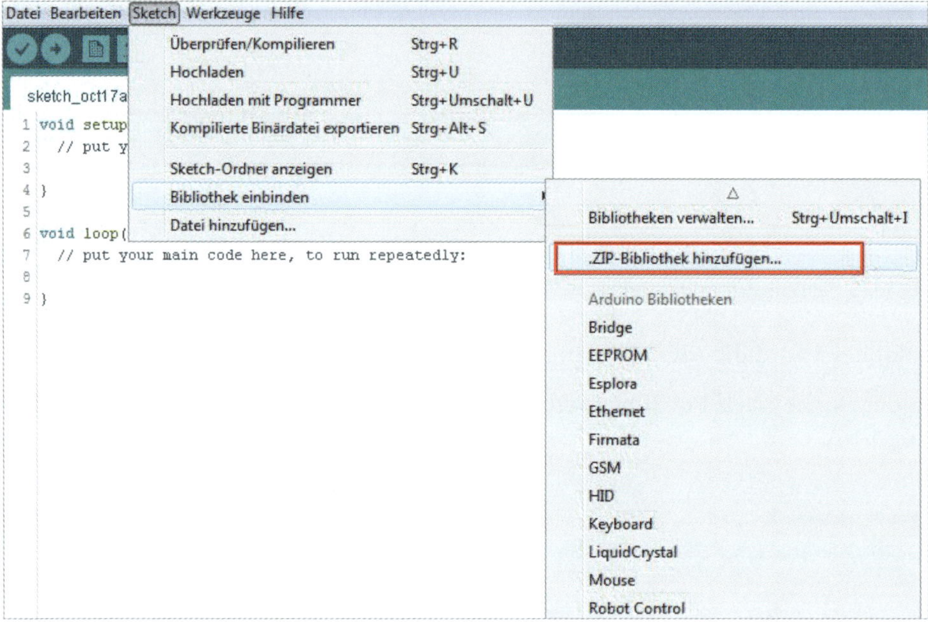

Abb. 1.17: Arduino-IDE – Bibliothek als ZIP hinzufügen

1.1.7 Shields

Erweiterungsplatinen, die auf ein Arduino-Board aufgesteckt werden, werden als »Shields« bezeichnet. Diese Shields ermöglichen die Erweiterung der Funktionalität des Arduino durch Zusatzschaltungen.

Die Verbindung zum Arduino-Board erfolgt über Stiftleisten auf dem Shield, die mit den Buchsenleisten auf dem Arduino verbunden werden.

In Abbildung 1.18 ist ein Protoshield mit Steckbrett und Leuchtdiode dargestellt und zeigt den grundsätzlichen Einsatz von Shields.

Auf dem Markt gibt es Hunderte von Shields, die von Entwicklern in der Arduino-Community für spezielle Anwendungsfälle entwickelt wurden.

Etliche Shields gehören zum Standard-Repertoire eines Arduino-Makers.

Für den Einsatz im IoT- und Smarthome-Umfeld sind folgende Shields gut geeignet und werden von mir empfohlen.

Abb. 1.18: Protoshield mit Steckbrett

Protoshield

Das Protoshield ist die einfachste und universellste Lösung eines Arduino-Shields. Auf dem Shield sind keine Schaltungen, sondern Lötpads für das Auflöten von eigenen Zusatzkomponenten und Schaltungen verfügbar.

In Abbildung 1.19 ist das Original-Protoshield von Arduino abgebildet.

`https://store.arduino.cc/proto-shield-rev3-uno-size`

Abb. 1.19: Arduino Proto Shield Rev3

Für erste Prototypen und Einzellösungen ist das Protoshield die ideale Lösung.

Protoshields gibt es mittlerweile von verschiedenen Entwicklern und mit unterschiedlichen Aufbauten und Zusatzschaltungen.

Ein Protoshield ohne jegliche Zusatzschaltungen wie Reset-Taster, SMD-IC-Pads oder Pads für Leuchtdioden ist das Protonly-Protoshield von Boxtec.

`https://shop.boxtec.ch/protonly-protoshield-pcb-p-41152.html`

Das Protonly-Protoshield wurde für maximale Platzausnutzung für Zusatzschaltungen entwickelt (Abbildung 1.20).

Abb. 1.20: Protonly-Protoshield

Ich habe dieses Protoshield in einem Projekt als Arduino-Board mit Motortreiber eingesetzt. Das Beispiel zeigt, dass Sie dieses Board auch als Basis für Arduino-Boards verwenden können (Abbildung 1.21).

Abb. 1.21: Protonly-Protoshield als Arduino-Board

Ethernet-Shield

`https://store.arduino.cc/arduino-ethernet-shield-2`

Das offizielle Ethernet-Shield von Arduino ermöglicht jedem Arduino Uno die Kommunikation über das kabelgebundene Ethernet. Das Arduino-Board kann also um einen Netzwerkzugang erweitert werden, um im lokalen Intranet Daten zu senden oder Daten aus dem Internet abzufragen.

Abb. 1.22: Arduino-Ethernet-Shield 2 (Bild: arduino.cc)

In Kapitel 2 wird das Ethernet-Shield genauer erklärt und in Praxisprojekten wird ein Arduino Uno als Webclient und als Webserver betrieben.

Im Elektronik-Handel gibt es mittlerweile etliche Nachbauten dieses Shields. Beim Kauf sollten Sie darum jeweils die technischen Daten des Shields prüfen.

RF-Shield

Das RF-Shield ist ein von mir entwickeltes Shield zur drahtlosen Kommunikation eines Arduino Uno mit dem RFM12B-Transceiver über 433 MHz (Abbildung 1.23).

Abb. 1.23: RF-Shield mit RFM12B-Transceiver

Dieses Shield eignet sich als Sensor-Node oder als Gateway für drahtlose Sensormodule.

Die Daten zum Projekt inklusive Leiterplattendaten können auf der Projektseite des RF-Shields bezogen werden:

`http://arduino-praxis.ch/projekte-2/arduino-rf-sensor-shield/`

RF-Link-Shield

Das RF-Link-Shield ist ein weiteres RF-Shield, das von mir speziell für den Empfang von 433-MHz-Signalen im Smarthome realisiert wurde. Das Projekt wird im Praxisbeispiel in Abschnitt 7.9 detailliert erklärt.

1.1.8 Arduino im Miniaturformat

Arduino-Board im Miniformat und DIY-Arduino-Boards sind spezifisch für eine Anwendung entwickelte Microcontroller-Boards mit einem Arduino-Bootloader.

Dank der Offenheit des Arduino-Projekts kann sich jeder Bastler, Maker oder Entwickler die Schaltung der Arduino-Boards anschauen und eigene Lösungen realisieren.

Die Grundschaltung für ein eigenes Arduino-Board erfordert nur eine Handvoll Bauteile und erlaubt die Realisierung von kompakten Sensor-Anwendungen oder Lösungen für das Smarthome.

Unter dem Begriff »Barebone Arduino« oder »Breadboard Arduino« finden Sie im Internet Beispiele solcher Arduino-Lösungen. Diese Minimalschaltungen eignen sich auch ideal für schnelle Prototypen-Aufbauten auf dem Steckbrett.

Minimalschaltung des Arduino

In Abbildung 1.24 ist eine Minimalschaltung des Arduino abgebildet.

Stückliste (Minimalschaltung Arduino)

- 1 Microcontroller ATmega328 mit Arduino-Bootloader (IC1)
- 1 Quarz 16 MHz (Q1)
- 1 Widerstand 10 kOhm (R1)
- 2 Kondensatoren 22 pF (C2, C3)
- 2 Kondensatoren 100 nF (C1, C4)
- 1 Reset-Taster (S1)
- 1 Stiftleiste 6-polig (Stecker FTDI)

In der Minimalschaltung des Arduino ist der Microcontroller (IC1) die zentrale Komponente in der Schaltung. Die Takterzeugung erfolgt mit dem Quarz (Q1) und den beiden Kondensatoren C2 und C3.

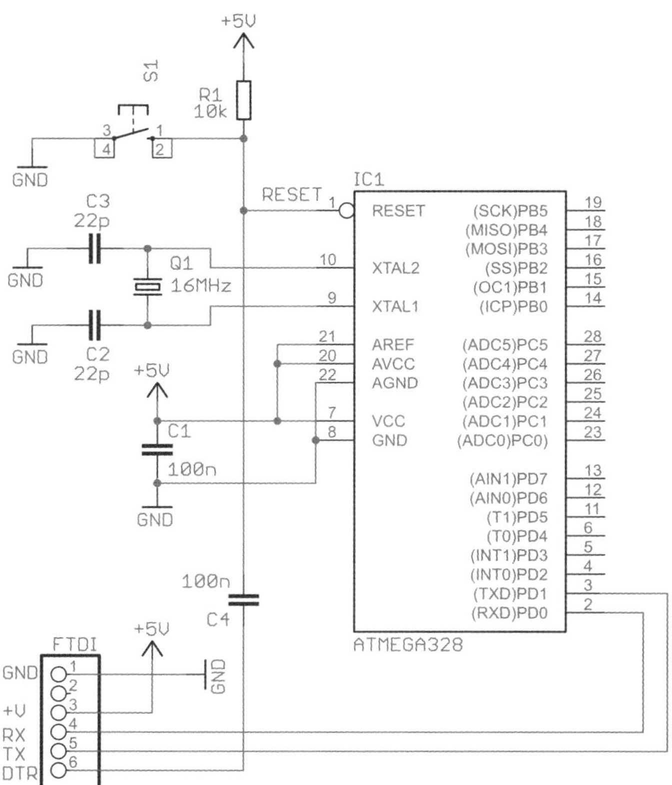

Abb. 1.24: Minimalschaltung des Arduino

Die Resetschaltung ist mit dem Taster S1, dem Widerstand R1 und dem Kondensator C4 realisiert. Über den Pull-up-Widerstand R1 ist der Reset-Eingang des Atmega328 auf `high` gesetzt. Durch Anklicken des Tasters S1 wird der Reset-Eingang auf `low` gesetzt und der Microcontroller wird zurückgesetzt. Zusätzlich kann über den Kondensator C4 und den DTR-Anschluss des FTDI-Steckers von außen ein Reset ausgelöst werden.

Der FTDI-Anschluss dient als Schnittstelle zum angeschlossenen Rechner und kann gleichzeitig zur Spannungsversorgung genutzt werden. Für den Programmupload muss am FTDI-Anschluss ein sogenannter USB-Seriell-Adapter angeschlossen werden. Dieser Adapter ist das Bindeglied zwischen dem USB-Anschluss des Rechners und dem seriellen Port des Atmega-Microcontrollers.

Die digitalen Eingänge und Ausgänge sowie die analogen Pins des Atmega328 können nach Bedarf über Stift oder Buchsenleisten nach außen geführt werden. In der Abbildung der Minimalschaltung (Abbildung 1.24) sind diese Stecker nicht dargestellt.

Schaltung auf Breadboard

Die Minimalschaltung aus Abbildung 1.24 kann auch einfach auf ein Steckbrett (Breadboard) für Prototypen aufgebaut werden.

Moteino von LowPowerLab

`https://lowpowerlab.com/shop/product/99`

Der Entwickler vom LowPowerLab hat eine Serie von unterschiedlichen DIY-Boards für verschiedene Anwendungen im Smarthome realisiert.

Die Moteino-Serie beinhaltet zusätzlich zum Arduino-Board noch einen Transceiver für drahtlose Anwendungen.

Abb. 1.25: DIY-Board Moteino (Bild: LowPowerLab)

Auf der Shopseite des Moteino sind die verschiedenen Möglichkeiten der RF-Transceiver-Modelle aufgelistet.

Auch die Moteino-Boards sind für den Batterie-Betrieb optimiert.

Sensor-Board

`https://www.555circuitslab.com/sensor-board/`

Für Sensor-Anwendungen und kompakte Module im Smarthome habe ich eine eigene Serie von Sensormodulen, die auf einem Atmega328 und ATtiny84 basieren, realisiert.

In Abbildung 1.26 sind einige verschiedene Board-Modelle abgebildet.

Die Schaltung dieser Boards basiert auch auf der Arduino-Minimalschaltung und sie werden meist im Batteriebetrieb mit 2 AA-Batterien und einer Taktfrequenz von 8 MHz betrieben.

Einzelne Sensormodule mit einem RFM12-Transceiver liefern Sensordaten für das heimische Sensor-Netzwerk und können über ein Jahr mit einem Set von Batterien betrieben werden.

Abb. 1.26: Sensor-Board für IoT und Smarthome

ATtiny Arduino

Viele Sensor-Anwendungen oder Module im Smarthome können zwar mit einem Arduino Uno betrieben werden. Da aber die Anforderungen an die Baugröße oder an die Anzahl der Eingänge oder Ausgänge geringer ist, reicht oft sogar ein Board mit einem »kleineren« Arduino.

Die kleineren Geschwister des Atmega328 kommen aus der Familie der ATtiny. Diese kleinen Microcontroller von Microchip (ehemals Atmel) sind winzige Controller mit einer begrenzten Menge an Speicher und Schnittstellen-Pins.

Ein Lichtmesser oder ein Wassersensor benötigt oft nur einen digitalen oder analogen Eingang. Auch benötigen diese kleinen Projekte meist ein kleineres Gehäuse. Die ATtiny-Familie ist hier die ideale Lösung dazu. In der ATtiny-Familie sind eine ganze Menge von verschiedenen ATtiny-Microcontrollern verfügbar.

In Tabelle 1.4 sind einige mögliche Microcontroller und deren Daten aufgelistet.

Typ	Memory	Flash	EEPROM	Pins	Digital I/O	Analog Input	PWM
ATtiny13	64 Bytes	1 kB	64 Bytes	8	6	4	2
ATtiny2313	128 Bytes	2 kB	128 Bytes	20	18	0	4
ATtiny44	256 Bytes	4 kB	256 Bytes	14	12	8	4
ATtiny45	256 Bytes	4 kB	256 Bytes	8	6	4	2
ATtiny84	512 Bytes	8 kB	512 Bytes	14	12	8	4
ATtiny85	512 Bytes	8 kB	512 Bytes	8	6	4	4

Tabelle 1.4: ATtiny-Microcontroller

Bei der Auswahl des jeweiligen Microcontrollers müssen die Anforderungen des Projekts überprüft werden. Zu den Anforderungen gehören die Anzahl der digitalen Pins, die PWM-Pins und die erforderlichen analogen Signale.

Ich verwende für kleine Sensor-Anwendungen gerne den ATtiny45 oder den ATtiny84. Auch diese kleinen Microcontroller können über die Arduino-Entwicklungsumgebung programmiert werden.

Board-Pakete für ATtiny

Mit der Installation der Arduino-Entwicklungsumgebung werden auch etliche Board-Pakete mitgeliefert beziehungsweise installiert. Für den Einsatz der ATtiny-Microcontroller kann das Board-Paket `ATTinyCore` genutzt werden.

Über den Boardverwalter kann der gewünschte ATtiny-Microcontroller aus dem Paket gewählt werden (Abbildung 1.27).

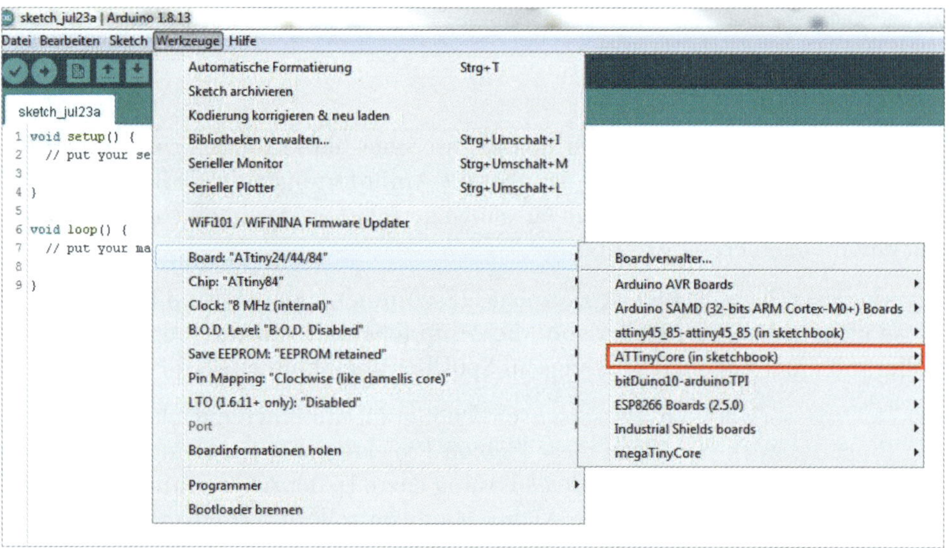

Abb. 1.27: Board-Paket ATTinyCore

Falls dieses Paket noch nicht installiert ist, kann die Installation über den Boardverwalter ausgeführt werden.

Im Boardverwalter nach »attinycore« suchen und schon erscheint das Paket. Nun kann das Paket installiert werden, falls es nicht schon installiert ist.

Auf meinem Rechner war das Paket schon installiert (Abbildung 1.28).

In der Board-Auswahl der Entwicklungsumgebung sind nun die verschiedenen Tiny-Microcontroller aus dem soeben installierten Board-Paket verfügbar (Abbildung 1.29).

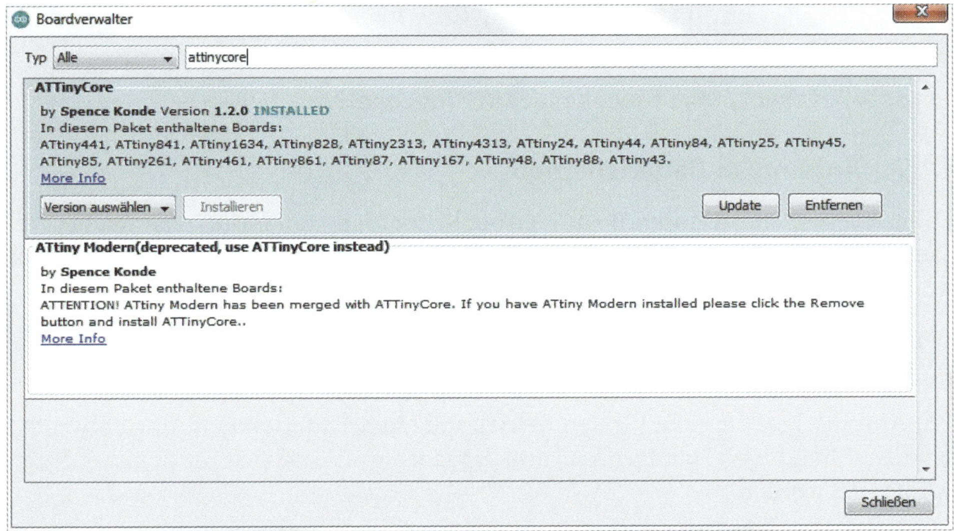

Abb. 1.28: Board-Paket ATTinyCore

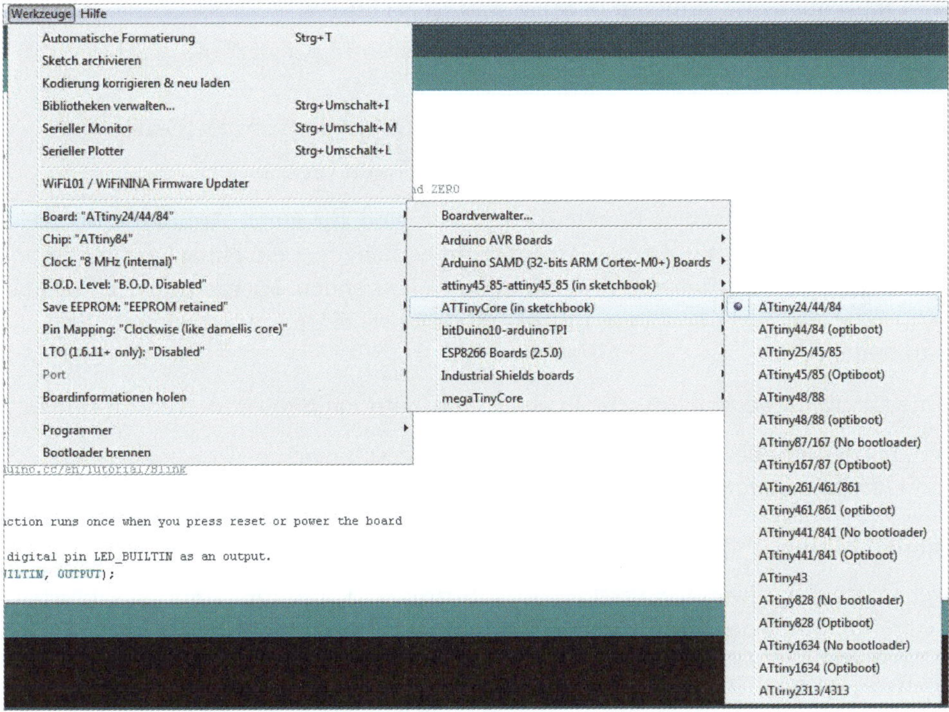

Abb. 1.29: ATTinyCore – Auswahl der Microcontroller

Weitere Details zum Board-Paket ATTinyCore finden Sie im GitHub-Verzeichnis des Entwicklers.

`https://github.com/SpenceKonde/ATTinyCore`

1.1.9 Arduino im Batteriebetrieb

Batteriebetriebene Arduino-Boards ermöglichen den standortunabhängigen Einsatz von Sensor- und Überwachungsmodulen ohne eine drahtgebundene Spannungsversorgung.

Beim Batteriebetrieb ist der Stromverbrauch einer Anwendung der wichtigste Punkt, den der Entwickler beachten muss.

Ein Arduino Uno ist nicht für den Betrieb mit einer Batterieversorgung entwickelt worden. Mit einigen Handgriffen kann er jedoch grundsätzlich für Batteriebetrieb vorbereitet werden.

- LED und LED-Anzeigen entfernen
- Betriebsspannung minimieren
- Taktfrequenz minimieren (8 MHz statt 16 MHz)
- Nicht zwingend notwendige Hardware (Spannungsregler und USB-Wandler) entfernen
- Nicht verwendete Funktionen im Microcontroller per Software deaktivieren
- Software oder Bibliotheken für Sleep-Funktionen verwenden

Die Hardware-bezogenen Punkte dieser Liste sind für einen Arduino Uno recht kompliziert in der Umsetzung. Darum lohnt es sich, eher ein einfacheres Arduino-Board für batteriebetriebene Anwendungen zu verwenden. Hierzu sind der Arduino Mini oder ein Arduino-Clone mit der Minimalschaltung aus Abschnitt 1.1.7 zu empfehlen.

Eine ausführliche Anleitung ist in der Home-Automation-Community zu finden:

`http://www.home-automation-community.com/arduino-low-power-how-to-run-atmega328p-for-a-year-on-coin-cell-battery/`

Bibliotheken mit Sleep-Funktionen

Neben den hardwaretechnischen Ausführungen kann mit einer zusätzlichen Sleep-Bibliothek der Stromverbrauch minimiert werden.

Beim Einsatz einer Sleep-Library ist das Prinzip, dass das Arduino-Board einen großen Teil der Zeit im Schlafmodus ist. Nur für eine kurze Zeit wird das Board aktiviert, eine Funktion wie Datenmessung ausgeführt und dann geht das Board wieder in den Schlafmodus.

Mögliche Bibliotheken mit Sleep-Funktionen sind:

Low-Power Library

`https://github.com/rocketscream/low-power`

Diese Bibliothek ist speziell für den Low-Power-Betrieb ausgelegt und erlaubt die Deaktivierung einzelner Microcontroller-Funktionen.

JeeLib-Bibliothek

`https://github.com/jeelabs/jeelib`

Die JeeLib-Bibliothek ist für den Einsatz von Arduino-Boards mit dem Transceiver RFM12B entwickelt und beinhaltet viele Funktionen. Dazu gehört auch eine Sleep-Funktion.

1.2 Raspberry Pi

`https://www.raspberrypi.org/products/`

Der Raspberry Pi ist ein Einplatinencomputer mit einem ARM-Prozessor, der im Jahr 2012 den Markt erobert hat. Die Raspberry Pi Foundation, die Erfinder des Raspberry Pi, wir nennen das Board in der Kurzform »RPi«, hatte das Ziel, einen preisgünstigen Computer zu entwickeln, damit wieder mehr junge Schüler Interesse an der Informatik bekommen.

In der Zwischenzeit wurden schon mehrere Millionen Boards verkauft und das RPi gehört bei vielen Schülern, Studenten, Bastlern und Makern zum zentralen Computer für das Erlernen von Programmiersprachen wie Python und als Zentraleinheit für elektronische Experimente.

Dank der großen Verbreitung, der offenen Community und der vielen Entwickler und Bastler, die nützliche Lösungen entwickeln, und dem recht günstigen Preis findet das RPi auch im IoT- und Smarthome-Umfeld einen großen Anklang.

Ein RPi mit einem Linux-Betriebssystem eignet sich ideal als Zentraleinheit und Intranet-Server mit vielen Aufgaben wie Intranet-Webserver, Schaltzentrale für das Smarthome und zur Visualisierung von Daten von externen Sensoren und Aktoren.

1.2.1 Minimal-Anforderungen

Die Anforderungen für den Einsatz eines Raspberry-Pi-Boards für Experimente oder einen spezifischen Einsatzfall sind relativ gering.

- Raspberry-Pi-Board
- Netzteil 5 V/mindestens 3 A

- SD-Karte (für Betriebssystem und Datenspeicherung)
- Computer-Maus und Tastatur
- Bildschirm (Computer-Bildschirm oder Fernsehgerät)
- Anschlusskabel für Bildschirm (meist HDMI-Kabel)
- WLAN-Adapter (abhängig vom RPi-Modell)

Optional kann noch ein Gehäuse für den RPi und ein Ethernet-Kabel für den kabelgebundenen Netzwerkzugang verwendet werden.

1.2.2 Raspberry-Pi-Boards

Seit der Einführung der RPi-Boards sind schon etliche Modelle vorgestellt worden. Zum heutigen Zeitpunkt (Herbst 2020) sind die folgenden Modelle verfügbar beziehungsweise zu empfehlen.

- Raspberry Pi 4 Modell B (aktuelles Standard-Board)
- Raspberry Pi 3 Modell B+
- Raspberry Pi Zero (Low Cost RPi)
- Raspberry Pi 400

Alle Beispiele in diesem Buch sind für RPi 3 und RPi 4 ausgelegt und getestet.

Die Erklärungen und Bilder sind für das Raspberry Pi 4 geschrieben.

Modellvergleich

In Tabelle 1.5 sind die wichtigsten technischen Daten für die oben genannten Raspberry-Pi-Modelle aufgelistet.

Beschreibung	RPi 4 Modell B	RPi 3 Modell B+	RPi Zero
CPU	ARM Cortex-A	ARM Cortex-A	ARM11
CPU-Typ	Cortex-A72	Cortex-A53	ARM1176JZF-S
Takt	1,5 GHz	1,2 GHz	1 GHz
CPU-Kerne	4	4	1
Arbeitsspeicher	2, 4 oder 8 GB	1 GB	512 MB
USB-Anschlüsse	2x USB 3.0 2x USB 2.0	4x USB 2.0	1x USB 2.0
Ethernet	1	1	-
WLAN	802.11ac	802.11ac	- nur Modell Zero W
Bluetooth			
HDMI	2	1	

Tabelle 1.5: Raspberry-Pi-Modelle und die technischen Daten

Beschreibung	RPi 4 Modell B	RPi 3 Modell B+	RPi Zero
Micro-SD	1	1	1
GPIO-Leiste	40-polig	40-polig	40-polig
Abmessungen	86 x 56 x 21 mm	86 x 56 x 21 mm	65 x 30 x 5 mm

Tabelle 1.5: Raspberry-Pi-Modelle und die technischen Daten (Forts.)

Anschlüsse des Raspberry Pi 4

In Abbildung 1.30 sind die wichtigsten Anschlüsse des RPi 4 abgebildet.

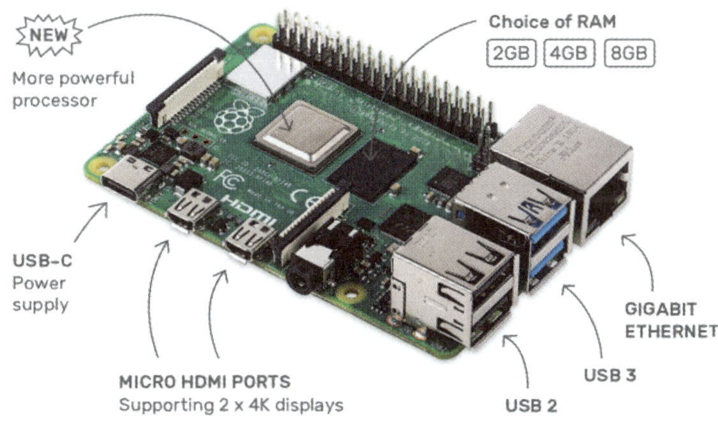

Abb. 1.30: Anschlüsse des RPi 4 (Bild: raspberrypi.org)

In Tabelle 1.6 sind die einzelnen Anschlüsse beschrieben.

Anschlüsse	Beschreibung
USB-C	1x Power Supply Stromversorgung über USB-Steckernetzteil mit 5V/3A
MICRO-HDMI-Port	2x HDMI-Anschlüsse für Bildschirm oder Fernsehgerät mit 4K
USB 2	2x USB 2 für externe Geräte wie Maus, Tastatur etc.
USB 3	2x USB 3 für externe Geräte
GIGABIT ETHERNET	Kabelgebundenes Ethernet

Tabelle 1.6: RPi-4-Anschlüsse

1.2.3 Installation

Mit dem Kauf eines Raspberry Pi bekommt man meist kein fertig installiertes System. Das Set besteht dann aus einzelnen Komponenten. Dazu gehört eine SD-Karte, auf die das Betriebssystem des Raspberry Pi installiert wird.

Stückliste (Grundinstallation RPi 4)

- 1 Raspberry Pi 4
- 1 USB-C-Netzteil
- 1 Micro-SD-Karte (8 oder 16 GB)
- 1 Bildschirm mit HDMI-Kabel
- 1 USB-Maus
- 1 USB-Tastatur

Download Software Raspberry Pi OS

Das offizielle Betriebssystem für den RPi 4 heißt Raspberry Pi OS (früher Raspbian genannt) und kann von der Raspberry-Pi-Website runtergeladen werden.

`https://www.raspberrypi.org/downloads/`

Auf der Downloadseite stehen zwei Optionen zur Verfügung.

Wir verwenden die offizielle Version Raspberry Pi OS (Abbildung 1.31).

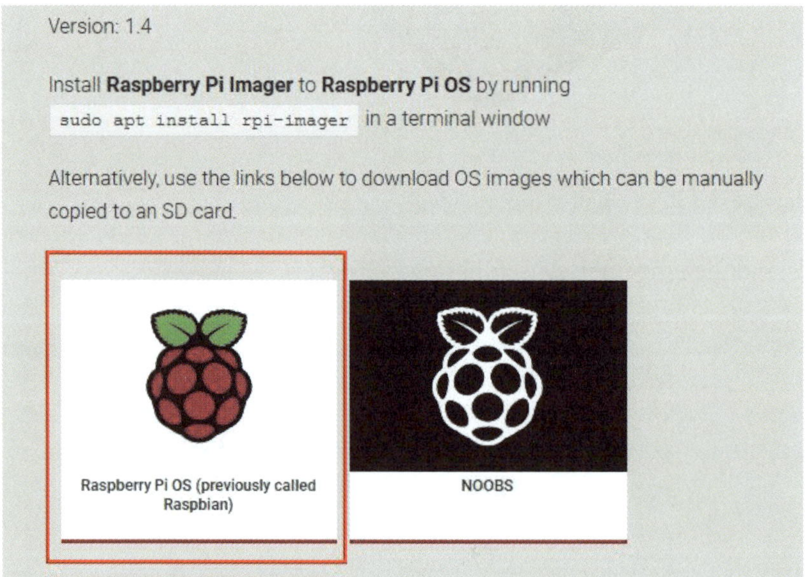

Abb. 1.31: Raspberry-Pi-Software

Als Version wählen wir die empfohlene Version mit Desktop und Software und wählen dabei DOWNLOAD ZIP (Abbildung 1.32).

Der Download des Betriebssystems kann eine Weile dauern. Die Datei ist in der aktuellen OS-Version rund 2,5 GB groß.

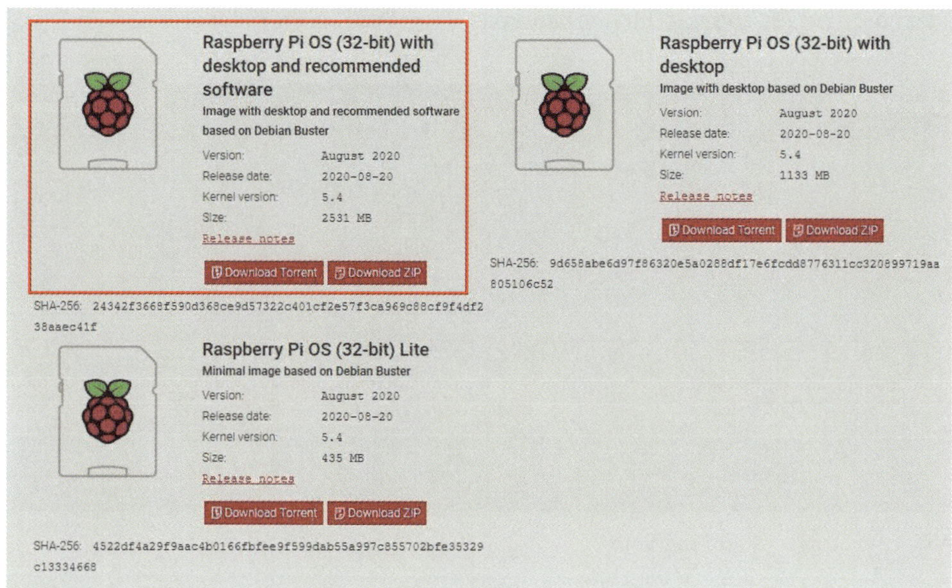

Abb. 1.32: Raspberry-Pi-OS-Download

Installation auf SD-Karte

Für die Installation des OS auf die leere SD-Karte verwenden wir das nützliche Tool `Etcher`.

`https://www.balena.io/etcher/`

Mit Etcher können Sie auf einfache Art und Weise ein Betriebssystem auf SD-Karten oder Memory-Sticks installieren. Das Tool kann kostenlos von der Website des Herstellers geladen werden (Abbildung 1.33).

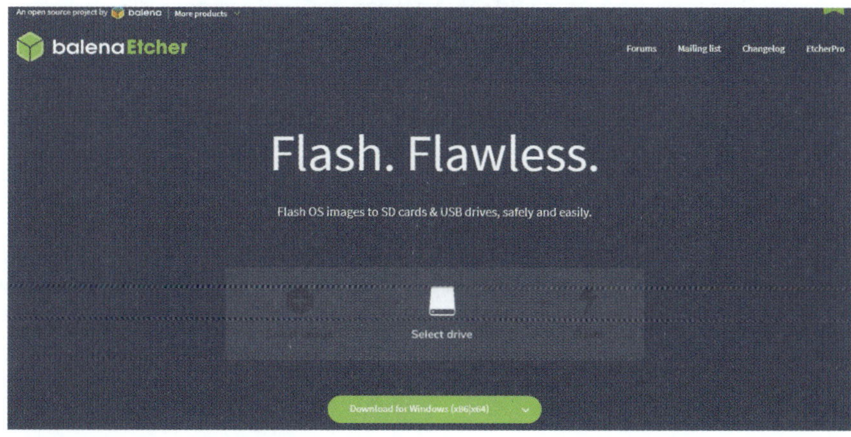

Abb. 1.33: Etcher – Download

Nach der Installation von Etcher kann das Programm gestartet werden.

Abb. 1.34: Etcher – Start-Programm

Mit SELECT IMAGE kann die Image-Datei, also die ZIP-Datei mit dem OS, ausgewählt werden (Abbildung 1.34).

Nun wird das Ziel mit SELECT DRIVE, also die SD-Karte gewählt. Die SD-Karte muss dazu in einem Kartenleser am Rechner angeschlossen sein.

Durch Anklicken von FLASH! wird das Image auf der SD-Karte installiert (Abbildung 1.35).

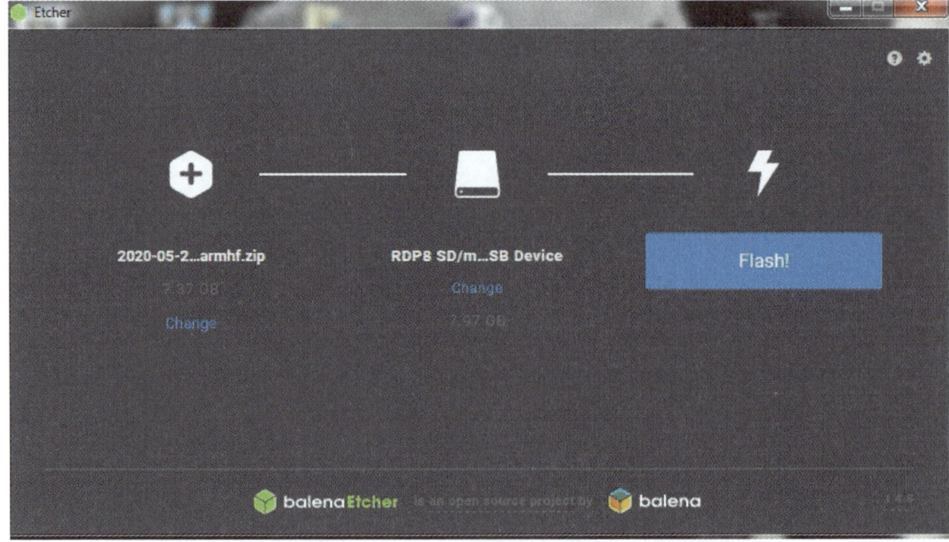

Abb. 1.35: Etcher – Flash-OS-Image

Dieser Vorgang kann nun eine Weile dauern. Das Programm gibt den Fortschritt der Installation als Prozent-Anzeige aus (Abbildung 1.36).

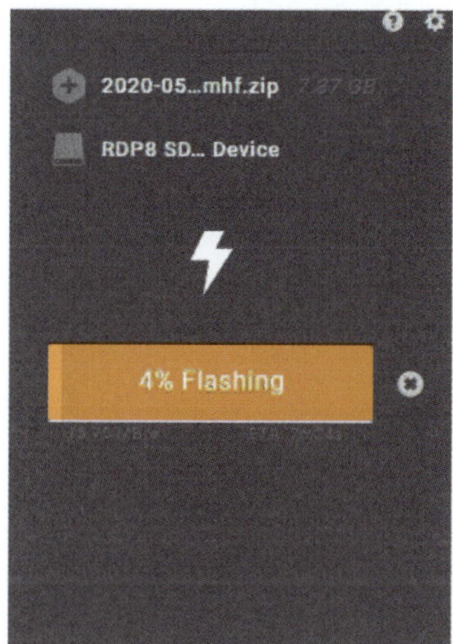

Abb. 1.36: Etcher – Installation OS mit Fortschritt

Nach dem Validieren ist die SD-Karte bereit für den Einsatz im Raspberry Pi (Abbildung 1.37).

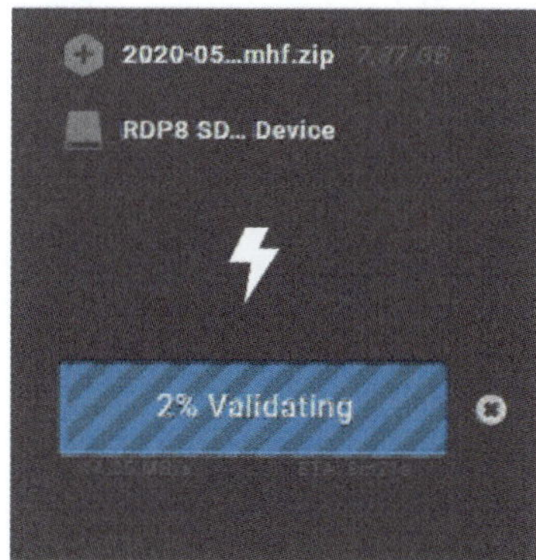

Abb. 1.37: Etcher – Validierung

Start Raspberry Pi

Nach dem Flashen der SD-Karte kann diese nun in den RPi eingesteckt werden. Der Slot für die SD-Karte befindet sich auf der Unterseite des Boards.

Anschließend werden die nötigen externen Geräte und die Stromversorgung gemäß Abbildung 1.38 angeschlossen. Der Raspberry Pi wird über ein Steckernetzteil mit 5 Volt versorgt.

Abb. 1.38: Raspberry Pi – Anschlussbelegung

Zur Anzeige wird ein Computer-Bildschirm via HDMI-Kabel mit dem RPi-Board verbunden. Für die Dateneingabe werden eine USB-Tastatur und eine USB-Maus angeschlossen.

Mit dem Einschalten der Spannungsversorgung beginnt der Startvorgang. Die rote Leuchtdiode neben dem Stecker für die Stromversorgung leuchtet und zeigt an, dass der RPi mit Spannung versorgt wird.

Auf dem Bildschirm wird der Startvorgang des RPi dargestellt und nach kurzer Zeit wird der Startbildschirm des Raspberry Pi OS angezeigt.

Abb. 1.39: Raspberry Pi OS – Startbildschirm

Konfiguration RPi

Das Infofenster aus Abbildung 1.39 gibt den Hinweis, dass noch ein paar Einstellungen vorgenommen werden müssen.

Mit NEXT beginnt der Konfigurationsvorgang und das System fragt nach Land, Sprache und Zeitzone (Abbildung 1.40).

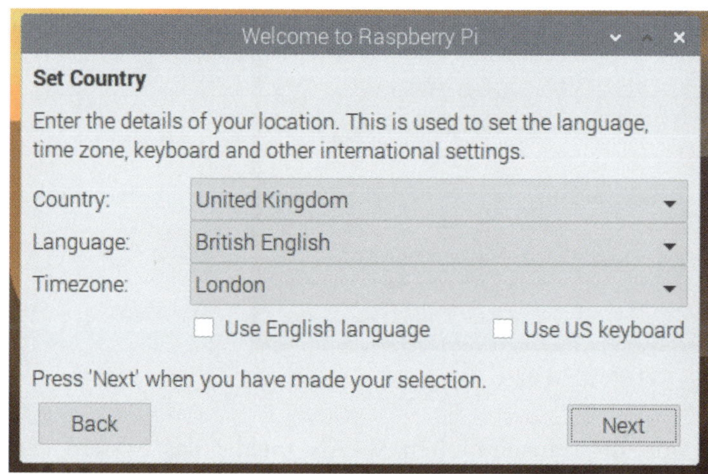

Abb. 1.40: Raspberry Pi OS – Länder- und Spracheinstellungen

Anschließend muss für den Standarduser `pi` das Passwort gesetzt und bestätigt werden (Abbildung 1.41).

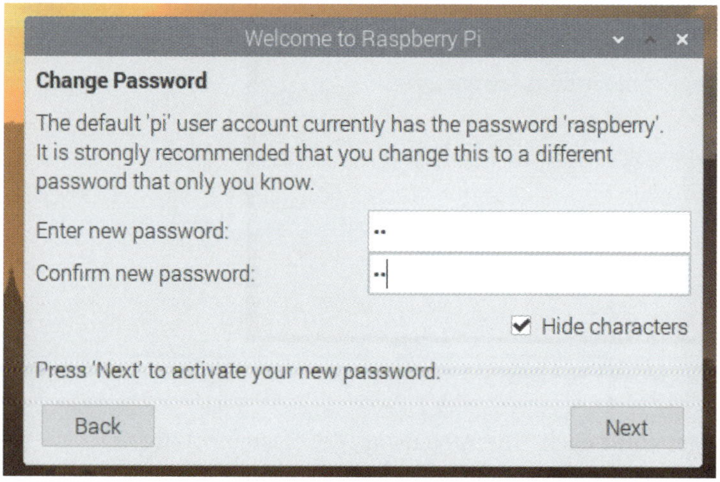

Abb. 1.41: Raspberry Pi OS – Passwort für User pi

Zum Schluss kann der Raspberry Pi mit einem verfügbaren WLAN verbunden werden.

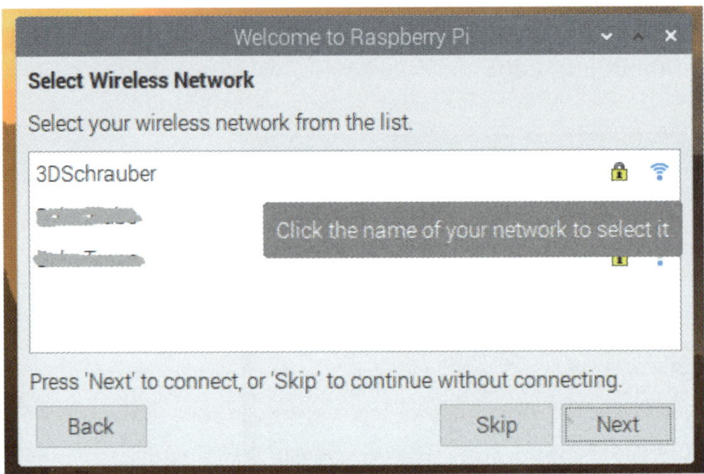

Abb. 1.42: Raspberry Pi OS – WLAN auswählen

Nach der Verbindung mit dem ausgewählten WLAN meldet das System den Abschluss der Konfiguration.

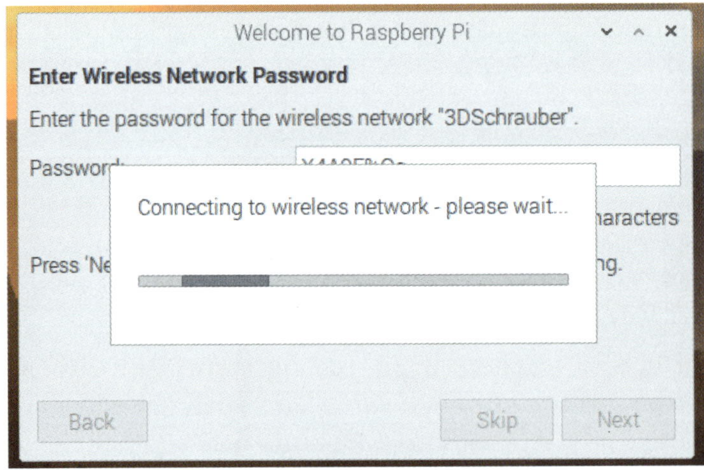

Abb. 1.43: Raspberry Pi OS – WLAN verbinden

Die neuen Einstellungen sind nach einem Neustart des Systems aktiv.

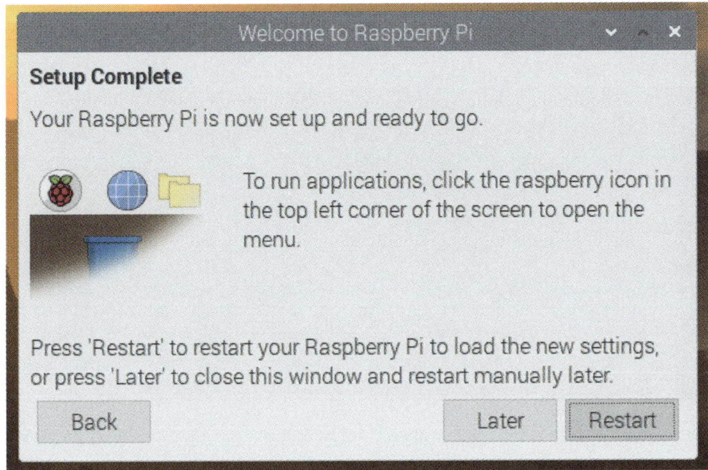

Abb. 1.44: Raspberry Pi – Setup abgeschlossen

Nach dem Neustart des Raspberry Pi steht der Minicomputer zur Verfügung.

1.2.4 Remote-Zugriff

Der neu aufgesetzte Raspberry Pi wird nun die Zentrale für IoT- und Smarthome-Anwendungen.

Der Minicomputer wird im Einsatz 24 Stunden in Betrieb sein. Je nach Anwendungsfall platziert man das Board in einem Gestell oder an einer Wand.

In solchen Fällen wird der Raspberry Pi ohne Bildschirm, Tastatur und Maus betrieben. Im Fachjargon nennt man diesen Betrieb »Headless«.

Remote-Betrieb aktivieren

Für den Remote-Betrieb müssen die Betriebsdienste SSH und VNC aktiviert werden.

Im Terminalfenster geben Sie nun folgenden Befehl für die Konfiguration ein:

```
pi$raspberrypi:~ sudo raspi-config
```

Abbildung 1.45 zeigt diesen Vorgang.

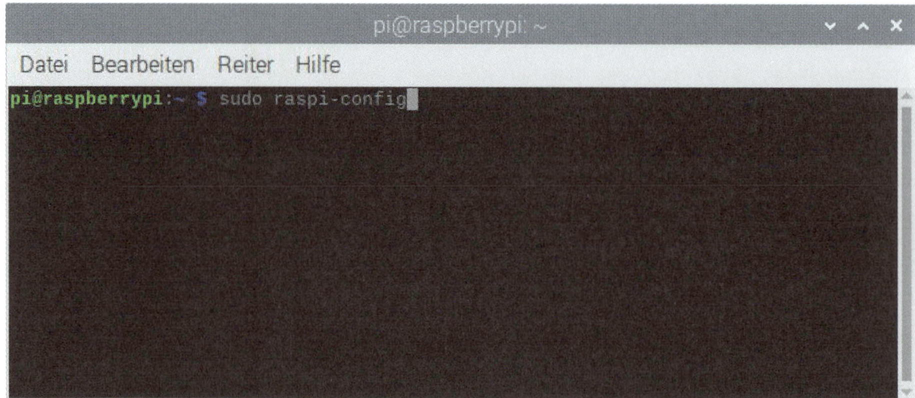

Abb. 1.45: Raspberry Pi OS – Terminalfenster

Im Terminalfenster wird die Konfiguration gestartet (Abbildung 1.46).

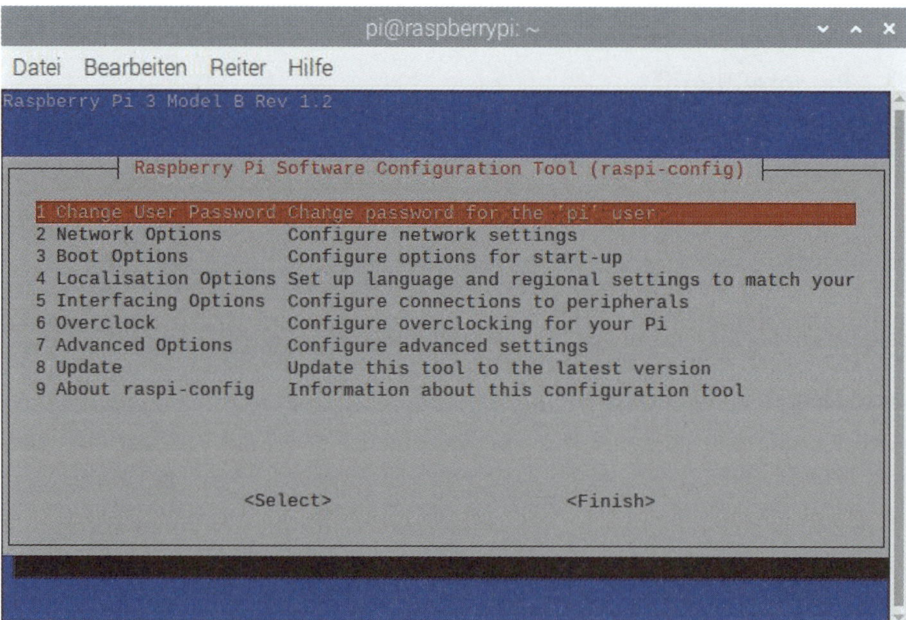

Abb. 1.46: Raspberry Pi – Konfiguration I

Mit der Pfeiltaste können Sie nun nach unten zu Option 5 navigieren und mit ENTER bestätigen. Anschließend öffnet sich die Auswahl für diesen gewählten Optionspunkt.

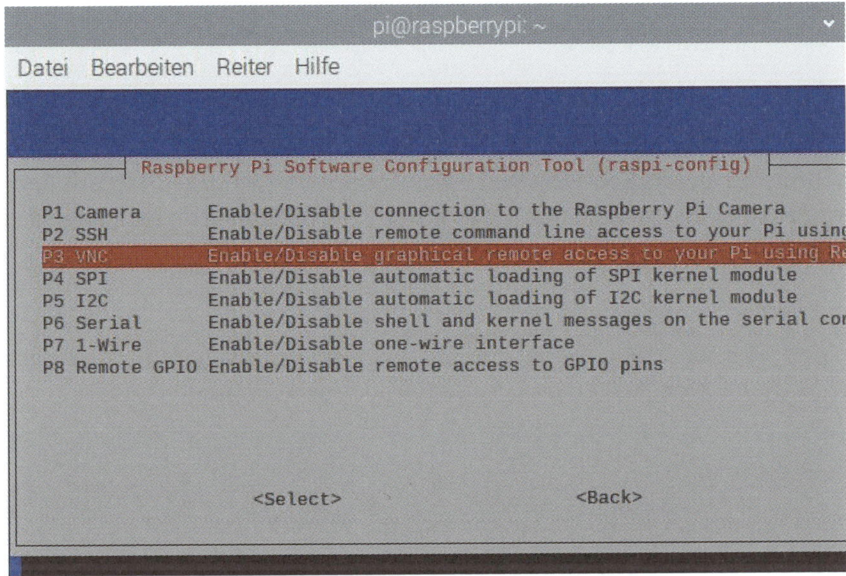

Abb. 1.47: Raspberry Pi – Konfiguration II

Hier wählen Sie SSH und VNC und aktivieren diese beiden Optionen.

Bei beiden Optionen müssen Sie die Aktivierung mit JA bestätigen.

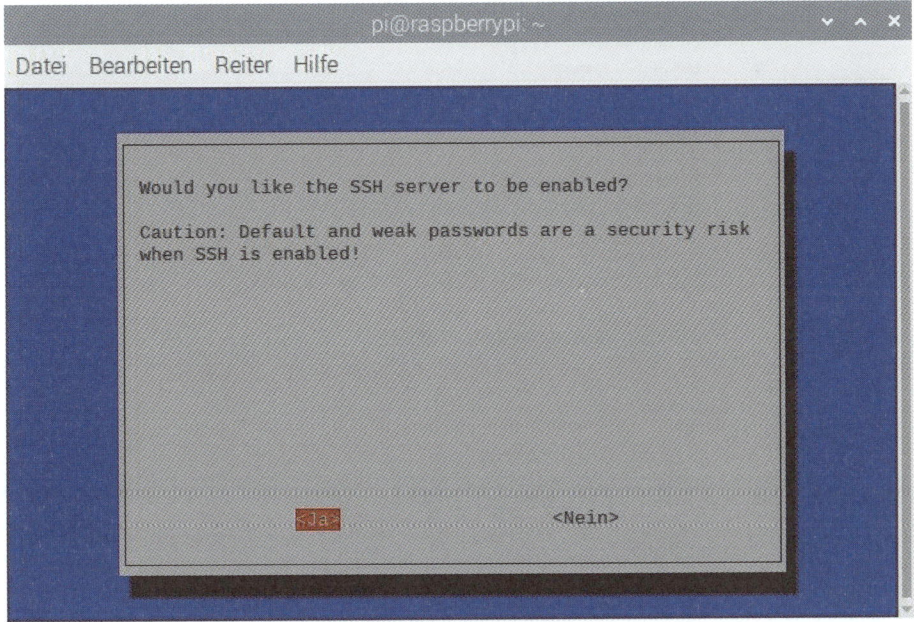

Abb. 1.48: Raspberry Pi – Konfiguration bestätigen

Den Remote-Zugriff auf den Raspberry Pi können Sie über verschiedene Wege lösen.

Für den Terminal-Zugriff, also ohne grafische Oberfläche, eignet sich die Software Putty.

Die Verwaltung der grafischen Oberfläche des Raspberry Pi können Sie mit dem VNC-Service realisieren. Praktischerweise ist der VNC-Server schon im Image des Raspberry Pi OS integriert.

Remote mit Putty

Putty ist ein ideales Werkzeug für sichere Shell-Verbindungen (SSH heißt Secure Shell). Die Software kann kostenlos heruntergeladen werden und erfordert keine Installation.

`https://putty.org/`

Nach Doppelklick auf die EXE-Datei öffnet sich die Anwendung.

Das Tool erlaubt das Abspeichern verschiedener Profile der einzelnen Boards.

Ein neues Board, also das neue Raspberry, erstellt man, indem man die IP-Adresse, den Verbindungstyp SSH und einen Session-Namen eingibt (Abbildung 1.49).

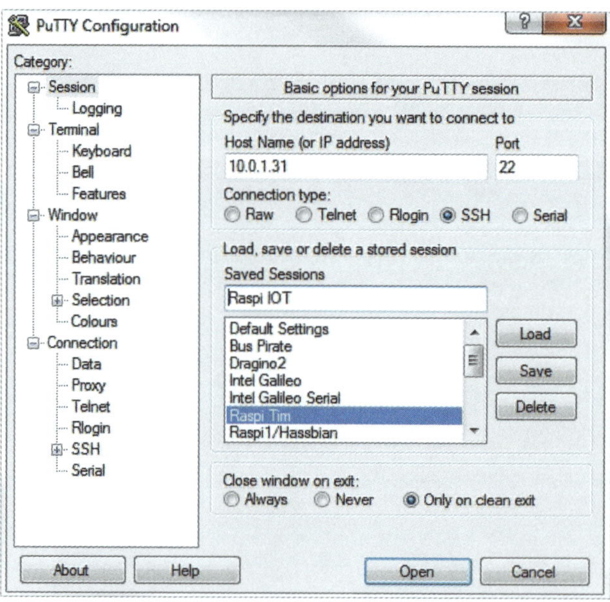

Abb. 1.49: Secure Shell mit Putty

Nach Speichern der Session erscheint diese in der Auswahlliste. In unserem Fall heißt die Session `Raspi IOT` (Abbildung 1.50).

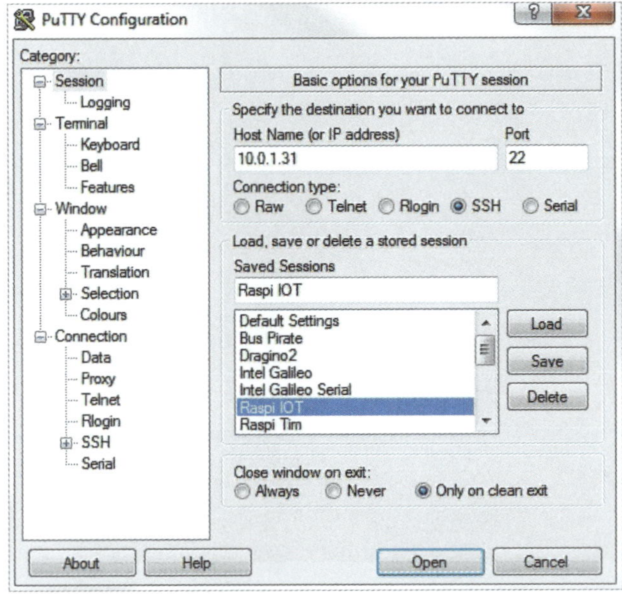

Abb. 1.50: Putty – Session starten

Mit Klick auf OPEN wird die sichere Verbindung (Secure Session) gestartet. Beim ersten Start nach der Konfiguration muss noch eine Sicherheitsmeldung mit YES bestätigt werden.

Anschließend öffnet sich ein Terminal-Fenster und der Raspberry Pi fragt nach dem Benutzer und Passwort (Abbildung 1.51).

Geben Sie die Zugangsdaten ein, die bei der Installation des Raspberry Pi OS eingetragen wurden.

- Benutzer: pi
- Passwort: IhrPasswort

Abb. 1.51: Putty – Login

Nach erfolgreichem Login befinden Sie sich im »Kommando-Modus« des Raspberry Pi (Abbildung 1.52).

```
pi@IoT: ~
login as: pi
pi@10.0.1.31's password:
Linux IoT 5.4.51-v7+ #1333 SMP Mon Aug 10 16:45:19 BST 2020 armv7l

The programs included with the Debian GNU/Linux system are free software;
the exact distribution terms for each program are described in the
individual files in /usr/share/doc/*/copyright.

Debian GNU/Linux comes with ABSOLUTELY NO WARRANTY, to the extent
permitted by applicable law.
Last login: Tue Oct 13 18:00:51 2020 from 10.0.1.6
pi@IoT:~ $
```

Abb. 1.52: Putty – Zugriff auf Shell des Raspberry Pi

Remote mit VNC

Für Verbindungen auf den Desktop des Raspberry Pi eignet sich der Dienst VNC (Virtual Network Connections). VNC besteht aus zwei Komponenten – VNC Server und VNC Viewer.

Der VNC Server ist auf dem Raspberry Pi bereits installiert und im vorherigen Schritt aktiviert worden.

Der VNC Server wird im Terminalfenster über folgende Anweisung gestartet:

```
vncserver
```

Der Zugriff vom PC aus erfolgt über eine Client-Software, den VNC Viewer. Auch der VNC Viewer ist kostenlos und kann über die Website des Herstellers heruntergeladen werden.

`https://www.realvnc.com/de/connect/download/viewer/`

Nach Installation des VNC Viewers kann über die Adresszeile die Serveradresse eingegeben werden (Abbildung 1.53).

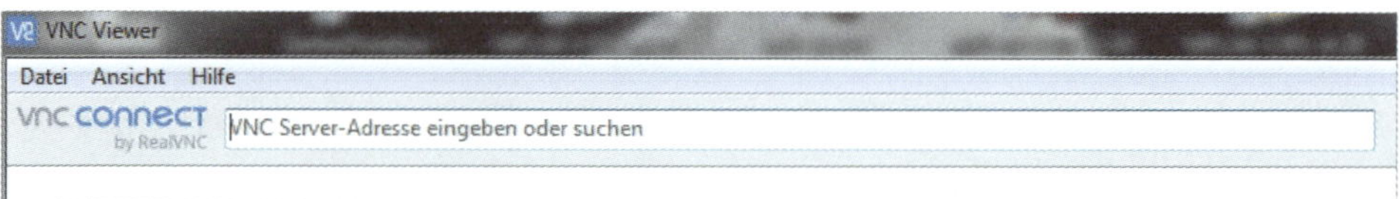

Abb. 1.53: VNC Viewer – Adresszeile

Nach Eingabe der IP-Adresse des Raspberry Pi und der VNC-Server-Instanz öffnet sich ein Fenster zur Anmeldung (Authentifizierung) am VNC Server (Abbildung 1.54).

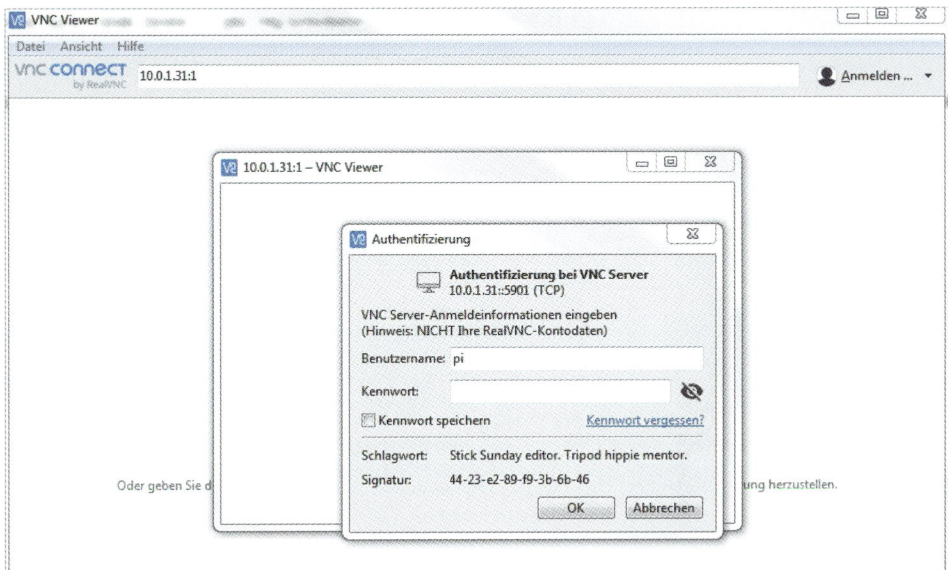

Abb. 1.54: VNC Viewer – Benutzeranmeldung

Bei den Zugangsdaten gibt man einen Raspberry-Pi-User, oft den Benutzer »pi«, und das dazugehörige Kennwort ein.

Nach erfolgreichem Login erscheint im VNC Viewer der grafische Desktop des Raspberry Pi. Mit einer angeschlossenen Maus können Sie nun ohne eigenen Bildschirm das Board betreiben.

Dies ist eine optimale Lösung für Anwendungen, bei denen der Raspberry Pi nicht gut zugänglich ist oder wenn man mehrere Raspberrys betreibt.

1.2.5 Schnittstellen zur Außenwelt

Die offene Schnittstelle mit den universell nutzbaren Ein- und Ausgängen gehört zu den großen Vorteilen des Raspberry Pi.

Über eine 40-polige Stiftleiste können Entwickler und Bastler praktische Schnittstellen-Anwendungen realisieren. Die digitalen Schnittstellenpins sind universell als Eingang oder Ausgang nutzbar und viele Pins sind für zusätzliche Funktionen vorbereitet.

In der offiziellen Raspberry-Pi-Dokumentation ist die Belegung der GPIO-Stiftleiste ausführlich beschrieben.

`https://www.raspberrypi.org/documentation/usage/gpio/`

In Abbildung 1.55 sehen Sie die Funktionsbeschreibung der einzelnen Pins der 40-poligen Stiftleiste.

Mit GPIO bezeichnet man ein Interface mit universell verwendbaren Ein- und Ausgängen (GPIO heißt General-Purpose Input Output).

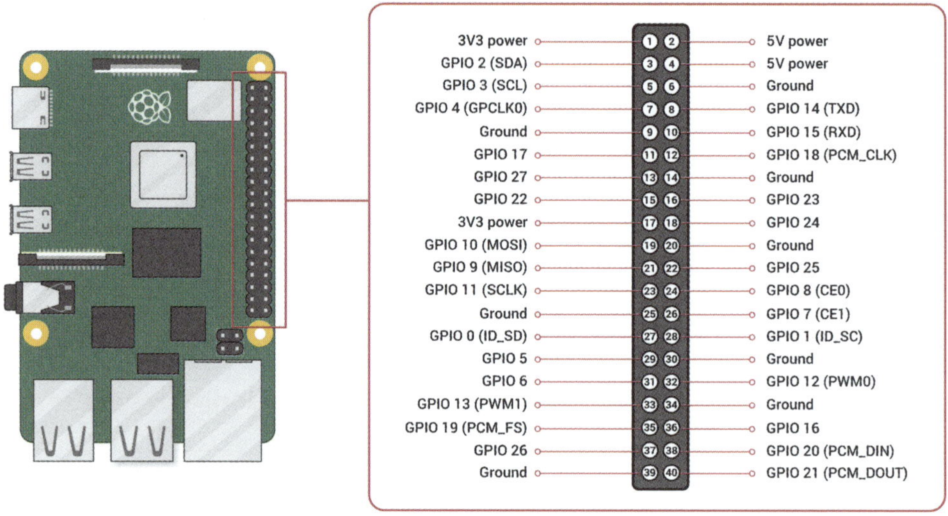

Abb. 1.55: Raspberry Pi 4 – GPIO-Stiftleiste

Farblich getrennt ist die Raspberry-Pi-Pinbelegung von `pinout.xyz` dargestellt, die sich für den praktischen Einsatz auf dem Basteltisch eignet (Abbildung 1.56).

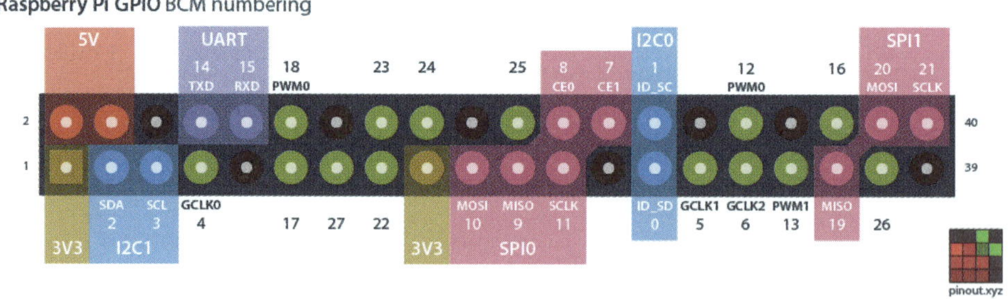

Abb. 1.56: Raspberry Pi GPIO Pinout (BCM-Ansicht)

In der BCM- oder Broadcom-Ansicht, Broadcom ist der Hersteller des CPU-Chips, sind die Pin-Nummern der Stiftleiste, die GPIO-Nummern sowie die Zusatzfunktionen dargestellt.

In Abbildung 1.57 ist GPIO02 detailliert dargestellt.

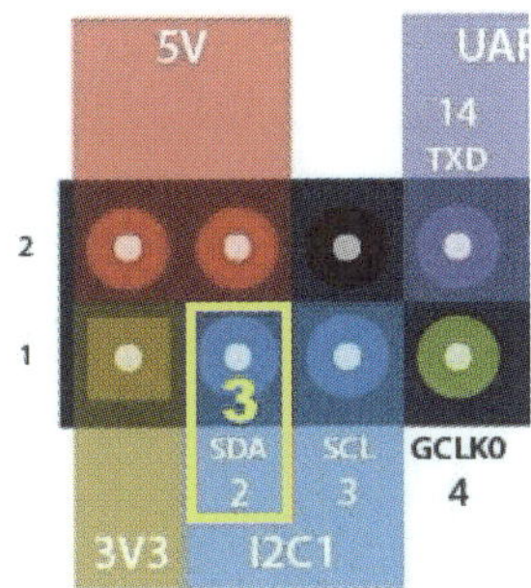

Abb. 1.57: Raspberry-Pi-GPIO – Beschreibung und Nummerierung

GPIO02 ist an Pin 3 der Stiftleiste angeschlossen und hat neben der Digitalfunktion als Eingang oder Ausgang noch die Zusatzfunktion SDA des I2C-Bus I2C1.

Auf die gleiche Art und Weise muss jeder einzelne Pin betrachtet werden. Zu beachten ist, dass die Nummerierung der GPIO-Pins nicht mit der Nummerierung der Stiftleiste übereinstimmt.

Die 40-polige Stiftleiste kann mit einzelnen Jumper-Wires (female-male) oder einer entsprechenden 40-poligen Buchsenleiste nach außen geführt werden. Die Buchsenleiste ist dann meist auf einer Leiterplatte aufgelötet.

Abbildung 1.58 zeigt ein HifiBerry Hat von Adafruit, das auf einen Raspberry Pi aufgesteckt wurde.

Abb. 1.58: Raspberry Pi – HifiBerry Hat (Bild: Adafruit)

In Kapitel 6 werden die einzelnen Pins über die grafische Oberfläche von Node-Red angesteuert.

Raspberry-Pi-Pinout via Terminal

Im praktischen Einsatz haben Sie vielleicht nicht immer die Pinbelegung der GPIO-Stiftleiste zur Hand.

Das System bietet hier eine einfache Hilfe mit dem Befehl `pinout`, den Sie im Terminal ausführen können. Im Terminalfenster werden Systemdaten sowie das Pinout des angefragten Raspberry Pi dargestellt (Abbildung 1.59).

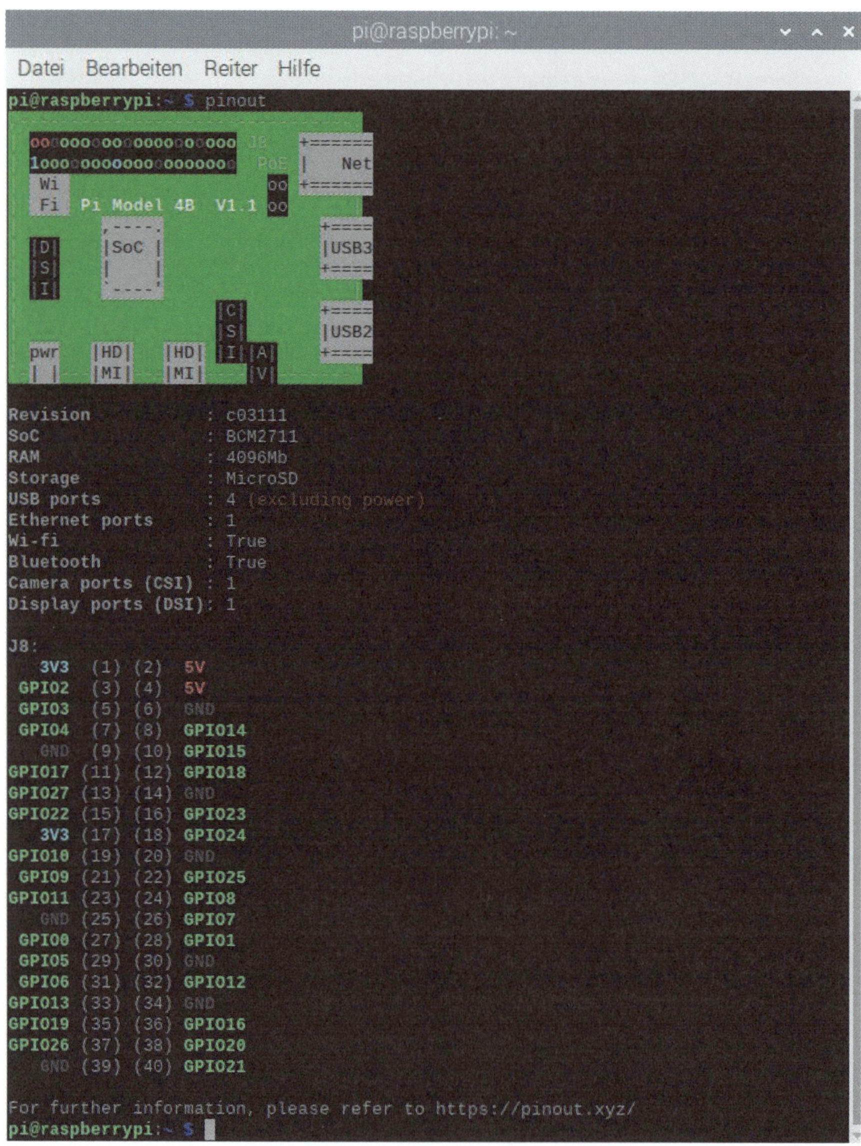

Abb. 1.59: Raspberry Pi – Pinout via Terminal

1.3 IoT- und Smarthome-Infrastruktur

Mit den beiden vorgestellten Hardware-Konzepten, dem Arduino-Board als Sensor und Aktor und als Fühler in die Außenwelt, und dem Raspberry Pi als Zentraleinheit zur Datenverarbeitung und Darstellung bekommen Sie eine universelle Lösung für eine IoT- oder Smarthome-Infrastruktur.

Bei diesem Konzept sind Sie recht flexibel und offen für den Einsatz von verschiedenen Software-Lösungen. In einem späteren Kapitel werden die Home-Automation-Lösungen Home Assistant und openHAB als Zentrale für die Verarbeitung und Darstellung sowie Node-Red als Datenzentrale vorgestellt.

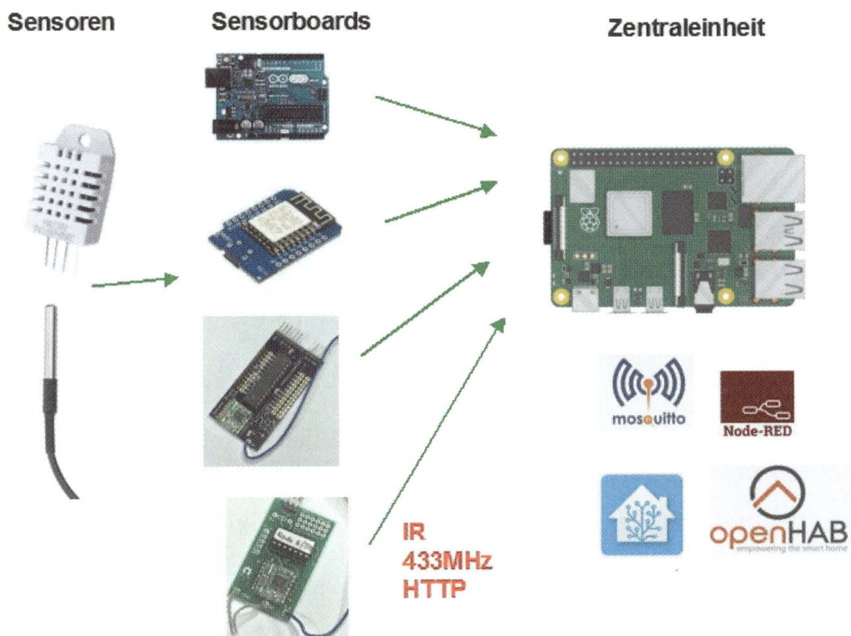

Abb. 1.60: Prinzip-Schaltbild der IoT- und Smarthome-Infrastruktur

Sensoren

Sensoren und Sensormodule empfangen und messen je nach Aufgabe die Umwelt oder ermitteln einen Status eines Zustands.

Dank eines offenen Konzepts können viele verschiedene Arten und Typen von Sensoren in die Smarthome-Infrastruktur integriert werden.

In Kapitel 7 werden verschiedene Sensor-Anwendungen vorgestellt, wobei jeweils ein Arduino-Board die Daten der Sensoren verarbeitet. Diese Sensormodule oder

Sensor-Nodes können natürlich auch einzeln, beispielsweise mit einem angeschlossenen Display, eingesetzt werden.

Sensor-Boards

Die Sensor-Boards sind kleine Microcontroller-Boards, auf einem Arduino basierend, die die Sensordaten erfassen und über Kabel, Busleitung oder drahtlos (IR-Signal, RF etc.) an die Zentrale übermitteln.

Neben einem einfachen Arduino Uno, der die Messdaten von einen Umweltsensor über serielle Verbindung an die Zentrale weitergibt, kann ein Sensor-Board auch ein kleines zentrales Schnittstellenmodul oder Gateway sein. Dieses Gateway empfängt Daten über eine spezifische Technologie wie Infrarot (IR) oder 433-MHz-Funkfrequenz.

IR-Signale kommen meist von Fernbedienungen für TV, DVD-Player oder Kabelfernseh-Empfängern.

Zentraleinheit

Die Zentraleinheit ist quasi die Logik in einem IoT- oder Smarthome-System und verarbeitet die empfangenen Daten. Die Zentraleinheit ist in unserem System ein Raspberry Pi mit angeschlossener Tastatur und Bildschirm.

Auf der Zentraleinheit werden über die verschiedenen USB-Ports Sensordaten von den angeschlossenen Arduino-Modulen empfangen.

Der MQTT-Broker und die Anwendung Node-Red auf dem Raspberry Pi empfangen und verarbeiten alle Daten. MQTT, ein universelles Protokoll für den Datenaustausch, wird in Kapitel 4 und 6 erläutert und eingesetzt.

Eine Zentraleinheit kann auch aus verschiedenen getrennten Raspberry Pis aufgebaut werden: MQTT-Broker und Node-Red auf dem einen und die Home-Automation-Anwendung Home Assistant oder openHAB auf dem anderen Rechner.

Je nach Anwendungsfall können weitere Zentraleinheiten mit separaten Aufgaben im System ergänzt werden.

Die Kommunikation der einzelnen Zentraleinheiten erfolgt drahtlos über WLAN oder über kabelgebundenes Ethernet.

Kapitel 2

Internet-Connectivity

Das Internet ist heute ein Werkzeug für Millionen von Menschen. Im Alltag, im Job und im Hobby kann man auf diese Datenquelle nicht mehr verzichten.

Auch im Umfeld von Microcontrollern und Minicomputern, wie Arduino und Raspberry Pi, kommt man ohne das Internet nicht mehr aus. Die Community ist online vernetzt. Viele Bastler und Entwickler publizieren ihre Projekte und Programme online und stellen die Daten der ganzen Welt zur Verfügung.

Internet-Connectivity, also die Verbindung zum Internet, ist natürlich im IoT-Bereich ein nötiges Tool. Der Buchstabe »I« steht ja stellvertretend für den Begriff INTERNET.

Beim Raspberry Pi aus dem vorherigen Kapitel haben Sie bereits gesehen, dass das Board Schnittstellen zum kabelgebundenen Ethernet und mit WiFi-Dongle eine drahtlose Kommunikation zur Verfügung stellt.

Im Arduino-Umfeld muss für das Standard-Arduino-Board, den Arduino Uno, ein zusätzliches Shield eingesetzt werden, um eine Netzverbindung zum hausinternen Netzwerk oder zum Internet aufzubauen. Dieses Shield wird im nachfolgenden Abschnitt beschrieben.

Drahtlose Verbindung und die Verbindung zu einem WLAN-Router erfordert keine Kabelverbindung und in vielen Haushalten, Büros oder Bastler-Räumen steht meist ein WLAN inklusive Zugang zum Internet zur Verfügung.

In Kapitel 3 werden ausführlich die ESP8266-Module von Espressif beschrieben, die bereits ein WiFi-Modul onboard beinhalten. Mit relativ wenig Aufwand können mit den ESP-Modulen Sensor-Anwendungen über die Arduino-Entwicklungsumgebung realisiert werden.

2.1 Ethernet-Shield

Mit dem Ethernet-Shield können Sie Ihren Arduino Uno über eine kabelgebundene Ethernet-Verbindung mit dem Internet verbinden.

Das Ethernet-Shield (Abbildung 2.1) ist das dienstälteste Shield für Ethernet-Kommunikation. Die aktuelle Version ist das Ethernet-Shield 2 (`https://store.arduino.cc/arduino-ethernet-shield-2`), das neben dem Ethernet-Anschluss in Form eines RJ45-Steckers noch einen Adapter für eine SD-Karte enthält.

Abb. 2.1: Arduino-Ethernet-Shield (Bild: arduino.cc)

Mit dem Ethernet-Shield können 10/100-MB-Netzwerkverbindungen aufgebaut werden. Der Onboard-Ethernet-Controller wird über den SPI-Port angesteuert (Serial Peripheral Interface).

Die Software für die Ethernet-Kommunikation mit dem Ethernet-Shield erfolgt über die sogenannte Ethernet-Bibliothek:

`https://www.arduino.cc/en/Reference/Ethernet`

Die Ethernet-Bibliothek ist in der Arduino-Entwicklungsumgebung standardmäßig installiert und kann direkt verwendet werden.

Dank der Standard-Arduino-Bauform des Ethernet-Shields können Sie weiterhin Sensoren und externe Bauteile und Module anschließen.

Das Ethernet-Shield ist bei vielen Elektronik-Lieferanten oder direkt im Arduino-Shop verfügbar. Neben dem Original-Board von Arduino sind auch etliche Ethernet-Shields von anderen Herstellern auf dem Markt.

Bei der Shield-Auswahl ist jeweils zu beachten, dass das Ethernet-Shield mit einem Ethernet-Controller vom Typ Wiz5100 ausgerüstet ist. Die Shields mit diesem Controller-Typ können mit der oben genannten Ethernet-Bibliothek angesteuert werden.

Arduino-Shop

`https://store.arduino.cc/arduino-ethernet-shield-2`

Reichelt

`https://www.reichelt.com/ch/de/arduino-shield-ethernet-shield-2-ohne-poe-w5500-arduino-shd-eth2-p159410.html`

Bastelgarage

`https://www.bastelgarage.ch/ethernet-shield-spi-w5100-fur-arduino`

2.2 WiFi-Verbindung

Für die Realisierung einer drahtlosen Netzverbindung kommt man an den ESP8266-Modulen nicht vorbei. Diese kleinen und kostengünstigen Microcontroller-Module sind zum heutigen Zeitpunkt quasi die erste Wahl.

Die zentrale Hardware von Microcontroller-Modulen mit WiFi-Schnittstelle sind die ESP-Module mit integrierter Antenne. In Abbildung 2.2 ist ein Typ ESP8266-12 abgebildet, der direkt auf eine Leiterplatte gelötet werden kann.

Abb. 2.2: ESP8266-12

Für komplexere Anwendungen mit Netzzugang kann natürlich auch immer ein Raspberry Pi eingesetzt werden.

Boards mit den ESP8266-Modulen sind aber meist in kompakteren Bauformen verfügbar und eignen sich ideal als Sensor- oder Aktormodul. Sensormodule fühlen mit angeschlossenen Sensoren die Umwelt. Aktormodule sind Ausgangsmodule, die einen Relais- oder Motorausgang anbieten und für Schaltzwecke geeignet sind.

2.3 Arduino als Webclient

Ein Arduino Uno mit Ethernet-Shield wird in einer Anwendung als Webclient bezeichnet, wenn das Board Anfragen (Requests) an einen Webserver sendet.

Am Arduino ist in diesem Fall beispielsweise ein Licht- oder Temperatursensor angeschlossen. Der vom Arduino eingelesene Sensorwert wird dann an eine Webanwendung übermittelt.

Die Datenübermittlung erfolgt in Form eines URL-Requests mit Parametern an eine externe Webanwendung. Die übermittelten Parameter sind dabei die Sensorwerte vom Arduino-Board. Die externe Webanwendung selbst verarbeitet nach Aufruf des Webrequests durch den Webclient (das Arduino-Board) die gesendeten Daten. Die Daten können beispielsweise in einer Datenbank gespeichert werden.

Ein solcher Webrequest mit Parametern kann so aussehen:

`http://meinwebserver.com/sensor.php?sensorid=55&light=456;`

Der Parameter `sensorid` identifiziert das Sensormodul oder den Sensor und der Parameter `light` ist der gemessene Wert.

Die Datenverarbeitung auf dem externen Server erfolgt in diesem Beispiel in der PHP-Datei `sensor.php`. Der Webclient selbst kann diese Verarbeitung nicht beeinflussen und hat auch keinen Einblick in diesen Programmcode. Falls die Webanwendung nach der Verarbeitung eine Rückmeldung sendet, weiß der Webclient, ob die Datenübertragung erfolgreich war.

Stückliste (Webclient)

- 1 Arduino Uno
- 1 Ethernet-Shield
- 1 Ethernet-Kabel
- Drahtbrücken

Für den ersten Test des Webclients wird der Arduino mit Ethernet-Shield am Netzwerk angeschlossen. Als Testprogramm kann der Beispielcode `Webclient` aus der Ethernet-Bibliothek geladen und ausgeführt werden.

Im Beispielcode wird eine Suchanfrage mit dem Suchbegriff »arduino« bei Google (`www.google.com`) ausgeführt und die Antwort im seriellen Monitor dargestellt.

Die Suchanfrage hat folgende URL:

`http://www.google.com/search?q=arduino`

Netzwerktechnisch arbeitet der Webclient mit einer dynamischen Vergabe einer IP-Adresse durch den internen Router. Falls DHCP fehlschlägt, wird die IP-Adresse, die im Sketch eingetragen ist, verwendet.

Meine Konfiguration sieht wie folgt aus:

```
IPAddress ip(10, 0, 1, 222);
IPAddress myDns(10, 0, 1, 1);
```

Im seriellen Monitor kann nun der Webrequest an die Google-Website betrachtet werden (Abbildung 2.3).

Im Beispiel ist zu sehen, dass der Router dem Webclient die IP-Adresse 10.0.1.56 zugewiesen hat.

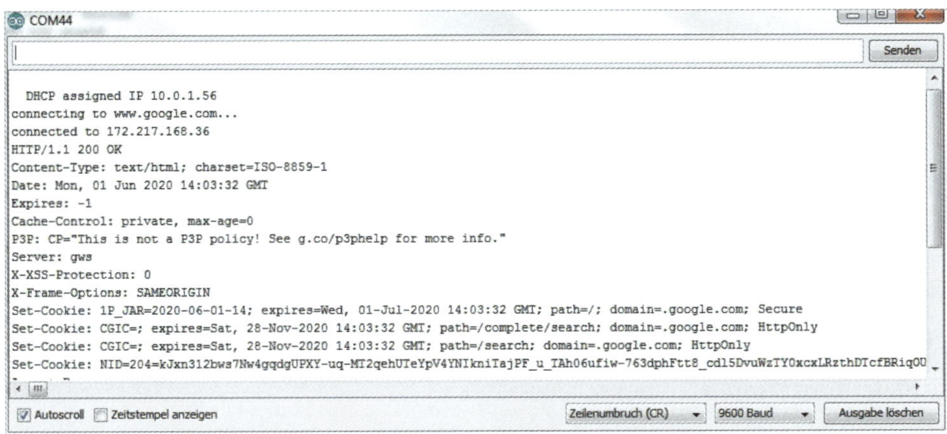

Abb. 2.3: Ethernet-Webclient – Webrequest im seriellen Monitor

Nach Aufruf des Google-Webservers sendet dieser die Antwort:

```
HTTP/1.1 200 OK
```

Der Error-Code 200 sagt aus, dass die Anfrage korrekt angekommen und ausgeführt wurde.

Der einfache Webclient mit dem Ethernet-Shield war also erfolgreich.

Im Code des Webclients sind die Daten für den Zielserver in einzelnen Zeilen abgelegt. Für den Server selbst wird die Serveradresse in der Variablen `char server[]` gespeichert (`smarthome_kap2_webclient.ino`).

```
char server[] = "www.google.com";    // name address for Google (using DNS)
```

Den Suchstring

`/search?q=arduino`

finden Sie nach der Initialisierung:

```
// if you get a connection, report back via serial:
  if (client.connect(server, 80)) {
    Serial.print("connected to ");
    Serial.println(client.remoteIP());
    // Make a HTTP request:
    client.println("GET /search?q=arduino HTTP/1.1");
    client.println("Host: www.google.com");
```

```
    client.println("Connection: close");
    client.println();
  } ...
```

Für eigene Anwendungen kann dieser Teil des Webclient-Programms individuell angepasst werden. Dazu können Sie den Aufruf auch etwas aufteilen und in einzelnen Zeilen darstellen.

Für den Serveraufruf mit Parametern

`http://meinwebserver.com/sensor.php?sensorid=55&light=456;`

sieht der Programmteil dann so aus:

```
// if you get a connection, report back via serial:
  if (client.connect(server, 80)) {
    Serial.print("connected to ");
    Serial.println(client.remoteIP());
    // Make a HTTP request:
    client.print("GET /sensor.php?sensorid=55&");
    client.print("light=456");
    client.println(" HTTP/1.1");
    client.println("Host: www.meinserver.com");
    client.println("Connection: close");
    client.println();
  } ...
```

2.4 Arduino als Webserver

Ein Aufruf einer Webadresse, wie beispielsweise die Buchwebsite unter `https://555circuitslab.com` löst eine Antwort auf einem Webserver aus. Die Antwort ist eine Seite im HTML-Format, wird an den Anfrager zurückgesendet und kann im entsprechenden Clientprogramm (Internet-Browser) dargestellt werden. HTML ist die Seitenbeschreibungssprache, mit der Internet-Seiten programmiert werden.

Ein Webserver wartet also auf Anfragen der Clients und sendet anschließend eine Antwort (Response) an den Anfrager (Client) zurück.

In diesem Beispiel arbeitet das Arduino-Board mit dem aufgesteckten Ethernet-Shield als Webserver und wartet auf Anfragen aus dem angeschlossenen Netzwerk.

Der Webserver selbst wird über eine im Arduino-Programm eingetragene IP-Adresse aufgerufen. Die im Browser dargestellte HTML-Seite gibt die analogen Werte der sechs Analogeingänge des Arduino aus.

Das Arduino-Programm selbst ist ein Beispiel der Ethernet-Bibliothek und heißt `Webserver`.

In Abbildung 2.4 ist die Seite des Arduino-Webservers dargestellt. Im HTML-Code ist eine Funktion integriert, die die Seite alle fünf Sekunden aktualisiert.

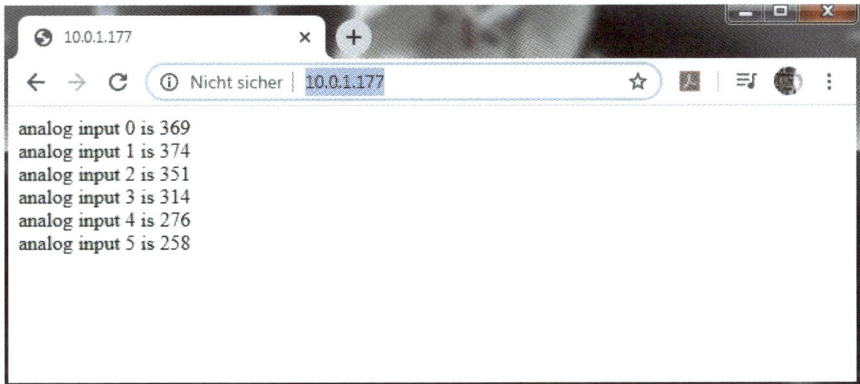

Abb. 2.4: Arduino als Webserver

Falls die IP-Adresse des Arduino-Webservers nicht mehr bekannt ist, können Sie über den Webserver starten und über den seriellen Monitor in der Arduino-Entwicklungsumgebung die IP-Adresse prüfen (Abbildung 2.5).

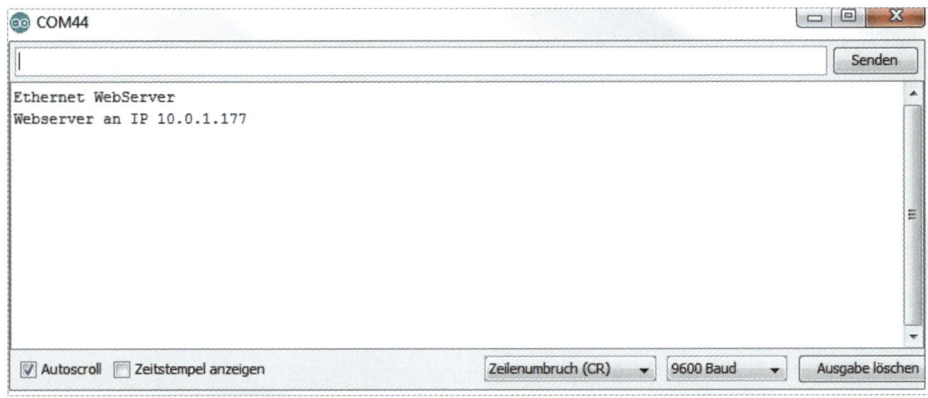

Abb. 2.5: Arduino als Webserver – IP-Adresse

Im Arduino-Programm werden wie gewohnt zuerst die nötigen Bibliotheken geladen (`smarthome_kap2_webserver.ino`).

```
#include <SPI.h>
#include <Ethernet.h>
```

Anschließend erfolgt die Ethernet-Konfiguration. Der Webserver bekommt dabei eine fixe IP-Adresse.

```
// Ethernet Konfiguration
byte mac[] = { 0xDE, 0xAD, 0xBE, 0xEF, 0xFE, 0xED };
IPAddress ip(10, 0, 1, 177);
```

In der Setup-Routine wird die Initialisierung für das verwendete Shield beziehungsweise Board gestartet. Danach erfolgt die Initialisierung der seriellen Schnittstelle.

```
void setup()
{
  // Konfiguration CS Pin für Ethernet.init(pin)
  Ethernet.init(10);  // Most Arduino shields
  //Ethernet.init(5);   // MKR ETH shield
  //Ethernet.init(0);   // Teensy 2.0
  //Ethernet.init(20);  // Teensy++ 2.0
  //Ethernet.init(15);  // ESP8266 with Adafruit Featherwing Ethernet
  //Ethernet.init(33);  // ESP32 with Adafruit Featherwing Ethernet

  // Serielle Schnittstelle
  Serial.begin(9600);
  while (!Serial) {
    ; // warten
  }
  Serial.println("Ethernet WebServer");
```

Nach der Ethernet-Initialisierung wird der Status der Ethernet-Hardware geprüft. Falls das Netzwerk-Kabel nicht in die Ethernet-Buchse gesteckt ist, meldet das Programm das fehlende Kabel.

Zum Schluss wird der Webserver gestartet und die IP-Adresse ausgegeben.

```
  // Ethernet-Initialisierung
  Ethernet.begin(mac, ip);

  // Hardware-Status prüfen
  if (Ethernet.hardwareStatus() == EthernetNoHardware) {
    Serial.println("Kein Ethernet-Shield gefunden");
    while (true) {
      delay(1); // nichts machen
```

```
    }
  }
  if (Ethernet.linkStatus() == LinkOFF) {
    Serial.println("Ethernet-Kabel nicht verbunden!");
  }

  // Webserver starten
  server.begin();
  Serial.print("Webserver an IP ");
  Serial.println(Ethernet.localIP());
}
```

Im Hauptprogramm wartet der Webserver auf eingehende Anfragen der Clients. Sobald ein Client verbunden ist, wird eine Meldung über die serielle Schnittstelle ausgegeben und anschließend wird die Antwort vom Webserver in Form einer HTML-Seite zurückgesendet. Als Hauptinhalt der HTML-Seite werden die eingelesenen Werte der sechs analogen Eingänge dargestellt. Auf dem Bildschirm des Clients können die sechs Analogwerte abgelesen werden.

```
void loop()
{
  // auf eingehende Anfragen warten
  EthernetClient client = server.available();
  if (client) {
    Serial.println("neuer Webclient");
    // HTTP-Request endet mit Blank
    boolean currentLineIsBlank = true;
    while (client.connected()) {
      if (client.available()) {
        char c = client.read();
        Serial.write(c);
        // Ende der Zeile
        // Antwort senden
        if (c == '\n' && currentLineIsBlank) {
          // send a standard http response header
          client.println("HTTP/1.1 200 OK");
          client.println("Content-Type: text/html");
          client.println("Connection: close");  // Verbindung schliessen
          client.println("Refresh: 5");  // Seite refreshen jede 5 Sekunden
          client.println();
          client.println("<!DOCTYPE HTML>");
```

```
          client.println("<html>");
          // Ausgabe-Werte von Analog-Eingängen
          for (int analogChannel = 0; analogChannel < 6; analogChannel++) {
            int sensorReading = analogRead(analogChannel);
            client.print("analog input ");
            client.print(analogChannel);
            client.print(" is ");
            client.print(sensorReading);
            client.println("<br />");
          }
          client.println("</html>");
          break;
        }
        if (c == '\n') {
          // neue Zeile starten
          currentLineIsBlank = true;
        } else if (c != '\r') {
          // Zeichen in Zeile
          currentLineIsBlank = false;
        }
      }
    }
    // warten
    delay(1);
    // Verbindung schließen
    client.stop();
    Serial.println("client disconnected");
  }
}
```

Beim Einsatz des Arduino als Webserver ist zu beachten, dass nur maximal vier parallele Verbindungen möglich sind.

Aber für einfache kleine Überwachungs- oder Steueraufgaben ist das Ethernet-Shield für den Arduino Uno eine praktische Lösung.

Kapitel 3

ESP8266

Der chinesische Hersteller Espressif (`https://www.espressif.com`) hat Ende 2014 mit dem WiFi-Transceiver ESP8266 günstige WiFi-Module für Hardware-Entwickler, Bastler und Maker auf den Markt gebracht. Endlich waren WiFi-Module verfügbar, die nur wenige US-Dollar kosteten.

Es dauerte auch nicht sehr lange, bis findige Bastler Lösungen entwickelten, damit die ESP-Module über die Arduino-Entwicklungsumgebung angesteuert werden konnten. Die Integration in die Arduino-IDE, inklusive Arduino-Bootloader, ließ nicht lange auf sich warten. Dank der leistungsstarken Microcontroller und der I/O-Möglichkeiten gehören die ESP-Module zu den leistungsstarken Arduino-Boards mit integrierter WiFi-Funktionalität.

Diese ESP-Module veränderten den Markt der IoT-Module maßgebend. Dank der günstigen Kosten und der recht kompakten Abmessungen fanden die ESP8266-Module schnell eine große Verbreitung in diesem Markt.

Für die Arduino-Community sind diese WiFi-Module nun ein fester Standard geworden und viele Anwender realisieren Hard- und Software-Lösungen basierend auf den drahtlosen WiFi-Modulen von Espressif.

3.1 ESP-Module

3.1.1 ESP-01

Der ESP-01 ist mit den Abmessungen von 15x25 mm eines der kompaktesten WiFi-Module. Auf der Leiterplatte ist sowohl die Elektronik wie auch eine Chip-Antenne vorhanden. In Abbildung 3.1 ist ein ESP-01 abgebildet. Durch die kompakte Bauform ist die Anschlusstechnik auf die minimalste Form reduziert. Der ESP-01 wird über eine 8-polige Stiftleiste angesteuert und stellt zwei universelle digitale Signale (GPIO) zur Verfügung.

Abb. 3.1: ESP-01

In Abbildung 3.2 ist die Anschlussbelegung dargestellt.

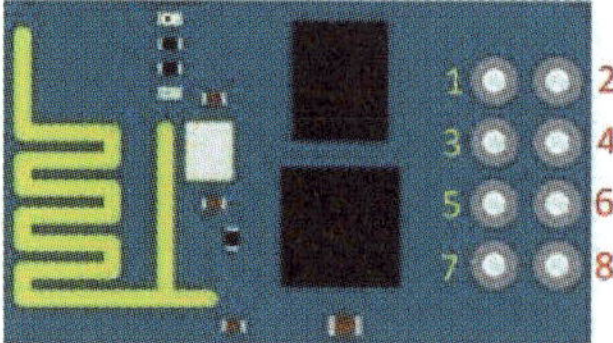

Abb. 3.2: ESP-01: Anschlussbelegung

Die einzelnen Anschlusspins des ESP-01 sind in Tabelle 3.1 aufgelistet.

Pin-Nummer	Bezeichnung	Beschreibung
1	RX	Daten empfangen (3,3-V-Pegel)
2	VCC	Versorgungsspannung, max. 3,6 V
3	GPIO0	Digitaler Eingang/Ausgang 0
4	RST	Reset (Low = Reset aktiv)
5	GPIO2	Digitaler Eingang/Ausgang 2
6	CH_PD	Chip Power Down (Low = aktiv)
7	GND	Ground
8	TX	Daten senden (3,3-V-Pegel)

Tabelle 3.1: ESP-01: Anschlussbelegung

Der ESP-01 wird mit einer Versorgungsspannung von 3,3 V betrieben und somit sind auch die Ein- und Ausgänge für 3,3-V-Pegel ausgelegt. Die direkte Ansteuerung des ESP-01 durch einen Arduino Uno ist nicht zu empfehlen.

Für den Betrieb des ESP-01 sind grundsätzlich keine externen Komponenten nötig. Durch die zwischenzeitlich recht hohe Stromaufnahme empfiehlt sich aber, einen Stützkondensator (Elko) von 22 uF direkt an der Versorgungsspannung zu platzieren.

Ganz ohne externe Komponenten kommt man aber nicht aus. Für die Programmierung des ESP-01 über die serielle Schnittstelle ist ein externer USB-Seriell-Adapter notwendig.

Durch die begrenzte Anzahl von Ein- und Ausgängen eignet sich der ESP-01 nur für einfache IoT-Anwendungen oder im Smarthome.

3.1.2 ESP-12

Ein sehr weit verbreitetes Modell der ESP8266-Reihe ist der Typ mit der Bezeichnung ESP-12. Abbildung 3.3 zeigt den ESP-12, der als Modul für die Montage auf einer Leiterplatte ausgelegt ist. Dazu sind auf den beiden Seiten des Moduls Anschlusspads zum Auflöten auf eine Leiterplatte vorbereitet.

Dieses ESP-Modul wird auf vielen IoT- und Smarthome-Modulen verwendet und dabei direkt auf die Leiterplatte der Anwendung gelötet.

Der ESP-12 wird auch auf den Wemos-Modulen, die in einem späteren Abschnitt erklärt werden, eingesetzt.

Abb. 3.3: ESP-12 (Quelle: Aliexpress)

Im Gegensatz zum ESP-01 hat der ESP-12 11 I/O-Pins, die als Eingang oder Ausgang eingesetzt werden können. Zusätzlich steht ein analoger Eingang zur Verfügung.

In Abbildung 3.4 ist das Pinout des ESP-12 dargestellt.

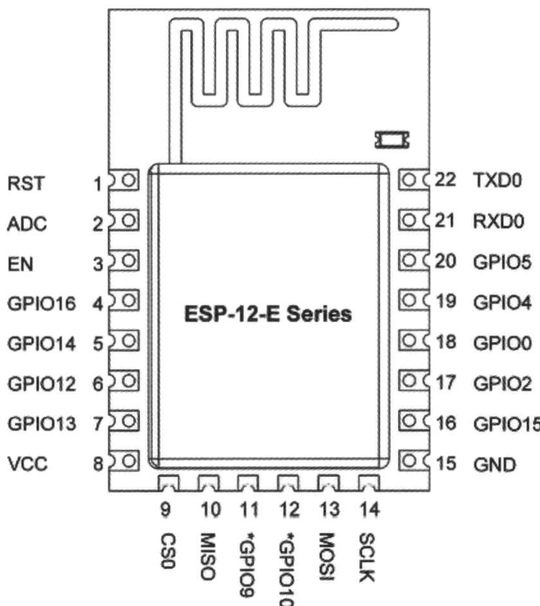

Abb. 3.4: ESP-12: Pinout (Quelle: GitHub)

ESP-Module mit ESP-12 liefern meist ein erweitertes Anschlussdiagramm, auf dem dann zusätzliche Funktionen und Arduino-Pinbezeichnungen abgebildet sind.

In Tabelle 3.2 sind die technischen Daten des ESP-12 aufgelistet.

	Daten
Typ	ESP-12
Bauform	Auflöten auf Leiterplatte
Versorgungsspannung	3,3–3,6 V DC
GPIO-Anzahl	11 10 (digital) 1 (analog)
Antenne	Auf Leiterplatte
Prozessor	32 Bit, 80 MHz
Flash-Memory	4 MB
WLAN	802.11 b/g/n
Schnittstellen	SPI, I2C, UART
USB-Seriell-Adapter	nein
Kompatibel für Steckbrett	nein (nur mit geeignetem Breakout-Board)

Tabelle 3.2: ESP-12 – technische Daten

Breakout-Board für Steckbrett-Montage

Im Handel sind verschiedene Breakout-Boards verfügbar, die es dem Bastler ermöglichen, ein ESP-12 auf dem Steckbrett zu verwenden. Abbildung 3.5 zeigt ein mögliches Board.

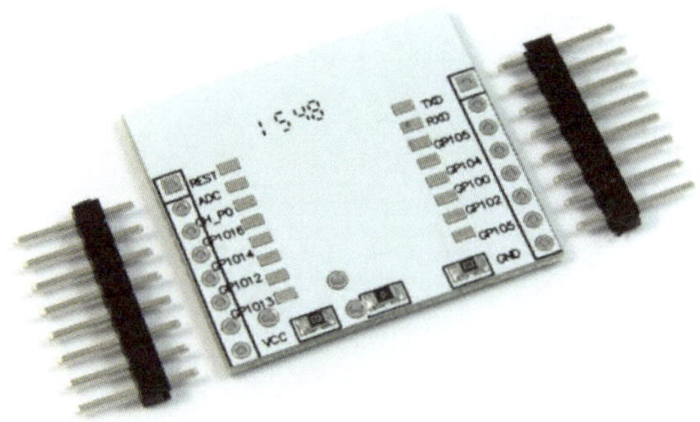

Abb. 3.5: Breakout-Board für ESP-12 (Bild: bastelgarage.ch)

Bastelgarage

`https://www.bastelgarage.ch/esp-zubehor/adaptermodul-esp8266-fur-esp-07-esp-08-esp-12`

3.2 Integration in Arduino-IDE

Die Integration und Bereitstellung der ESP-Module erfolgt in der Arduino-Entwicklungsumgebung über den Boardverwalter.

Neue Board-Pakete von externen Lieferanten und Hersteller können unter DATEI|VOREINSTELLUNGEN eingebunden werden.

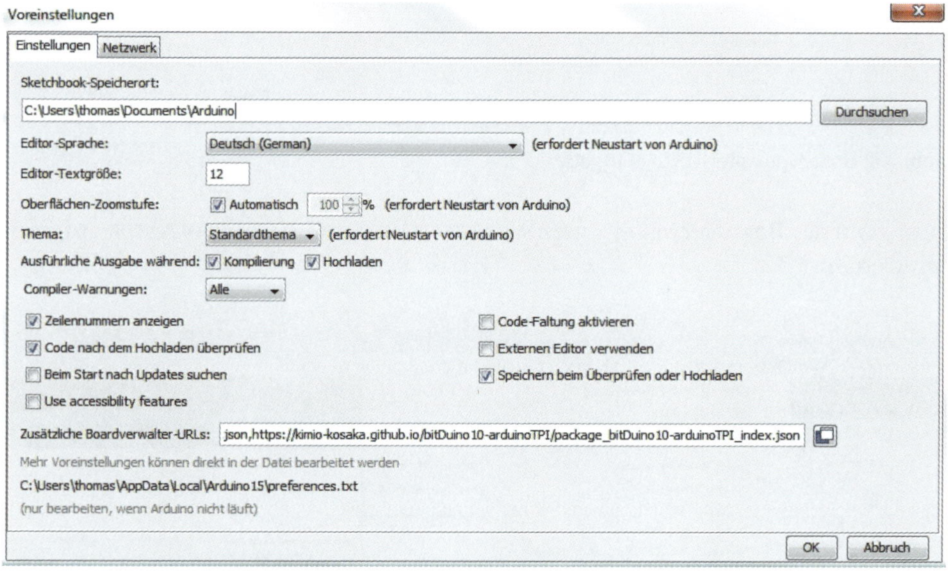

Abb. 3.6: Entwicklungsumgebung – Boardverwalter-URL

Mit dem Hinzufügen der Boardverwalter-URL stehen diese Boards anschließend in der Liste der verfügbaren Arduino-Boards zur Verfügung (Abbildung 3.6).

Die Erfassung der Adresse mit den Board-Paketen erfolgt über eine Textbox (rot markiert, Abbildung 3.7).

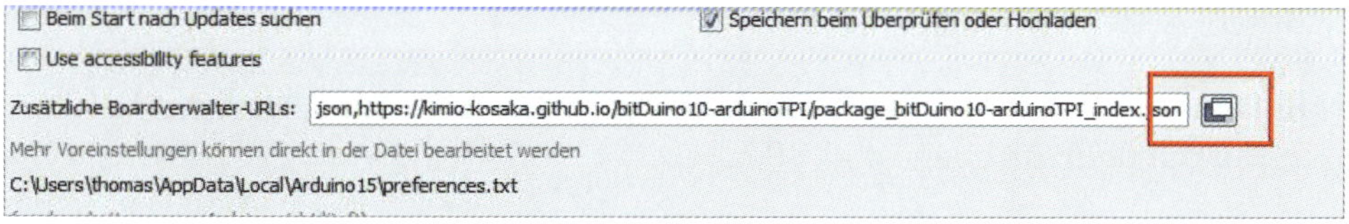

Abb. 3.7: Erfassung Adressen mit Board-Paketen

Die Adressen selbst können bei den jeweiligen Board-Lieferanten bezogen werden.

Die Adresse der Board-Pakete für die ESP-Module lautet wie folgt:

`http://arduino.esp8266.com/stable/package_esp8266com_index.json`

In der aktuellen Version der Arduino-Entwicklungsumgebung (Version 1.8.13, Stand Herbst 2020) ist diese Adresse bereits erfasst.

Abb. 3.8: Boardverwalter-URL – Eingabe

Nun kann der Boardverwalter unter WERKZEUG|BOARD|BOARDVERWALTER aufgerufen werden.

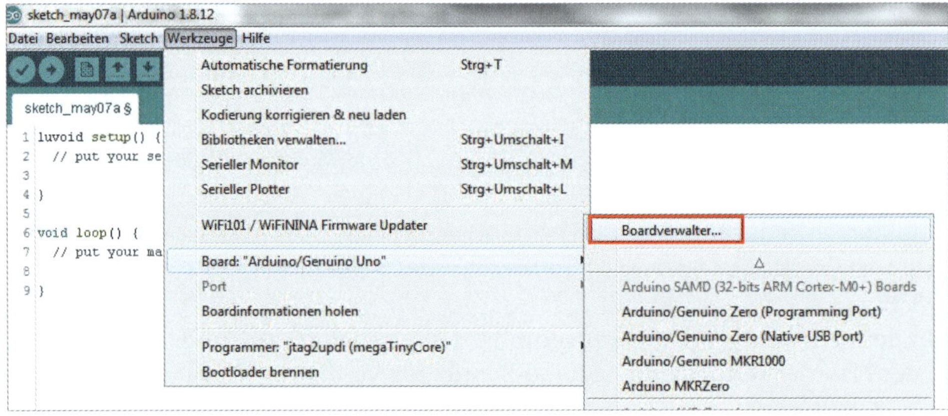

Abb. 3.9: Entwicklungsumgebung – Boardverwalter

Mit der Auswahl des Boardverwalters werden die aktuellen Board-Pakete geladen und aufgelistet.

Nun kann das jeweilige Board-Paket über das Suchfeld gesucht werden. In unserem Fall mit dem Suchbegriff »ESP«.

Die Suche listet die passenden Board-Pakete auf. Für die ESP8266-Module ist das das Paket »esp8266«. Wie man nun erkennen kann, ist es bereits installiert. Es ist somit keine weitere Aktion nötig (Abbildung 3.10).

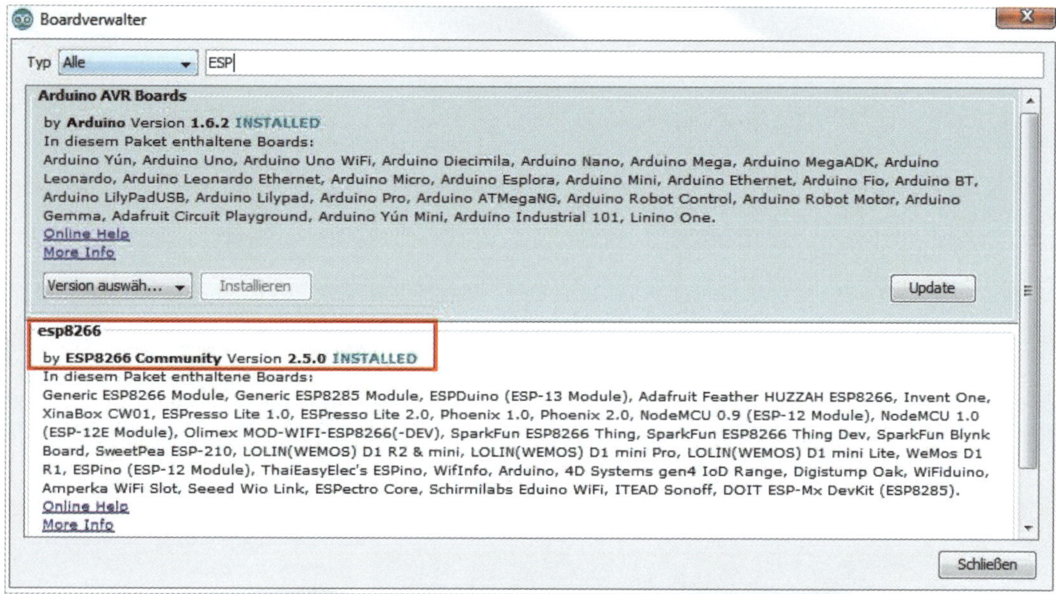

Abb. 3.10: Entwicklungsumgebung – Board-Paket esp8266

Bei Bedarf kann es aktualisiert oder auch entfernt werden (Abbildung 3.11).

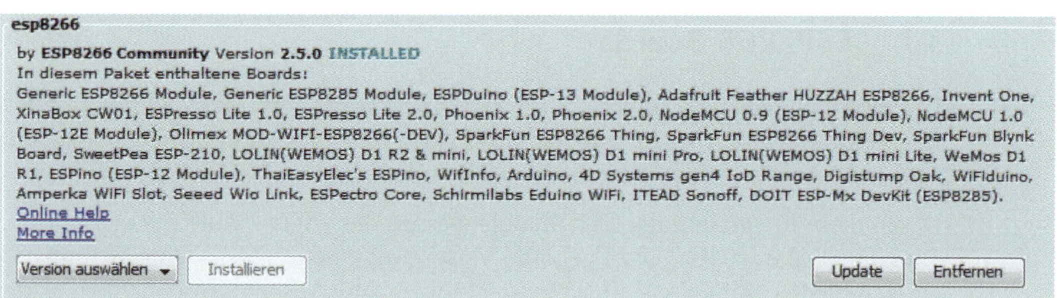

Abb. 3.11: Entwicklungsumgebung – Board-Paket aktualisieren oder entfernen

Über die Board-Auswahl können nun die installierten ESP8266-Module aufgerufen werden (Abbildung 3.12).

Auf die gleiche Art und Weise können Board-Pakete von externen Herstellern bereitgestellt werden.

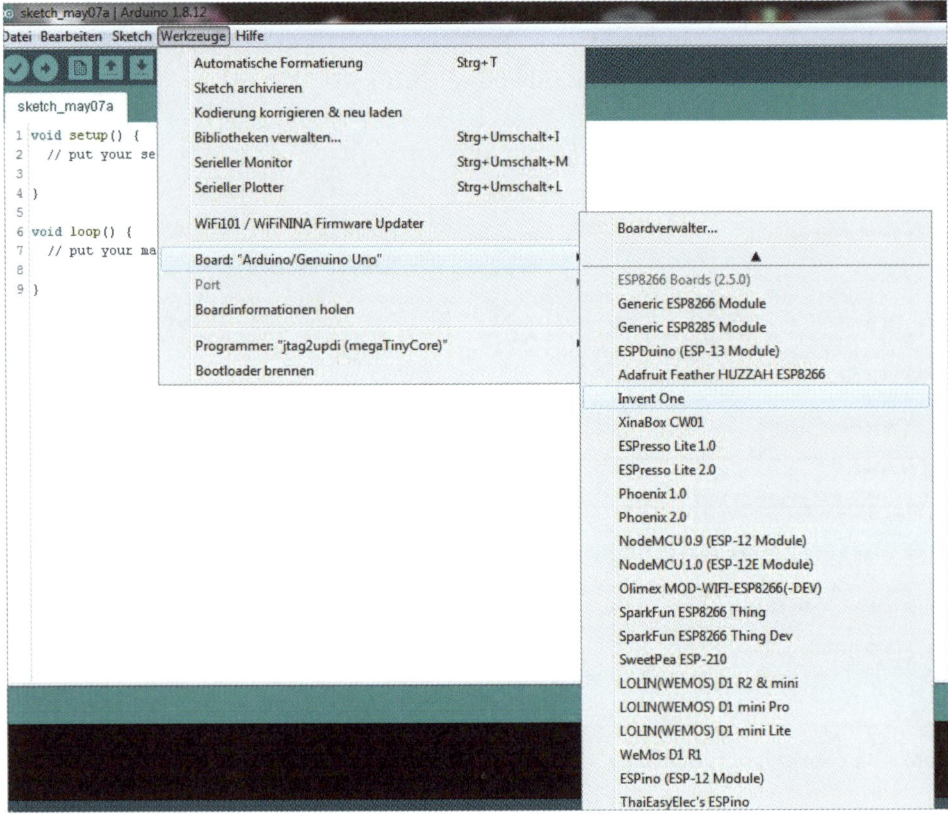

Abb. 3.12: Entwicklungsumgebung – installierte ESP8266-Boards

3.3 ESP8266-Boards

Die verschiedenen ESP-Module mit ESP8266 sind auf dem Markt sehr verbreitet. Die Module werden nicht nur als auflötbare WiFi-Module angeboten, sondern sind auf vielen IoT- und Microcontroller-Boards integriert.

Durch diese Integration der ESP-Module werden die WiFi-Module mit zusätzlicher Funktionalität erweitert. Dazu gehören Versorgungsspannungsmodule, Schnittstellen-Wandler, verschiedene Anschlusstechniken und Anschlussmöglichkeiten für Sensoren und Aktoren.

3.3.1 Wemos D1

Die chinesische Firma WEMOS Electronics (`https://www.wemos.cc/`) ist ein Hersteller von IoT-Modulen mit integrierten ESP-Modulen.

Der Typ Wemos D1 ist ein WiFi-Modul, das mit dem Formfaktor des Arduino Uno aufgebaut ist. In Abbildung 3.13 ist Wemos D1 abgebildet.

Abb. 3.13: Wemos-D1-Board

In der Zwischenzeit ist dieses Board bei verschiedenen chinesischen Händlern, teilweise mit eigenen Boardvarianten und Bezeichnungen verfügbar.

Wie Sie aus Abbildung 3.13 erkennen können, entsprechen die Funktionen wie SPI- und I2C-Bus und die Pinbezeichnungen dem Arduino-Standard.

Einzig bei den analogen Eingängen gibt es eine Einschränkung. Beim Wemos-D1-Board ist nur der analoge Eingang A0 verfügbar.

Zu beachten ist bei diesem Board, dass die digitalen Pins D0–D13 nicht 5-V-kompatibel sind und nur mit 3,3 V angesteuert werden können.

3.3.2 Wemos D1 Mini

Der Wemos D1 Mini ist ein kompaktes Modul mit einem ESP-12. Dieser Typ wird meist als Bausatz mit zusätzlichen Stift- und Buchsenleisten angeboten.

Abbildung 3.14 zeigt einen Wemos D1 Mini.

Abb. 3.14: Wemos D1 Mini (Quelle: bastelgarage.ch)

Das Wemos-D1-Mini-Board ist ein kompaktes Modul und eignet sich für den Einsatz auf dem Steckbrett, aber auch komplett verbaut in einer Smarthome-Anwendung.

Technische Daten

Die technischen Daten des Wemos D1 Mini sind in Tabelle 3.3 aufgelistet.

	Daten
ESP-Typ	ESP-12
Bauform	auf Leiterplatte
Versorgungsspannung	5 V DC (via USB)
Betriebsspannung	3,3V DC
GPIO-Anzahl	11 10 (digital) 1 (analog)
Antenne	Auf Leiterplatte
Prozessor	32 Bit, 80 MHz
Flash-Memory	4 MB
WLAN	802.11 b/g/n
Schnittstellen	SPI, I2C, UART
USB-Seriell-Adapter	ja (mit CH340-G-USB-Wandler)
Kompatibel für Steckbrett	ja

Tabelle 3.3: Wemos D1 Mini – technische Daten

Wie Sie in Abbildung 3.14 erkennen können, sind alle Signale auf Lötpads für Stiftleisten geführt und sauber und klar beschriftet.

Im Gegensatz zum ESP-12 hat der Wemos D1 Mini etliche Funktionen, die den Einsatz des Boards erleichtern. Zu erwähnen sind die Spannungsversorgung mit Spannungsregler, USB-Anschluss inklusive USB-Seriell-Wandler und Reset-Knopf.

Durch diese Zusatzfunktionen kann das Board auch direkt über die Arduino-Entwicklungsumgebung programmiert werden.

Anschlussbelegung

Beim Einsatz des Wemos D1 Mini ist zu beachten, dass es verschiedene Pin-Bezeichnungen und Funktionen gibt. Die Pin-Bezeichnung des ESP-12 unterscheidet sich von den Bezeichnungen im Arduino-Umfeld.

In Abbildung 3.15 ist die Anschlussbelegung mit den einzelnen Funktionen dargestellt.

Abb. 3.15: Wemos D1 Mini – Anschlussbelegung (Bild: arduino-projekte.info)

Die Anschlussbelegung aus Abbildung 3.15 ist von `arduino-projekte.info` und ein nützliches Werkzeug für jeden Maker, der mit diesen Modulen arbeitet.

Der Link zur Anschlussbelegung lautet:

`https://arduino-projekte.info/wp-content/uploads/2017/03/wemos_d1_mini_pinout.png`

Die unterschiedlichen Bezeichnungen zeigen die verschiedenen Funktionen und Bezeichnungen der Pins.

Anschlusstechnik

Beim Kauf eines Wemos D1 Mini bekommen Sie meist neben dem Wemos-Board noch Stift- und Headerleisten mitgeliefert. In Abbildung 3.16 ist ein Wemos-Set abgebildet.

Abb. 3.16: Wemos D1 Mini mit mitgelieferten Stift- und Headerleisten (Bild: Aliexpress)

Die Stiftleisten oder Header müssen vom Anwender selber aufgelötet werden.

Bei Anwendungen auf dem Steckbrett eignen sich die Stiftleisten oder die langen Headerleisten.

Die Header-Buchsenleisten, die Sie auch vom Arduino Uno kennen, eignen sich ideal, wenn Sie noch eine Erweiterungsplatine auf das Board stecken möchten.

Mit den langen Headerleisten können Sie beide Anforderungen, Steckbrettmontage und Erweiterungsplatine, abdecken (Abbildung 3.17).

Abb. 3.17: Wemos D1 Mini mit aufgestecktem OLED-Shield

Ansteuerung

Arduino-Anwendungen mit dem Wemos D1 Mini über die Arduino-Entwicklungsumgebung verwenden die in der Anschlussbelegung blau markierten Pin-Bezeichnungen.

Der auf dem Wemos D1 Mini bezeichnete Ausgang D3 wird über den Arduino-Code mit dem Wert 0 angesprochen.

Im Code wird der Ausgang D3 mit folgender Anweisung auf HIGH gesetzt:

```
digitalWrite(0, HIGH)
```

Im nachfolgenden Praxisbeispiel wird das Wemos-D1-Mini-Board als LED-Blinker eingesetzt.

Shields

Als Arduino-Anwender kennt man die Erweiterungsplatinen, die sogenannten Shields, mit denen man die Funktionalität seines Arduino-Boards erweitern kann.

Auch für den Wemos D1 Mini gibt es in der Zwischenzeit etliche Erweiterungsplatinen mit Zusatzfunktionen. Auch diese werden oft als Shield bezeichnet und können direkt auf das Wemos-Board gesteckt werden.

Zu erwähnen sind dabei die verschiedenen Sensor-Shields, das Protoshield, das OLED-Shield oder auch das Power-Shield (Abbildung 3.18). Mit dem Power-Shield kann das Wemos-Board mit einer Versorgungsspannung von 7 bis 24 VDC betrieben werden.

Abb. 3.18: Wemos-D1-Mini-Power-Shield – DC Power (Bild: Aliexpress)

Wie der Name sagt, ist das Protoshield eine aufsteckbare Leiterplatte für Prototypen-Anwendungen (Abbildung 3.19).

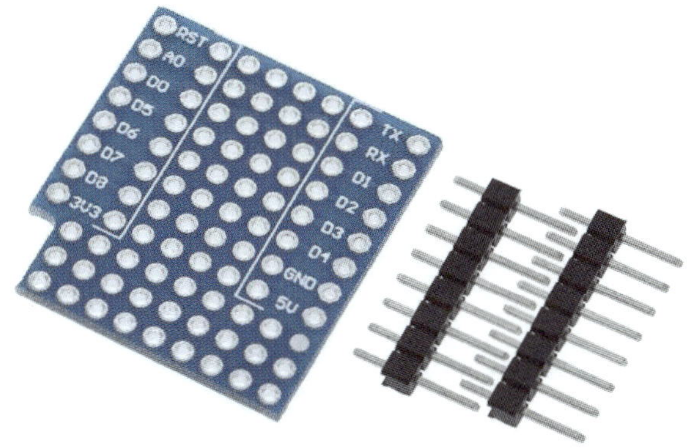

Abb. 3.19: Wemos D1 Mini – Protoshield (Bild: Aliexpress)

3.3.3 NodeMCU

Ein weiteres ESP8266-Modul, das eine weite Verbreitung gefunden hat, ist das NodeMCU-Board. Wie auch auf den Wemos-Boards ist auf dem NodeMCU ein WiFi-Modul vom Typ ESP-12 integriert.

Das NodeMCU-Board wird von vielen Herstellern angeboten und bietet im Vergleich zum kleineren Wemos D1 Mini eine größere Anzahl von GPIO- und Funktionspins. Zu den erweiterten Funktionen gehören die seriellen Schnittstellen oder die SPI-Schnittstelle. Auf dem NodeMCU ist ein leistungsstärkerer 3,3-V-Spannungsregler im Einsatz, der somit mehr Leistung für externe Beschaltung, Sensoren und Aktoren liefern kann.

In Abbildung 3.20 ist das Pinout des NodeMCU-Boards abgebildet.

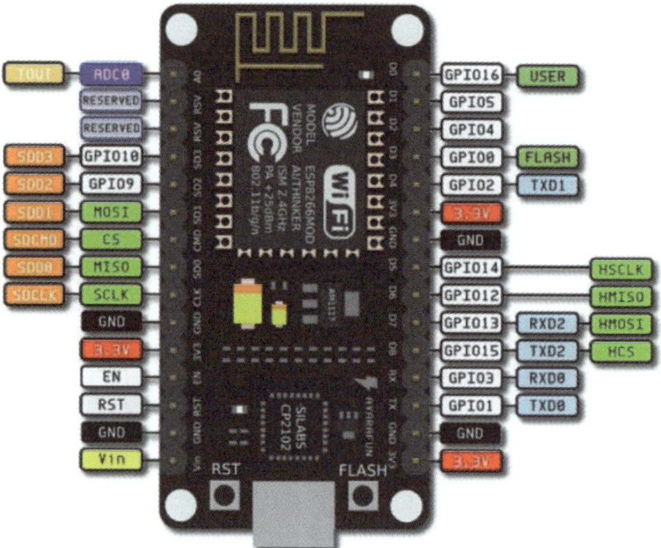

Abb. 3.20: NodeMCU – Pinout (Bild: bastelgarage.ch)

Der NodeMCU kann auf die gleiche Art und Weise wie der Wemos D1 Mini programmiert werden.

3.4 Praxisbeispiel: Blink

Das Blink-Beispiel aus der Arduino-Umgebung kann auch für den ersten Einstieg in die ESP8266-Welt eingesetzt werden.

Stückliste (Wemos D1 Mini Blink)

- 1 Wemos D1 Mini
- 1 Steckbrett
- 1 Leuchtdiode (Farbe nach Wahl)
- 1 Widerstand 1 kOhm
- Drahtbrücken

In Abbildung 3.21 ist der Aufbau der Blinkschaltung auf dem Steckbrett dargestellt.

Die Leuchtdiode ist an Pin D0 des Wemos D1 Mini angeschlossen.

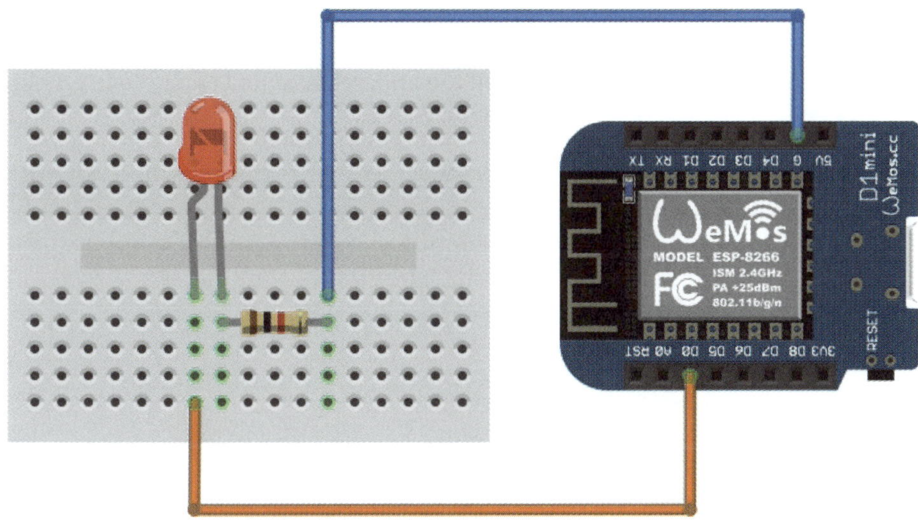

Abb. 3.21: Steckbrett-Aufbau – Wemos D1 Mini Blink

Gemäß Anschlussbelegung aus Abbildung 3.15 hat der Pin D0 einen Wert von 16 (blaue Bezeichnung für Arduino-Anwendungen). Der Ausgang mit der angeschlossenen Leuchtdiode wird somit im Arduino-Programm mit dem Wert 16 angesprochen.

Im Blinkprogramm wird zuerst der Anschlusspin für die LED deklariert (`smarthome_kap3_blink.ino`):

```
int LEDPin = 16;
```

Im Setup wird nun der Anschlusspin als Ausgang gesetzt:

```
void setup()
{
  pinMode(LEDPin, OUTPUT);
}
```

Im Hauptprogramm wird der LED Ausgang auf HIGH und nach 1000 Millisekunden (1 Sekunde) auf LOW gesetzt:

```
void loop()
{
  digitalWrite(LEDPin, HIGH);
```

```
  delay(1000);
  digitalWrite(LEDPin, LOW);
  delay(1000);
}
```

Wie vom Blink-Beispiel bekannt, beginnt die angeschlossene Leuchtdiode zu blinken.

Tipp

Das Blink-Programm ist ein gutes Hilfsmittel, falls Sie nicht sicher sind, ob ein ESP-Board noch funktioniert, oder wenn Sie die Pin-Nummer für einen Anschluss nicht mehr kennen.

3.5 WiFi mit ESP8266

Drahtlose Anwendungen mit der WiFi-Funktionalität gehören zu den Hauptaufgaben der ESP8266-Module.

Die stabile und kompakte Hardware und der einfache Einsatz von vorhandenen Funktionen und Bibliotheken sind gute Gründe, um diese Module in Smarthome- und IoT-Anwendungen einzusetzen.

Mit der Installation des ESP8266-Board-Pakets wird eine Menge an Beispielsketchen für WiFi-Anwendungen mitgeliefert.

3.5.1 WiFi-Bibliothek für ESP8266

Mit der WiFi-Bibliothek `ESP8266Wifi` steht eine umfangreiche Funktionsbibliothek für drahtlose WiFi-Kommunikation zur Verfügung.

Die Bibliothek bietet dem Einsteiger eine ganze Liste von Beispielen für eigene Anwendungen (Abbildung 3.22). Die Beispiele eignen sich ideal für eigene Anpassungen und Erweiterungen und bilden die Basis für viele drahtlosen Webanwendungen mit ESP8266.

Bei jedem Einsatz der WiFi-Bibliothek muss der Anwender die Daten seines WLAN angeben. Die Webanwendung auf dem ESP-Modul verbindet sich dann zu diesem.

Nach dem Verbindungsaufbau wird anschließend die weitere Funktionalität der Anwendung ausgeführt. Das kann ein Webclient sein, der sich Daten aus dem Intranet oder Internet holt und diese weiterverarbeitet, oder der ESP8266 arbeitet als Webserver und stellt Daten und Informationen als Webseite oder Webanwendung dar. Diese Webanwendung kann dann von einem Webbrowser im gleichen Netzwerk aufgerufen werden.

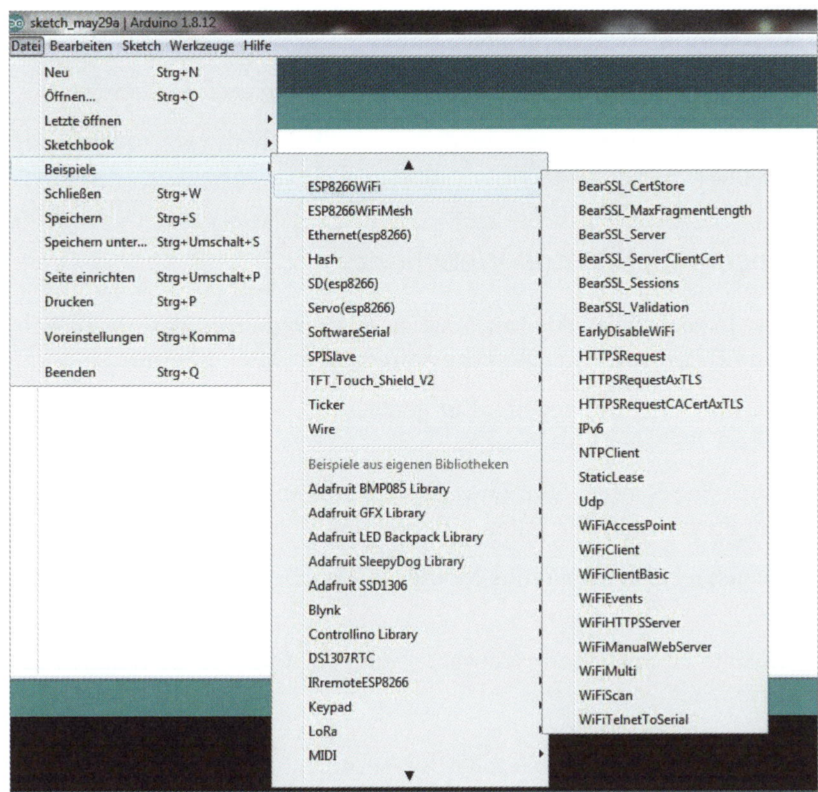

Abb. 3.22: ESP8266Wifi-Bibliothek – Beispiele

Das nachfolgende Listing zeigt den Grundaufbau eines Webskripts für ESP8266 (`smarthome_kap3_esp8266wifi.ino`):

```
#include <ESP8266WiFi.h>

const char* ssid = "ssid";
const char* password = "dein-passwort";

void setup()
{
  WiFi.mode(WIFI_STA);
  WiFi.begin(ssid, password);
}

void loop()
{
  // Webfunktion
}
```

Im Arduino-Code der Webanwendung mit der WiFi-Bibliothek sind die Daten des verwendeten WLAN im Klartext dargestellt.

Beim Weitergeben der Programme sollten die WLAN-Daten entfernt werden.

Im nachfolgenden Praxisbeispiel wird ein Wemos als Webclient verwendet, der in regelmäßigen Abständen Daten von einer externen Website abfragt.

3.6 Praxisbeispiel: Wemos-Webclient

Ein Webclient ist ein manuelles oder automatisiertes Programm, das einen Webrequest sendet und Daten von einer Website abfragt oder Daten übermittelt.

Ein Sensormodul mit WiFi, das regelmäßig gemessene Daten an eine Plattform sendet, wird auch als Webclient bezeichnet.

Im IoT- und Smarthome-Umfeld können viele solcher Webclients im Einsatz sein, die dann unabhängig voneinander Daten erfassen und übermitteln.

In diesem Praxisbeispiel ruft ein Wemos-Modul als Webclient eine Seite auf einem Webserver auf.

Die aufgerufene Seite ist auf einem Webserver oder im Intranet unter folgender Adresse aufrufbar:

```
http://meinewebsite.com/iot-buch/esp8266seite.htm
```

Bei erfolgreicher Verbindung wird der Inhalt der Seite vom Webserver als Text zurückgesendet. Die Daten sind dann im seriellen Monitor sichtbar.

In Abbildung 3.23 sind der Verbindungsaufbau und die Antwort des Webservers abgebildet.

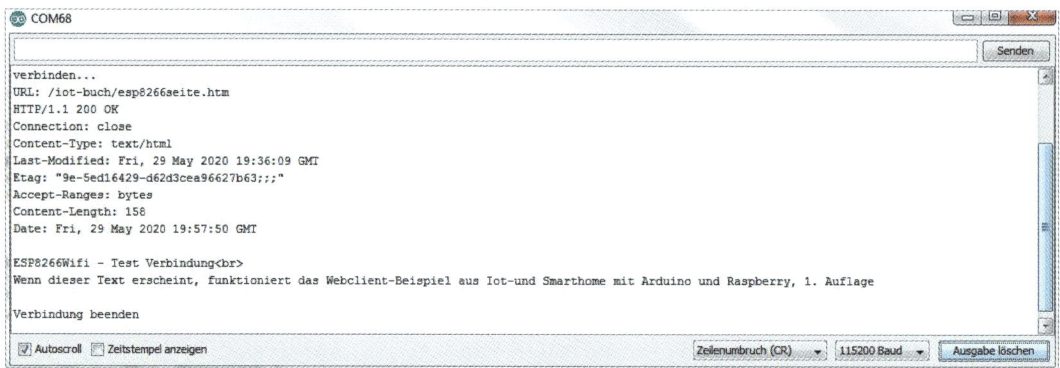

Abb. 3.23: ESP8266 – Webclient

Die HTML-Seite `esp8266seite.htm` hat den nachfolgenden Inhalt (`esp8266-seite.htm`):

```
ESP8266Wifi - Test Verbindung<br>
Wenn dieser Text erscheint, funktioniert das Webclient-Beispiel aus Iot-
und Smarthome mit Arduino und Raspberry, 1. Auflage
```

Der Arduino-Code für den Wemos-Webclient basiert auf dem Beispiel `WiFiClient` aus der ESP-Bibliothek.

Wie gewohnt, wird zuerst die nötige Bibliothek geladen:

```
#include <ESP8266WiFi.h>
```

Anschließend werden die Konstanten für die SSID, das Passwort und den Zielhost deklariert:

```
const char* ssid = "ssid";
const char* password = "mein-passwort";
const char* host = "meinewebsite.com";
```

In der Setup-Routine wird die serielle Schnittstelle gestartet und anschließend eine WiFi-Verbindung aufgebaut:

```
void setup()
{
  Serial.begin(115200);
  delay(100);

  // Start WiFi-Verbindung
  Serial.println();
  Serial.println();
  Serial.print("Verbindung...");
  Serial.println(ssid);

  WiFi.begin(ssid, password);
```

Der Verbindungsaufbau wird zur Kontrolle mit einer Punktelinie dargestellt:

```
  while (WiFi.status() != WL_CONNECTED) {
    delay(500);
```

```
    Serial.print(".");
  }
```

Nach dem erfolgreichen Verbindungsaufbau werden die IP-Adresse und weitere Netzwerkinformationen über die serielle Schnittstelle ausgegeben:

```
  Serial.println("");
  Serial.println("WiFi connected");
  Serial.println("IP address: ");
  Serial.println(WiFi.localIP());
  Serial.print("Netmask: ");
  Serial.println(WiFi.subnetMask());
  Serial.print("Gateway: ");
  Serial.println(WiFi.gatewayIP());
}
```

Damit sind die Anweisungen in `setup()` abgeschlossen.

Nun wird eine Wertevariable eines Zählers gesetzt:

```
int value = 0;
```

Im Hauptprogramm `loop()` wird nach einer Verzögerungszeit von fünf Sekunden der Zähler erhöht und ein Verbindungsaufbau zum Zielsystem beginnt. Dazu wird ein Webclient instanziiert und die Verbindung aufgebaut:

```
void loop()
{
  delay(5000);
  ++value;

  Serial.println("verbinden... ");

  // WiFi-Client-Klasse
  WiFiClient client;
  const int httpPort = 80;
  if (!client.connect(host, httpPort)) {
    Serial.println("Verbindung fehlgeschlagen");
    return;
  }
```

Falls der Verbindungsaufbau fehlschlägt, wird eine entsprechende Meldung ausgegeben.

Nun wird der URL-String definiert und ein Request auf den Ziel-Server ausgeführt:

```
// URL für Aufruf
  String url = "/iot-buch/esp8266seite.htm";
  Serial.print("URL: ");
  Serial.println(url);

  // Request an den Server
  client.print(String("GET ") + url + " HTTP/1.1\r\n" +
               "Host: " + host + "\r\n" +
               "Connection: close\r\n\r\n");
  delay(500);
```

Nach einer kurzen Verzögerung wird die Rückantwort, die der Webserver sendet, gelesen und auf die serielle Schnittstelle ausgegeben:

```
  // Antwort vom Server lesen und ausgeben
  while(client.available()){
    String line = client.readStringUntil('\r');
    Serial.print(line);
  }

  Serial.println();
  Serial.println("Verbindung beenden");
}
```

Damit ist ein Webrequest des Wemos-Moduls als Webclient ausgeführt und die nächste Anfrage beginnt wieder am Anfang des Hauptprogramms.

3.7 Praxisbeispiel: Webclient mit Sensordaten

Die Webclient-Anwendung aus dem vorherigen Praxisbeispiel führt einen einfachen Aufruf einer Webadresse aus und gibt dann die Antwort vom Webserver auf die serielle Schnittstelle aus.

Ein Webclient kann aber auch verwendet werden, um eine Webadresse als String mit Sensordaten aufzurufen.

Ein solcher Adressaufruf kann beispielsweise so aussehen:

`http://meinserver.com/sensordaten.php?sensor=34&temp=25.45&hum=45.39&apikey=1234567abcdef`

In diesem Beispiel wird auf dem externen Server ein PHP-Skript `sensordaten.php` aufgerufen. Gleichzeitig werden Sensordaten (Temperatur, Luftfeuchtigkeit) inklusive einem API-Key übergeben.

Die Skriptdatei kann dann diese übermittelten Daten lesen und in einer Datenbank speichern.

Im Webclient-Beispiel muss dazu die Variable `url` erweitert werden, um den String zu verarbeiten. Der String lautet wie folgt:

`/sensordaten.php?sensor=34&temp=25.45&hum=45.39&apikey=1234567abcdef`

und wird Zeile für Zeile zusammengesetzt:

```
// String-URL für Aufruf
  String url = "/sensordaten.php?";
  url += "sensor=";
  url += sensorID;
  url += "&temp=";
  url += valTemp;
  url += "&hum=";
  url += valHum;
  url += "&apikey=";
  url += apikey;
```

Die Zahlenwerte für die Temperatur (`valTemp`) und Luftfeuchtigkeit (`valHum`) sowie der API-Key (`apikey`) müssen im Programm jeweils vor dem Senden des URL-Strings ermittelt werden.

3.8 Praxisbeispiel: Webclient mit HTTPS

Das Praxisbeispiel aus Abschnitt 3.6 hat einen kleinen Nachteil – der Webclient kann nur einen Webrequest mit `http` aufrufen. In der Zwischenzeit sind aber sehr viele Webseiten mit einem Sicherheitszertifikat versehen und werden via `https` aufgerufen.

Der Webaufruf der Testseite auf der Buchwebsite

```
https://555circuitslab.com/iot-buch/esp8266seite.htm
```

kann mit dem Standard-Webclient nicht verarbeitet werden.

Um einen sicheren Webrequest auszuführen, muss die Identität des Zielservers verifiziert werden.

Im PC-Umfeld verifizieren die Client-Programme die Sicherheits-Zertifikate der Zielsysteme über lokal gespeicherte Listen von Root-Zertifikaten. Diese Informationen sind aber zu groß, um von einem einfachen ESP8266-Microcontroller verarbeitet zu werden.

Die Alternative ist die Prüfung eines digitalen Fingerabdrucks eines Zertifikats.

Der Fingerabdruck (Fingerprint) muss dazu im Arduino-Programm als Charakter-String für den jeweiligen Host gespeichert werden.

Im Fall der Buchwebsite sind folgende Informationen nötig:

```
const char* host = "555circuitslab.com";
const char fingerprint[] PROGMEM = "fb 7a a1 9b f9 c3 1c 79 32 c6 23 29
98 a4 6d 9f d3 ee ce 45";
```

Der digitale Fingerabdruck eines Website-Zertifikats kann über einen Webbrowser abgefragt werden.

Im Chrome-Browser wird dazu die gewünschte Website aufgerufen.

Anschließend die Tastenkombination [ctrl]+[⇧]+[i] betätigen. Es öffnet sich ein Menü mit den Einstellungen zum Zertifikat (Abbildung 3.24).

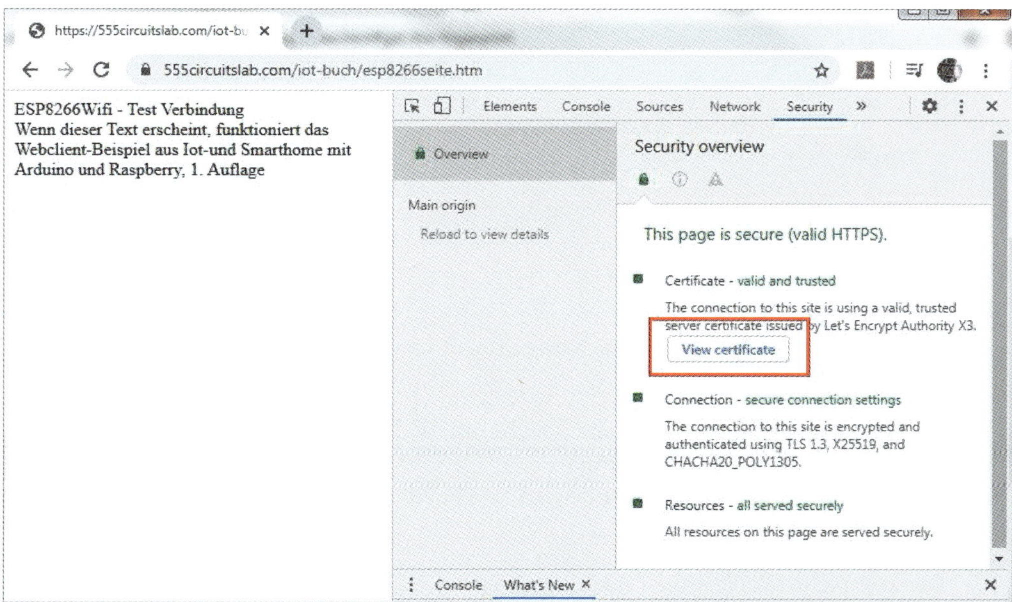

Abb. 3.24: Chrome-Browser – Zertifikat

Mit Klick auf VIEW CERTIFICATE öffnet sich das Eigenschaften-Fenster des Zertifikats.

Im Register DETAILS finden Sie die Informationen zu seinem Fingerabdruck (Abbildung 3.25).

Dieser Fingerabdruck muss für jeden sicheren Aufruf einer Website ermittelt und im Code eingetragen werden. Der im nachfolgenden Listing eingetragene Fingerabdruck gilt nur für die Buchwebsite.

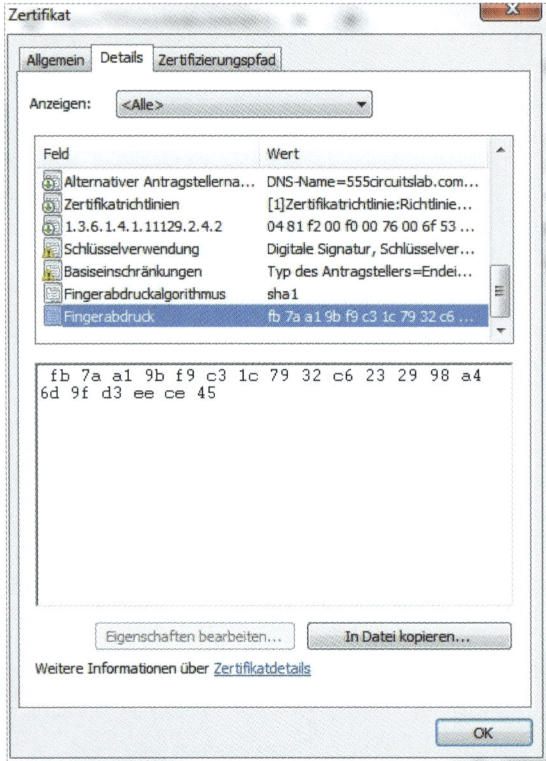

Abb. 3.25: Zertifikat – Eigenschaften

Den Wert des Fingerabdrucks kann nun markiert und ins Programm übernommen werden.

Das Arduino-Programm für den sicheren Webclient unterscheidet sich, neben den Erweiterungen für den Fingerprint, nicht vom Webclient ohne sichere Verbindung. Neben dem Fingerprint muss noch der Port, für sichere Verbindungen Port 443, ergänzt werden.

Der komplette Webclient ist nachfolgend aufgelistet (`smarthome_kap3_esp8266wifi_webclient_secure.ino`).

```
#include <ESP8266WiFi.h>
#include <WiFiClientSecure.h>

#ifndef STASSID
#define STASSID "ssid"
#define STAPSK "dein-passwort"
#endif

const char* ssid = STASSID;
const char* password = STAPSK;

const char* host = "555circuitslab.com";
const int httpsPort = 443;

// SHA1 Fingerprint des Zertifikats
const char fingerprint[] PROGMEM = "fb 7a a1 9b f9 c3 1c 79 32 c6 23 29
98 a4 6d 9f d3 ee ce 45";

void setup()
{
  Serial.begin(115200);
  Serial.println();
  Serial.print("Verbindung...");
  Serial.println(ssid);
  WiFi.mode(WIFI_STA);
  WiFi.begin(ssid, password);
  while (WiFi.status() != WL_CONNECTED) {
    delay(500);
    Serial.print(".");
  }
  Serial.println("");
  Serial.println("WiFi connected");
  Serial.println("IP address: ");
  Serial.println(WiFi.localIP());
}

void loop()
{
  // Use WiFi-Client-Klasse
```

```
  WiFiClientSecure client;
  Serial.print("verbinden ..");
  Serial.println(host);

  Serial.printf("Fingerprint verwenden '%s'\n", fingerprint);
  client.setFingerprint(fingerprint);

  if (!client.connect(host, httpsPort)) {
    Serial.println("Verbindung fehlgeschlagen");
    return;
  }

  // URL für Aufruf
  String url = "/iot-buch/esp8266seite.htm";
  Serial.print("URL: ");
  Serial.println(url);

  // Request an den Server
  client.print(String("GET ") + url + " HTTP/1.1\r\n" +
               "Host: " + host + "\r\n" +
               "Connection: close\r\n\r\n");
  delay(500);

  // Antwort vom Server lesen und ausgeben
  while(client.available()){
    String line = client.readStringUntil('\r');
    Serial.print(line);
  }
  Serial.println();
  Serial.println("Verbindung beenden");

}
```

3.9 Firmware Tasmota

`https://tasmota.github.io/docs/`

Tasmota ist Open-Source-Firmware für ESP8266-Module. Mit dieser webbasierten Lösung können ESP-Module wie Wemos D1 Mini, NodeMCU oder andere Microcontroller-Boards mit viel Funktionalität wie MQTT, Web-UI (Webinterface) HTTP oder serieller Kommunikation ausgestattet werden.

Das Projekt Tasmota wurde im Jahr 2016 von Theo Arendt gestartet. Der Entwickler hatte das Ziel, die damals neuen ESP-Schaltmodule Sonoff mit Funktionen wie MQTT und »Over the Air«-Programmierung zu erweitern. In den ersten Schritten wurde die Cloud-Funktionalität von Sonoff entfernt und lokal gesteuerte Schaltmodule sind geboren.

Mittlerweile hat sich das Tasmota-Projekt zu einem Quasi-Standard für ESP-Schaltmodule entwickelt und der Erfinder wird von einer Community unterstützt, die laufend neue Sensoren integriert und neue Funktionen ergänzt.

Ein wichtiger Grund für die weite Verbreitung ist die Tatsache, dass dieses Ökosystem ohne Cloud auskommt.

Über die webbasierte Oberfläche kann das ESP-Modul aufgerufen und verwaltet werden.

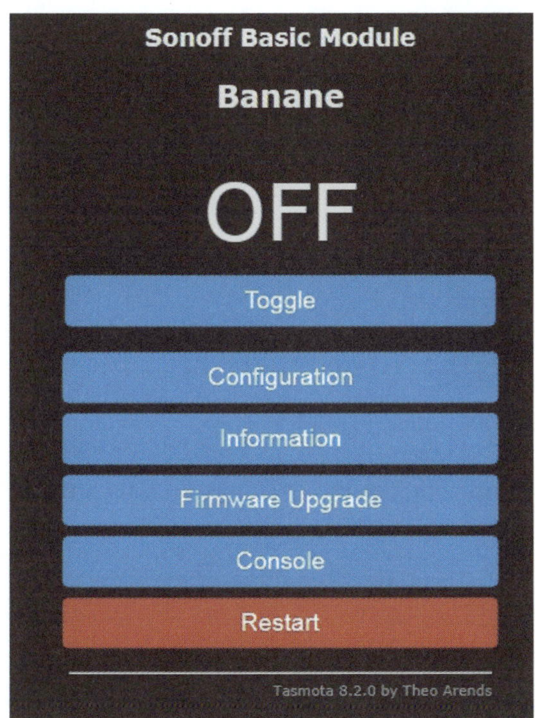

Abb. 3.26: Tasmota-Webinterface

Abbildung 3.26 zeigt ein Schaltmodul von mir mit dem Namen »Banane«. Dieses IoT-Modul arbeitet als drahtlose Steckdose und schaltet eine Wohnzimmerlampe.

Über den Schaltknopf TOGGLE kann der angeschlossene Verbraucher auf dem Smartphone oder Tablet aktiviert beziehungsweise deaktiviert werden.

3.9.1 Funktionen

Im Konfigurations-Menü der Tasmota-Installation können dem verwendeten ESP-Modul Funktionen (Eingänge oder Ausgänge), Sensoren und Aktoren (Relais, PWM) zugeordnet werden. Die Zuordnung erfolgt pro I/O-Pin und ist abhängig vom verwendeten ESP8266-Modul.

In Abbildung 3.27 wird dem ESP-Pin GPIO14 eine Funktionalität zugewiesen.

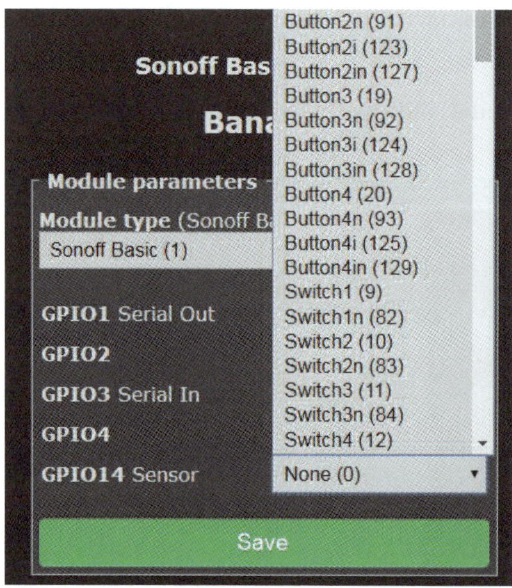

Abb. 3.27: Tasmota – Funktionszuweisung zu Pin

Auf diese Weise kann das ESP-Modul mit Funktionen erweitert und als autonomes IoT-Device konfiguriert werden.

3.9.2 Installation Tasmota

Die Firmware Tasmota kann auf verschiedene Arten auf dem ESP-Modul installiert werden. In der Praxis wird dieser Vorgang meist als »Flashen« bezeichnet.

Serielle Verbindung

Die Installation der Firmware erfolgt dabei über eine serielle Verbindung mittels USB-Kabel. Je nach ESP-Modul muss dazu noch ein externes USB-Seriell-Wandler-Modul verwendet werden, da auf dem jeweiligen Board nur die Anschlusspins für die Upload-Schnittstelle vorhanden sind.

Auf den Wemos-Boards ist bereits ein USB-Seriell-Wandler integriert und somit kann direkt ein USB-Kabel eingesteckt werden (Abbildung 3.28).

Abb. 3.28: Wemos D1 Mini mit USB-Kabel

Im Praxisbeispiel 3.10 wird beschrieben, wie ein ESP8266-Schaltmodul ohne USB-Seriell-Wandler geflasht werden kann.

Firmware

Die Tasmota-Firmware finden Sie im offiziellen GitHub-Repository unter:

`https://github.com/arendst/Tasmota/releases`

Zur Installation der Tasmota-Firmware verwendet man das aktuellste Binary-File mit der Dateiendung `.bin`.

Es empfiehlt sich, die Datei `tasmota.bin` zu verwenden. Dies ist jeweils die aktuellste Version mit den meisten Treibern.

Software für Firmware-Upload (Flashing-Tools)

In den Anfangsphasen des Projekts wurde die Firmware meist via Arduino-IDE auf das Board hochgeladen.

Zwischenzeitlich haben etliche Programmierer eigene Upload-Tools entwickelt.

Nachfolgend eine Liste mit den gebräuchlichsten Flashing-Tools.

Tasmotizer (Windows, Linux, Mac)

Das aktuellste Flashing-Tool

`https://github.com/tasmota/tasmotizer`

Tasmota PyFlascher (Windows, Mac)

`https://github.com/tasmota/tasmota-pyflasher`

NodeMCU PyFlasher (Windows, Mac)

Einfaches Programm mit User-Interface

`https://github.com/marcelstoer/nodemcu-pyflasher`

Esptool.py (Python erforderlich)

Das offizielle Tool der Firma Espressif

`https://github.com/espressif/esptool`

Esptool executable (Windows, Linux, Mac)

`https://github.com/igrr/esptool-ck`

3.10 Praxisbeispiel: Tasmota mit Tasmotizer

Das Flashing-Tool Tasmotizer (`https://github.com/tasmota/tasmotizer`) ist zum aktuellen Zeitpunkt (Herbst 2020) das neueste Programm, um die Firmware auf ein ESP-Modul zu laden.

Dieses praktische Tool ist für Windows, Linux und Mac verfügbar.

Download Tasmotizer

Auf der Download-Seite des Tasmotizers sind die jeweiligen Installationsanleitungen und Startoptionen beschrieben.

Windows-Anwender finden unter RELEASES die ausführbare EXE-Datei von Tasmotizer.

Nach dem Download der aktuellsten Version von Tasmotizer speichern Sie die EXE-Datei in einem Programmverzeichnis ab. Danach setzen Sie idealerweise eine Verknüpfung auf den Desktop. Eine Installation ist nicht erforderlich.

Download Tasmota

Das aktuellste Binär-File von Tasmota wird aus dem GitHub-Verzeichnis geladen und als `tasmota.bin` gespeichert.

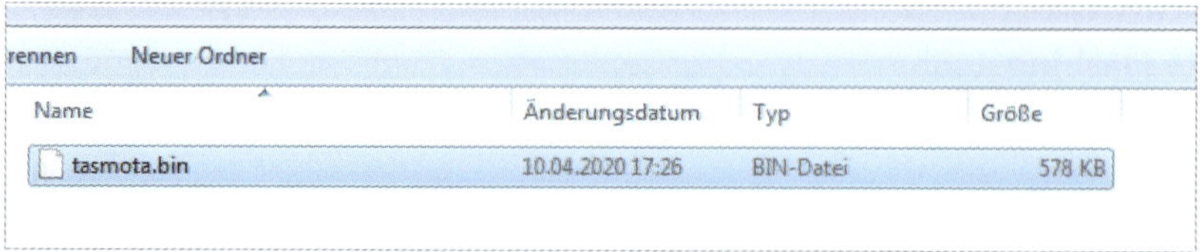

Abb. 3.29: Tasmota-Binär-File

Flashen von Tasmota auf Wemos D1 Mini

In diesem Praxisbeispiel flashen wir Tasmota auf einem ESP-Modul vom Typ Wemos D1 Mini.

Stückliste

- 1 Wemos D1 Mini
- 1 USB-Kabel

Im ersten Schritt wird das USB-Kabel am Wemos-Modul angeschlossen. Die andere Seite des Kabels wird mit dem Rechner verbunden.

Nun wird das Flashing-Tool Tasmotizer gestartet. Nach einem kurzen Moment öffnet sich die Programmoberfläche (Abbildung 3.30).

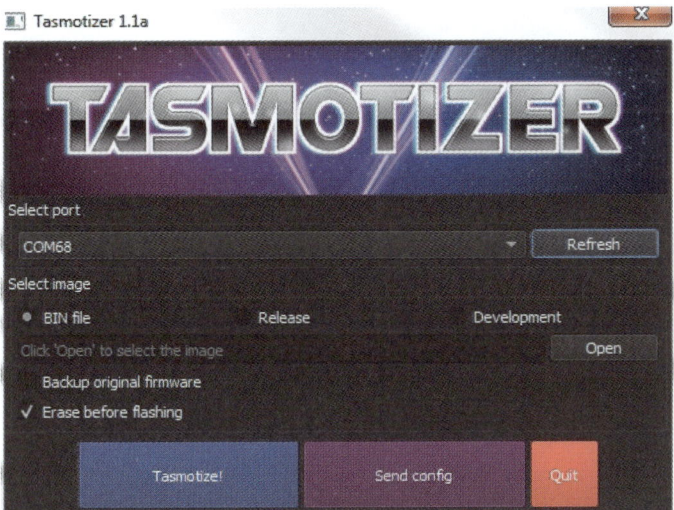

Abb. 3.30: Flashing-Tool: Tasmotizer

Unter SELECT PORT sollte ein COM-Port aufgelistet sein, da das Wemos-Board bereits eingesteckt ist. Aus der Liste wird nun der aktuelle COM-Port ausgewählt.

Als Tasmota-Image wird das BIN-File verwendet, also Option BIN FILE. Mit Klick auf OPEN öffnet sich der Windows Explorer und das vorhin heruntergeladene Tasmota-Binary-File wird ausgewählt.

Mit Klick auf TASMOTIZE! kann Tasmota auf das Wemos-Board geladen werden. Nach dem Löschen des Flash-Speichers (Abbildung 3.31) erfolgt der Upload, der dann mit einer Erfolgsmeldung abgeschlossen wird (Abbildung 3.32).

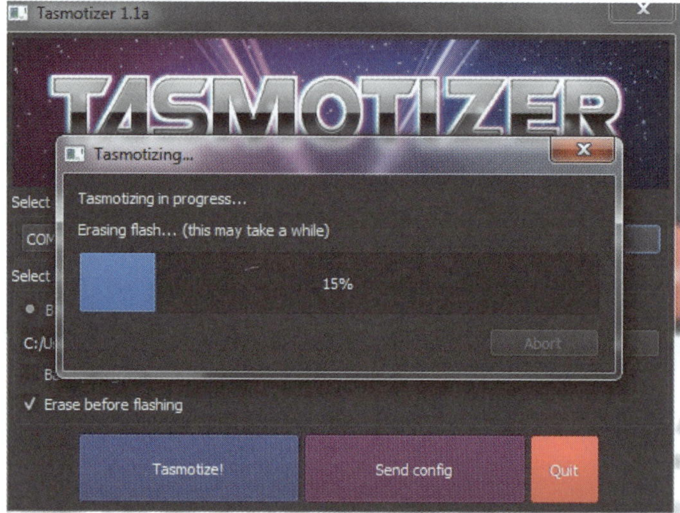

Abb. 3.31: Tasmotizer – Flash löschen

Abb. 3.32: Tasmota-Firmware installiert

Konfiguration Tasmota

Auf dem soeben geflashten Wemos-Board wird nun ein WLAN-Access-Point gestartet, der über die WLAN-Verwaltung sichtbar ist. Der WLAN-Name beginnt jeweils mit dem Wort `tasmota`.

Abbildung 3.33 zeigt das rot markierte Tasmota-WLAN.

Momentan ist mein Rechner aber noch mit einem anderen WLAN verbunden.

Abb. 3.33: Tasmota – WLAN-Access-Point

Für die nächsten Schritte und die Konfiguration des Wemos-Boards müssen Sie sich mit dem Tasmota-WLAN verbinden.

In der WLAN-Konfiguration wird angezeigt, ob Sie mit dem Tasmota-WLAN verbunden sind (Abbildung 3.34).

Abb. 3.34: Tasmota-WLAN

Nun kann im Browser das soeben geflashte Wemos-Board aufgerufen werden.

Die Standard-IP-Adresse lautet:

`192.168.4.1`

Nach einem kurzen Moment wird die Startseite beziehungsweise die WLAN-Konfigurationsseite des Wemos-Boards angezeigt.

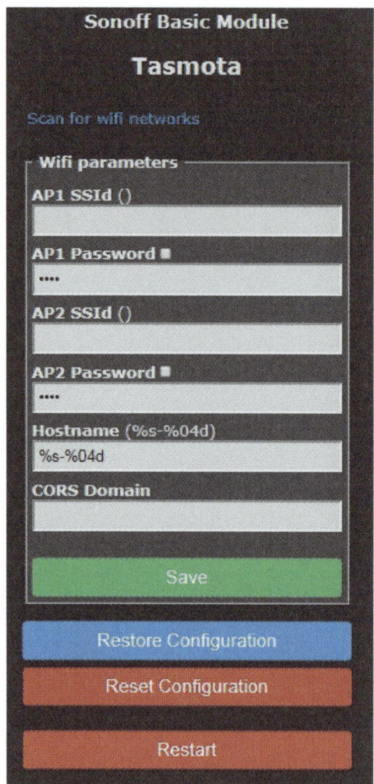

Abb. 3.35: Tasmota – Konfiguration WLAN

Über die Konfiguration kann nun ein lokales WLAN angegeben werden, mit dem sich das Wemos-Board verbinden soll.

Nach der Eingabe der SSID, des WLAN-Kennworts und einem aussagekräftigen Hostnamen können Sie die Konfiguration speichern.

Die WLAN-Konfiguration wird auf dem Wemos-Board gespeichert und anschließend erfolgt ein Verbindungsversuch zum angegebenen WLAN.

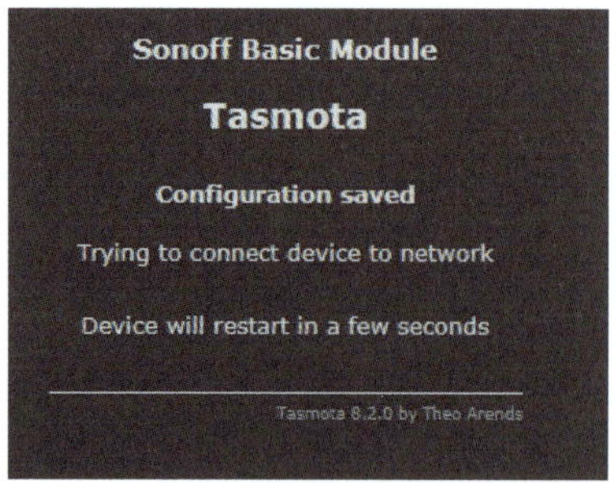

Abb. 3.36: Tasmota – Konfiguration gespeichert

Im Browser wird nun eine Fehlermeldung erscheinen, da in der Adress-Zeile immer noch die IP-Adresse von vorhin (192.168.4.1) eingetragen ist. Diese IP ist aber nicht mehr gültig, da das Wemos-Modul nun mit dem lokalen WLAN verbunden ist.

Über die Administration des Routers im eigenen WLAN muss die IP-Adresse des soeben konfigurierten Boards ermittelt werden. Dieser Vorgang ist abhängig vom verwendeten Router-Modell.

Mein Gerät hat den Host-Namen »Apfel« erhalten und somit konnte dieser WLAN-Client eindeutig in der Liste der WLAN-Clients ermittelt werden.

Start Tasmota

Die in der Router-Konfiguration ermittelte IP-Adresse können Sie nun im Browser eingeben. Falls alles funktioniert hat, erscheint die Startseite des Tasmota-Clients (Abbildung 3.37).

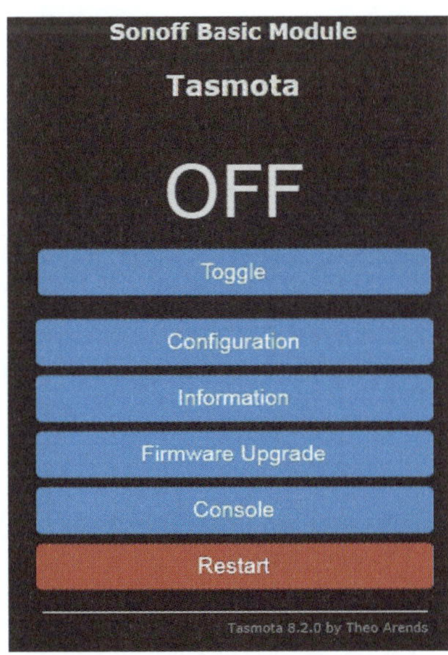

Abb. 3.37: Tasmota – Startseite

Gratulation – die Tasmota-Installation auf dem Wemos-Board ist erfolgreich ausgeführt worden!

Nun kann das Board noch für zukünftige Anwendungen konfiguriert werden.

Friendly Name

Standardmäßig wird ein Modul mit Tasmota mit dem Namen »Tasmota« benannt. Dieser Name erscheint auch im Browser und es empfiehlt sich, einen aussagekräftigen Namen zu verwenden. Besonders, wenn mehrere Tasmota-Module im Einsatz sind.

Die Namensanpassung erfolgt über die STARTSEITE|CONFIGURATION|CONFIGURE OTHER.

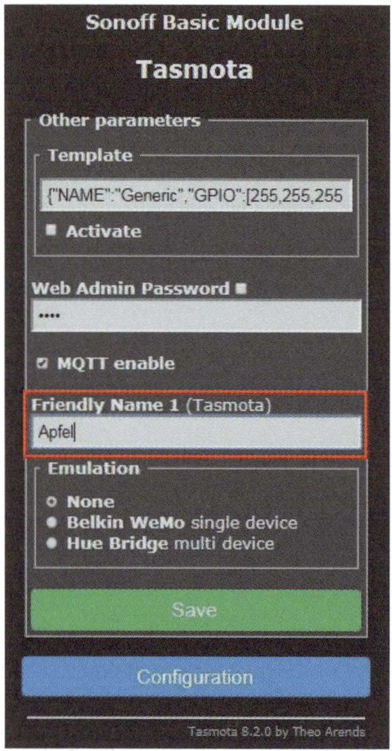

Abb. 3.38: Tasmota-Friendly-Name

Nach dem Speichern wird das Wemos-Modul neu gestartet und die Startseite mit dem Namen erscheint (Abbildung 3.39).

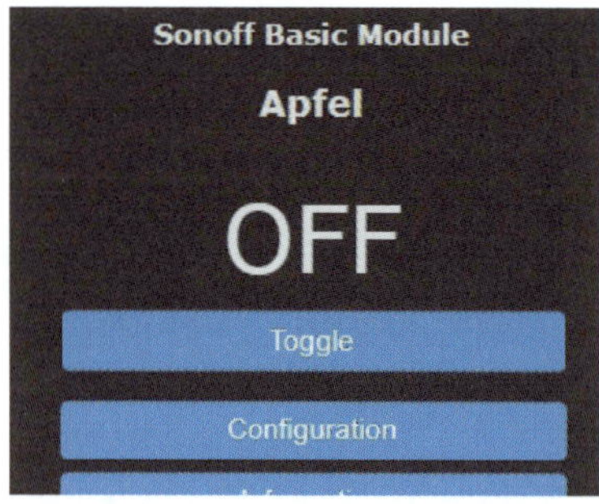

Abb. 3.39: Tasmota-Modul »Apfel«

3.11 Praxistest: Tasmota schaltet Ausgang

Das Schalten und Verarbeiten von Sensordaten gehört zu den Hauptaufgaben für das Tasmota-basierte Wemos-Board.

Wie Sie auf der Startseite des Moduls erkennen können, steht eine Funktion TOGGLE zur Verfügung. Das bedeutet, dass über den Schaltknopf ein definierter Ausgang eingeschaltet und wieder ausgeschaltet werden kann.

Nach dem Flashen und Konfigurieren des Wemos-Boards steht die Toggle-Funktion zur Verfügung, aber ein Verbraucher oder Aktor ist noch nicht angeschlossen.

Stückliste (Tasmota-Schalter)

- 1 Wemos D1 Mini
- 1 Breadboard Min
- 1 Widerstand 1 kOhm
- 1 LED rot
- Drahtbrücken

In Abbildung 3.40 ist der Steckbrett-Aufbau für den Tasmota-Schalter dargestellt. Der Ausgang D6 des Wemos D1 Mini ist der Schaltausgang für die Ansteuerung der Leuchtdiode.

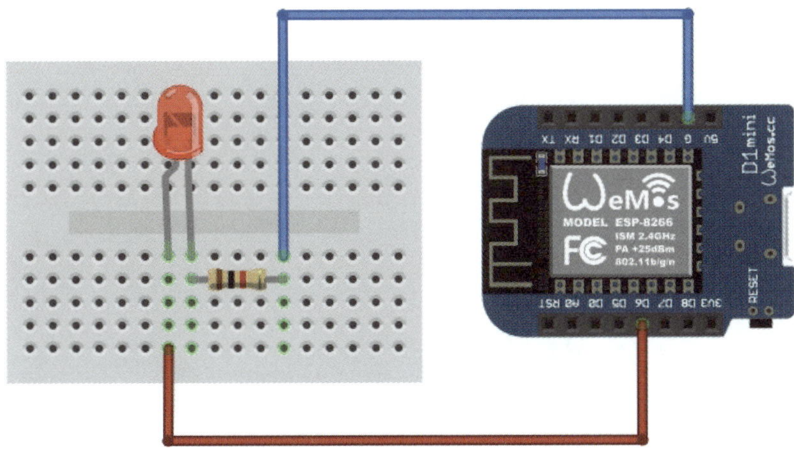

Abb. 3.40: Wemos D1 Mini schaltet LED.

Gemäß Anschlussbelegung des Wemos D1 Mini ist D6 dem GPIO12 des ESP-Moduls zugewiesen. In der Tasmota-Dokumentation wiederum ist der GPIO12 standardmäßig als Relaisausgang definiert und kann via TOGGLE-Button angesteuert werden.

Nachdem nun das Wemos-Board mit Spannung versorgt wird, kann die Startseite von Tasmota über die IP-Adresse, die bei der Installation ermittelt wurde, aufgerufen werden.

Mit einem Klick auf den TOGGLE wird GPIO12 eingeschaltet und die Leuchtdiode geht an. Ein weiterer TOGGLE-Klick, und die Leuchtdiode geht wieder aus.

3.12 Praxisbeispiel: Sonoff-Schaltmodule

Die Schaltmodule von Sonoff sind die ersten Schaltmodule mit ESP8266, die auf den Markt gekommen sind. Es hat dann auch nicht lange gedauert, bis findige Bastler Anleitungen publiziert haben, damit die Module über die Arduino-Entwicklungsumgebung programmiert werden können.

Mit dem Aufspielen einer neuen Firmware konnte nämlich ein großer Minuspunkt der gelieferten Sonoff-Module entfernt werden – die vom Hersteller integrierte Verbindung zu seiner Internet-Cloud. Das »Nach-Hause-Telefonieren« wird von vielen Anwendern nicht gewünscht.

Sonoff-Module

Die Sonoff-Module gibt es zwischenzeitlich in verschiedenen Bauformen und mit unterschiedlichen Funktionen.

Zu den weit verbreiteten Modulen gehört der Sonoff Basic (Abbildung 3.41), der Sonoff Mini (Abbildung 3.42) oder der Sonoff POW mit integrierter Strommessung (Abbildung 3.43).

Abb. 3.41: Sonoff Basic (Bild: banggood.com)

Die Sonoff-Module sind für das Schalten von 230-V-Verbrauchern vorbereitet. Alle Arbeiten mit diesen Modulen sollten nur von Personen mit Fachkenntnissen ausgeführt werden.

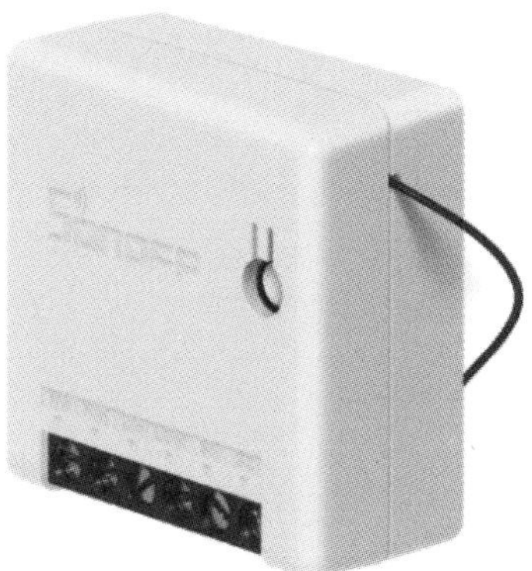

Abb. 3.42: Sonoff Mini

> **Vorsicht**
>
> Falsche Manipulation an Sonoff-Modulen kann zu einem Stromschlag und schweren Verletzungen führen!

Die meisten Sonoff-Module werden als fertig aufgebautes Modul mit Kunststoffgehäuse geliefert. Die Anschlusstechnik für Stromzuführung und dem Schaltausgang erfolgt über Schraubklemmen.

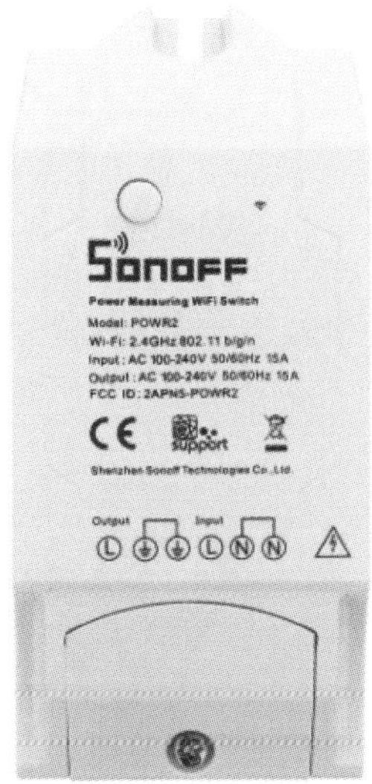

Abb. 3.43: Sonoff POW

Grundschaltung

Wie bereits erwähnt, sind die Sonoff-Module für das Schalten von 230-V-Wechselspannungsverbrauchern ausgelegt.

Abbildung 3.44 zeigt die grundsätzliche Anschlusstechnik der Sonoff-Module.

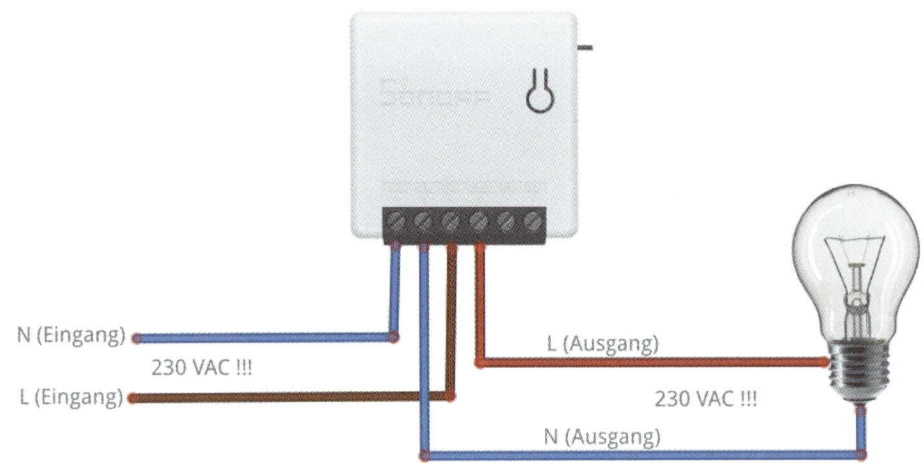

Abb. 3.44: Sonoff Mini – Anschlussbelegung

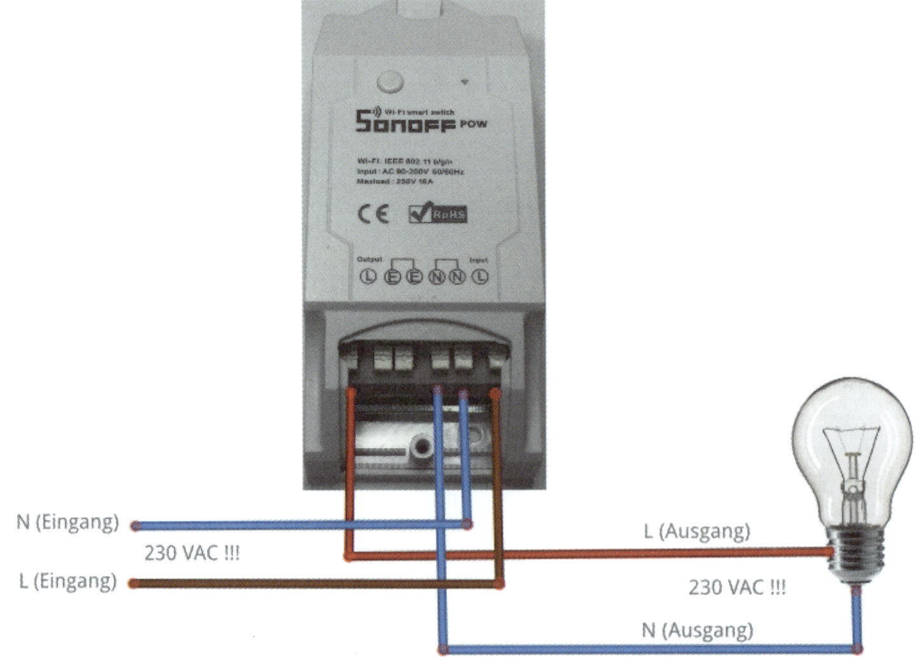

Abb. 3.45: Sonoff POW – Anschlussbelegung

Die Spannungszuführung erfolgt über den Nullleiter N (Eingang) und Phase L (Eingang). Das Wechselspannungssignal wird dann intern über einen Relais-Kontakt auf den Ausgang L (Ausgang) geschaltet.

Die Last oder der Verbraucher ist meist eine Lampe, Motor oder ähnlich, die für 230-V-Wechselspannung ausgelegt sind.

Die Anschlussbelegung des Sonoff POW ähnelt der des Sonoff Mini. Auch hier sind praktischerweise die Anschlussklemmen auf einer Seite des Moduls angeordnet.

Mit zwei separaten Anschlusskabeln, eines für die Versorgung (Eingang) und eines für die Last (Ausgang), können Sie eine saubere und stabile Verdrahtung realisieren (Abbildung 3.45).

Bei allen Verdrahtungen der Sonoff-Module sind genügend dicke Anschlussdrähte beziehungsweise Kabel zu empfehlen.

Der Hersteller gibt an, dass man bei einzelnen Modellen bis 16 A Ausgangsstrom schalten kann. Es empfiehlt sich aber, nicht an diese Grenzen zu gehen. Bei der Verwendung von Anschlusslitzen mit einem Nenndurchmesser von 1,5 mm^2 hat man eine gute und sichere Wahl.

Anschluss für Programmierung

Die Programmierung und das Aufspielen einer neuen Firmware erfolgen bei den Sonoff-Modulen auf die gleiche Art und Weise wie bei anderen ESP8266-Modulen.

Da die Sonoff-Module aber keinen USB-Anschluss besitzen, muss die USB-Seriell-Schnittstelle mit einem externen USB-Seriell-Wandler erstellt werden. Die Anschlusspins für die serielle Schnittstelle sind auf den Sonoff-Modulen herausgeführt.

Um an die serielle Schnittstelle zu kommen, muss das Gehäuse des Sonoff-Moduls geöffnet werden. Wichtig ist, dass alle Anschlussdrähte der Spannungszuführung und der Last entfernt sind.

Auf dem Sonoff POW ist die serielle Schnittstelle am Rand der Leiterplatte herausgeführt (Abbildung 3.46). Die Schnittstelle ist als Pin-Reihe mit 4 Pins herausgeführt. Ich habe auf dem abgebildeten Board bereits eine 4-polige Buchsenleiste zur besseren Kontaktierung aufgelötet.

Um diese Buchsenleisten aufzulöten, müssen auf dem Sonoff POW die vier Montageschrauben aufgeschraubt werden. Danach können Sie die Bodenplatte des Sonoff entfernen.

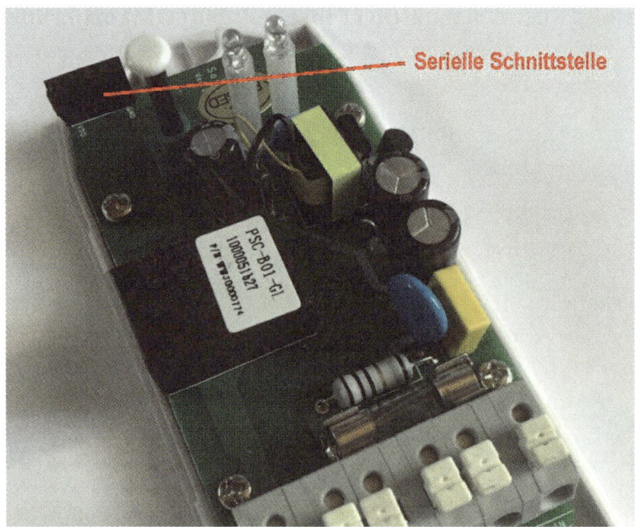

Abb. 3.46: Sonoff POW – serielle Schnittstelle

In Abbildung 3.47 ist die Anschlussbelegung der seriellen Schnittstelle des Sonoff POW dargestellt.

Leider ist die Anschlussbelegung bei jedem Sonoff-Modul anders. Somit muss vor dem Programmieren des Moduls die korrekte Anschlussbelegung beim Hersteller, beim Lieferanten oder im Internet überprüft werden.

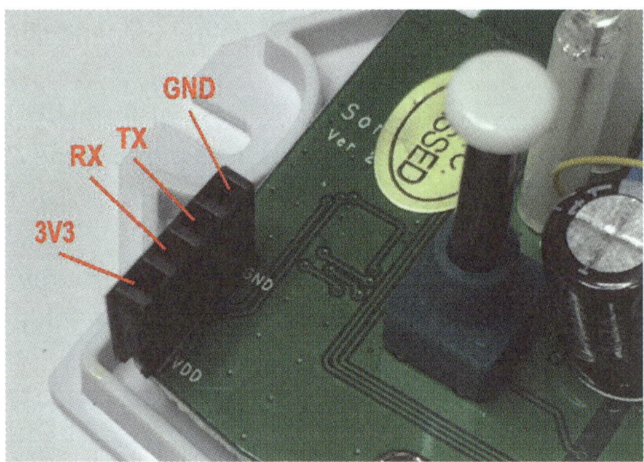

Abb. 3.47: Sonoff POW – serielle Schnittstelle

Wie bereits erwähnt, muss ein zusätzlicher USB-Seriell-Wandler, auch als FTDI-Adapter bezeichnet, zwischen USB-Anschluss des Rechners und dem Sonoff-Modul geschaltet werden.

Hinweis

Als USB-Seriell-Wandler muss ein 3,3-V-Modell verwendet werden oder er muss die Möglichkeit zur Spannungsumschaltung 5 V/3,3 V besitzen.

In Tabelle 3.4 sind die Verbindungen vom FTDI-Adapter zum Sonoff-Modul aufgelistet.

Sonoff-Modul	FTDI-Adapter
GND	GND
TX	RX
RX	TX
VCC (3,3 V)	VCC (3,3 V)

Tabelle 3.4: Anschluss Sonoff an FTDI-Adapter

In der Praxis sieht dann die Verbindung gemäß Abbildung 3.48 aus.

Abb. 3.48: Sonoff POW – Verbindung mit FTDI-Adapter

Vorsicht

Bei der Programmierung oder dem Hochladen einer neuen Firmware via FTDI-Adapter darf kein 230-V-Kabel angeschlossen sein!

Programmierung

Für die Programmierung oder das Firmware-Update müssen Sie das Sonoff-Modul in den Programmiermodus schalten, indem Sie folgende Schritte ausführen:

- FTDI-Adapter mit dem Sonoff-Modul verbinden
- Toggle-Taste auf dem Sonoff drücken
- USB-Kabel vom FTDI-Board mit dem Rechner verbinden
- Toggle-Taste noch zwei bis drei Sekunden gedrückt halten

Nun ist das Sonoff-Board im sogenannten »Flash Mode« und über die Arduino-Entwicklungsumgebung kann ein neues Programm hochgeladen werden oder Sie flashen eine neue Firmware mittels der unter Abschnitt 3.9.2 erwähnten Methoden.

Kapitel 4

Protokolle

Ein Protokoll in der Informatik ist eine Vereinbarung über den Datenaustausch zwischen zwei oder mehr Teilnehmern. Dabei definiert man Regeln zur physischen Verbindung, dem Datenfluss, Start und Ende einer Mitteilung, Format der Mitteilung, Verfahren bei Fehlern oder Verbindungsverlust.

Technische Protokolle laufen meist im Hintergrund und als Anwender muss man sich in der Regel nicht um diese Details kümmern.

Ein Protokoll, das man unbemerkt als Anwender verwendet, ist das Hypertext-Transfer-Protokoll *HTTP*. Dieses Protokoll wird verwendet, wenn man im Webbrowser eine Webseite auf einem Webserver aufruft.

MQTT (Message Queuing Telemetry Transport) ist ein weiteres Protokoll aus der Telekommunikation und wird für die Maschine-Maschine-Kommunikation, genauer zum Datenaustausch zwischen zwei Geräten, verwendet. In einem späteren Kapitel werden Sensordaten via MQTT an eine Zentrale übermittelt.

4.1 HTTP

Das Hypertext Transfer Protokoll HTTP wurde Ende der 80er-Jahre am europäischen Kernforschungszentrum (CERN) in Genf entwickelt. Damit waren die Grundlagen für das heutige World Wide Web (WWW) erfunden.

Bei der Kommunikation über HTTP sind ein Client und ein Server beteiligt. Beim Datenaustausch werden Nachrichten zwischen den beiden Parteien ausgetauscht, wobei man zwei Nachrichtenwege betrachten muss:

- Nachricht vom Client zum Server (als Request bezeichnet)
- Nachricht vom Server zum Client (als Response bezeichnet)

Die Nachricht selbst besteht aus Kopfdaten (Header) und dem eigentlichen Nachrichteninhalt (Body).

Der eigentliche Datenaustausch besteht aus

- Anfrage-Methode des Requests (GET, POST, PUT, DELETE)
- URL des Zielservers
- Authentifizierung
- SSL

Der Webclient in dieser Kommunikation kann ein Webbrowser oder im IoT-Umfeld ein Microcontroller-Board wie Arduino, ESP8266 oder Raspberry Pi sein.

Beim Server kann es sich um einen Webserver im Intranet, im Internet oder eine Webanwendung wie Node-Red, Home Assistant oder openHAB handeln.

Sowohl Webclient als auch der Webserver müssen über Ethernet-Kabel oder WiFi mit einem Netzwerk verbunden sein.

Als Webanwender müssen Sie sich um die einzelnen Teile des Datenaustausches nicht im Detail kümmern. Einzig die Anfrage-Methode, die Zieladresse und das Thema Authentifizierung müssen geklärt sein.

Das Hyptertext-Transfer-Protokoll gilt auch beim Einsatz eines Arduino als Webclient oder Webserver und wurde in Kapitel 2 bereits unbemerkt eingesetzt.

Das Webclient-Beispiel mit dem folgenden Aufruf

`www.google.com/search?q=arduino`

läuft die gleichen Schritte der Kommunikation durch wie bei einer Anfrage aus dem Browser an einen Zielserver.

In Abbildung 4.1 ist die Kommunikation des Arduino-Webclients im seriellen Monitor dargestellt.

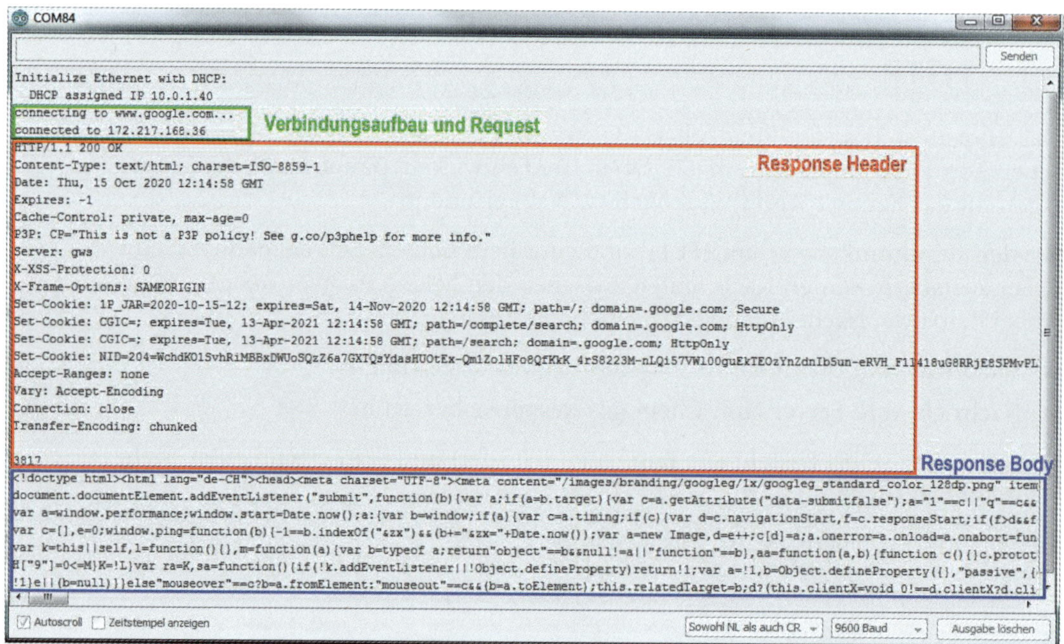

Abb. 4.1: Arduino-Webclient – HTTP-Kommunikation

In den nachfolgenden Kapiteln wird bei jeder Webkommunikation mit Arduino, ESP8266 oder aus der Node-Red-Umgebung die gleiche Technik verwendet.

Webserver

Der Webserver ist bei webbasierten Client-Server-Anwendungen eine zentrale Komponente. Je nach Anwendung wird der Webserver bei Installation der Anwendung, beispielsweise Node-Red oder eine Home-Automation-Anwendung, mitinstalliert.

Für Intranet-Anwendungen im Smarthome eignet sich der kostenlose Webserver Apache, der nach Installation Webseiten und webbasierte Anwendungen betreiben kann.

Die Installation ist recht einfach und beginnt wie gewohnt mit einem Update der verfügbaren Pakete über die Terminal-Konsole:

```
sudo apt update
```

Nun startet man die Installation des Pakets Apache 2:

```
sudo apt install apache2 -y
```

Die Installation des Webservers dauert etwa eine Minute. Anschließend steht der Webserver zur Verfügung.

Im Browser können Sie den soeben installierten Webserver über die IP-Adresse des Raspberry Pi oder über den `Localhost` aufrufen

```
http://localhost
```

oder

```
http://IP_Rpi4
```

Im Browser erscheint dann die Startseite des Webservers (Abbildung 4.2).

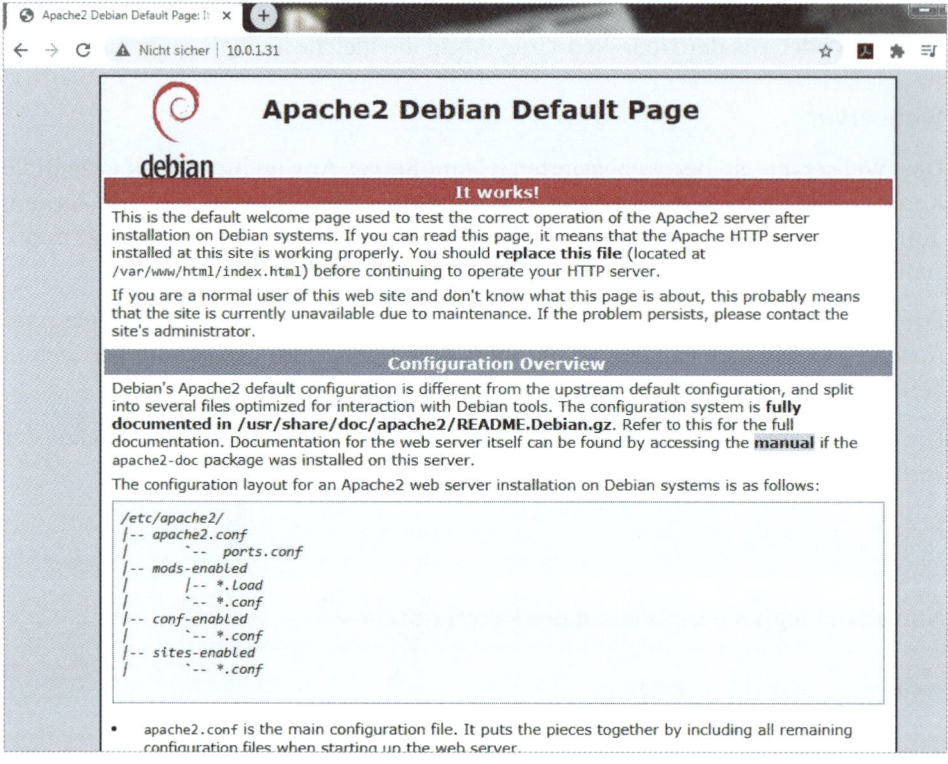

Abb. 4.2: Lokaler Webserver Apache 2

Die Daten des Webservers liegen im Filesystem des Raspberry Pi unter:

```
/var/www/html/index.html
```

Die oben dargestellte Startseite heißt `index.html` und ist in diesem Verzeichnis abgelegt.

Wir wechseln in das Verzeichnis des Webservers:

```
cd /var/www/html
```

und zeigen alle Dateien an:

```
ls -al
```

Im Terminal werden nun die vorhandenen Dateien aufgelistet. Im Hauptverzeichnis des Webservers, Root genannt, finden Sie die Startseite `index.html` (Abbildung 4.3).

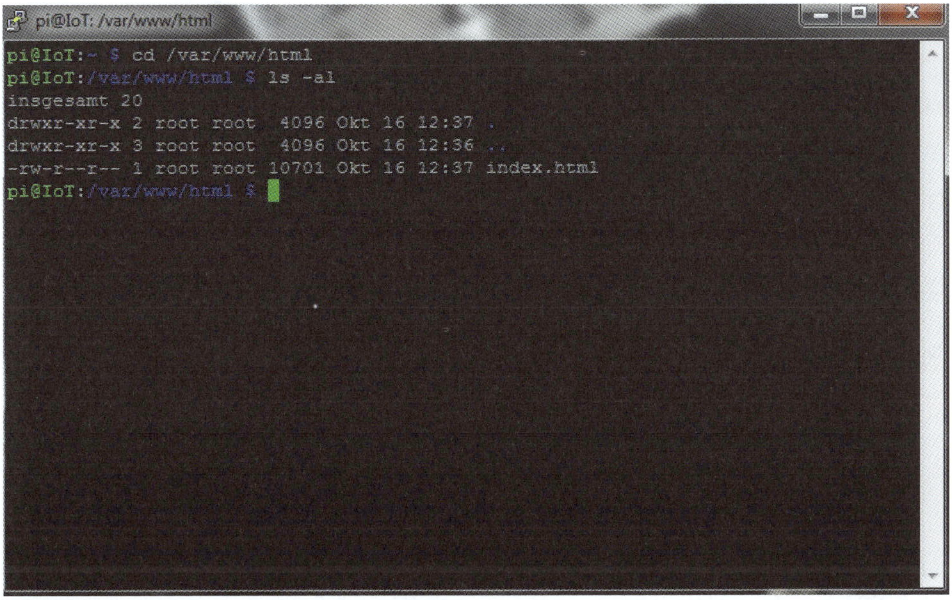

```
pi@IoT:~ $ cd /var/www/html
pi@IoT:/var/www/html $ ls -al
insgesamt 20
drwxr-xr-x 2 root root  4096 Okt 16 12:37 .
drwxr-xr-x 3 root root  4096 Okt 16 12:36 ..
-rw-r--r-- 1 root root 10701 Okt 16 12:37 index.html
pi@IoT:/var/www/html $
```

Abb. 4.3: Webserver – Startseite index.html

Diese Startseite können Sie nun durch eine eigene HTML-Seite ersetzen. Wichtig ist, dass der Dateiname `index.html` beibehalten wird.

4.2 MQTT

Mit MQTT (Message Queuing Telemetry Transport) steht ein weiteres Protokoll zur Verfügung, um eine Datenkommunikation im IoT- und Smarthome-Umfeld zu realisieren.

Wie HTTP ist auch MQTT ein Client-Server-Protokoll. MQTT wird vor allem genutzt, um Nachrichten zwischen Geräten auszutauschen. Die zentrale Stelle in diesem System ist der Server, im MQTT-Umfeld wird er als Broker bezeichnet.

Der Broker sammelt quasi alle Meldungen der einzelnen Clients.

Clients selber können Nachrichten senden (Publisher), wie auch Nachrichten empfangen oder abonnieren (Abonnent).

Die MQTT-Nachrichten bestehen aus einem Topic und einem Datenwert.

Die Nachrichten-Topics sind hierarchisch aufgebaut und sehen wie folgt aus:

```
Smarthome/Werkstatt/Temperatur
Smarthome/Werkstatt/Lichtsensor
Smarthome/Büro/Luftfeuchtigkeit
```

Durch diese hierarchische Struktur können Daten übersichtlich verwaltet und organisiert werden.

MQTT-Prinzip

Abbildung 4.4 zeigt das Prinzip der MQTT-Kommunikation.

Die blauen Wemos-Boards sind Publisher und senden Sensorwerte und -status an einen zentralen MQTT-Broker.

Die roten Clients sind Smartphones und ein Computer, die die einzelnen Topics abonniert (Subscribe) haben. Der MQTT-Broker publiziert nun die abonnierten Topics an die jeweiligen Abonnenten.

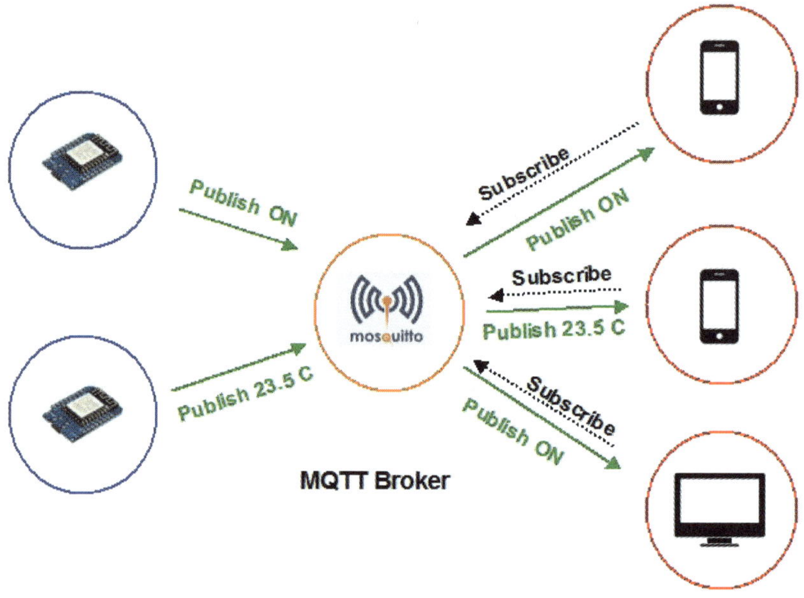

Abb. 4.4: MQTT-Prinzip

Ein Publisher kann auf mehrere Topics publizieren und ein Abonnent kann mehrere Topics abonniert haben.

Sobald ein Publisher einen aktuellen Wert auf einen Topic publiziert hat, wird dieser Wert an die Abonnenten gesendet. Auf dem Smartphone oder dem Bildschirm der Anwendung ist der aktuelle Wert aus dem Topic sichtbar.

Daten von einem MQTT-Broker können in einfacher Form von der grafischen Anwendung Node-Red abgefragt und dargestellt werden. Die Anwendung Node-Red wird in Kapitel 6 beschrieben.

MQTT-Broker

Ein MQTT-Broker ist ein kleiner Server, der keine grafische Oberfläche benötigt. Er läuft im Hintergrund.

Dank der kompakten Form kann ein MQTT-Broker problemlos auf einem Raspberry Pi betrieben werden.

Im nachfolgenden Abschnitt wird dazu der kostenlose MQTT-Broker Mosquitto installiert.

Installation

Der Mosquitto-Broker und der nötige MQTT-Client des Raspberry Pi können durch folgende Anweisungen im Terminal installiert werden:

```
sudo apt update
sudo apt install -y mosquitto mosquitto-clients
```

Nun wird Mosquitto noch so eingerichtet, dass der Dienst bei einem Neustart automatisch gestartet wird:

```
sudo systemctl enable mosquitto.service
```

Zum Test des MQTT-Brokers kann nun die aktuelle Version abgefragt werden:

```
sudo systemctl enable mosquitto.service
mosquitto -v
```

Im Terminal wird anschließend die aktuelle Version angezeigt (Abbildung 4.5).

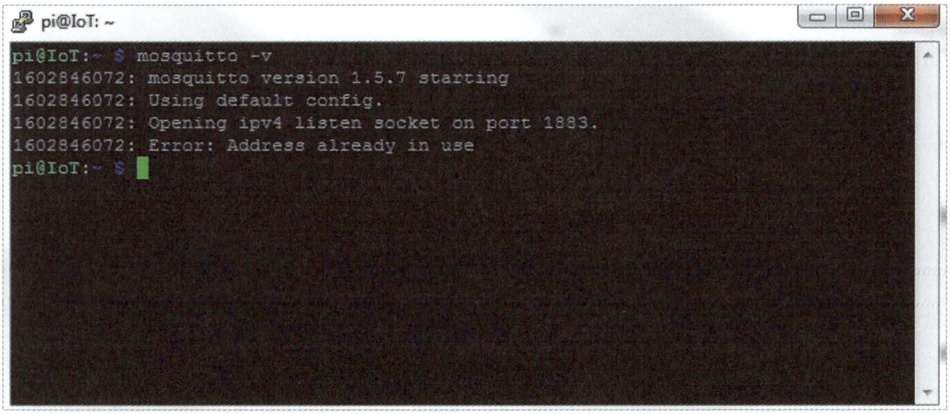

Abb. 4.5: Mosquitto-Broker – aktuelle Version

Test mit MQTT-Client

Nach dem Test der Version des Mosquitto-Brokers können Sie nun die eigentliche MQTT-Funktionalität, also Topics publizieren und abonnieren, überprüfen.

Über eine Terminalverbindung mit Putty verbinden wir uns mit dem Raspberry Pi. Wir wollen Daten an den Topic `SensorTopic` senden.

Auf dem Raspberry Pi abonnieren wir den Topic und warten auf Daten in diesem Topic.

Abonnieren (Subscribe) und Publizieren (Publish)

Auf dem Raspberry Pi wird der Topic abonniert mit der Anweisung `mosquitto_sub`. Der Parameter `-t` gibt den Topic mit:

```
mosquitto_sub -t "SensorTopic"
```

In Abbildung 4.6 ist die Ausführung im Terminal dargestellt.

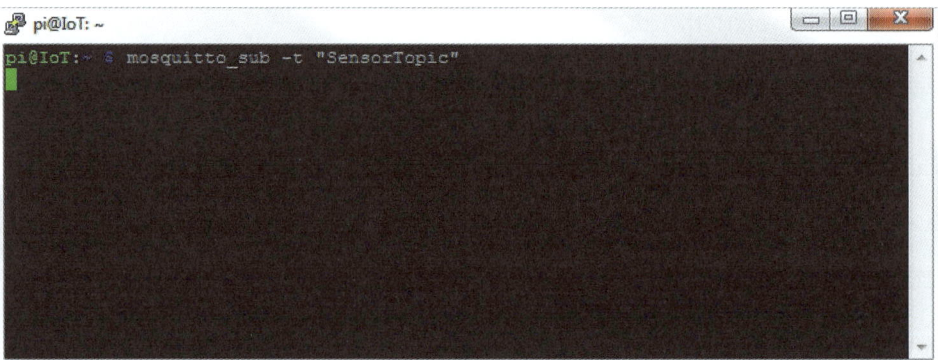

Abb. 4.6: MQTT – Topic abonnieren

Im zweiten Terminal wird eine Nachricht mit dem Wert 25.55 an diesen Topic publiziert.

Dabei wird das Kommando `mosquitto_pub` verwendet. Mit dem Parameter `-m` wird der zu publizierende Inhaltwert angegeben:

```
mosquitto_pub -t "SensorTopic" -m "25.55"
```

Abbildung 4.7 zeigt die Publikation des Topics im Terminal.

pi@IoT: ~

```
pi@IoT:~ $ mosquitto_pub -t "SensorTopic" -m "25.55"
pi@IoT:~ $
```

Abb. 4.7: MQTT – Topic publizieren

Sofort nach der Publikation ist der gesendete Wert im Terminal des Abonnenten sichtbar (Abbildung 4.8).

pi@IoT: ~

```
pi@IoT:~ $ mosquitto_sub -t "SensorTopic"
25.55
```

Abb. 4.8: MQTT – Topic empfangen

Mit diesem Test ist die Funktionalität des MQTT-Brokers geprüft.

In Kapitel 5 stelle ich eine Arduino-Bibliothek zum Abonnieren und Publizieren von MQTT-Topics vor.

Kapitel 5

Arduino als MQTT-Client

Im vorherigen Kapitel wurde ein MQTT-Topic auf dem MQTT-Broker über das Terminal angesprochen. Mit einfachen Befehlen wurde ein Topic abonniert und anschließend ein Wert an diesen Topic gesendet.

Ein Arduino-Board mit angeschlossenen Sensoren ist die optimale Lösung für die Erfassung von Daten im Smarthome.

Mittels Ethernet-Shield bekommt dieses Sensormodul die nötige Ethernet-Connectivity. Um jetzt Daten an einen MQTT-Broker zu senden, also zu publizieren, muss noch ein sogenannter MQTT-Client in Form einer Arduino-Bibliothek verwendet werden. Diese Bibliothek heißt `PubSubClient` und ist über die Bibliotheksverwaltung verfügbar.

5.1 PubSubClient-Bibliothek

Die `PubSubClient`-Bibliothek für Arduino gehört mittlerweile zu einer sehr verbreiteten Arduino-Bibliothek.

Im Bibliotheksverwalter kann die Bibliothek gesucht und installiert werden. Möglicherweise ist sie bereits beim Durcharbeiten von Kapitel 1 installiert worden (Abbildung 5.1).

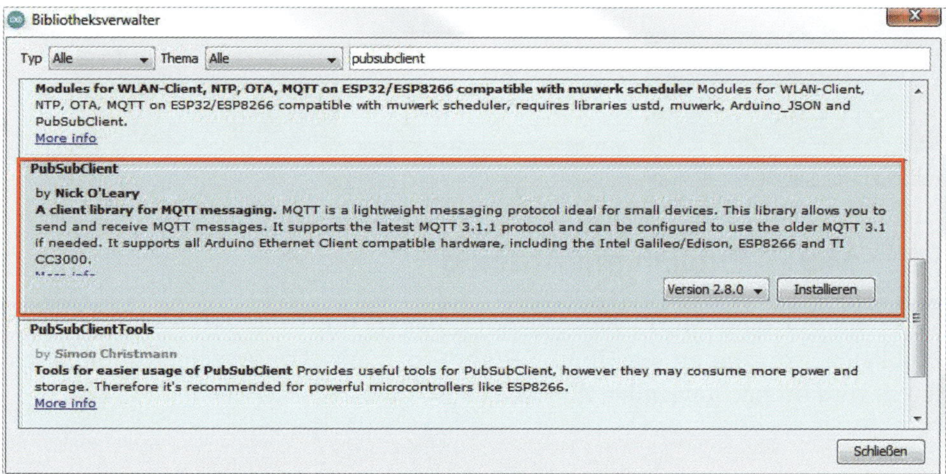

Abb. 5.1: Bibliotheksverwalter – Bibliothek `PubSubClient`

Nach der Installation steht die Bibliothek umgehend zur Verfügung. Unter den Beispielen sind für die `PubSubClient`-Library etliche Beispiel-Sketche erhältlich.

Mit der Installation dieser Bibliothek steht auch ein MQTT-Client für den ESP8266 und die Wemos-Module zur Verfügung. Das Beispiel dazu heißt `mqtt_esp8266`.

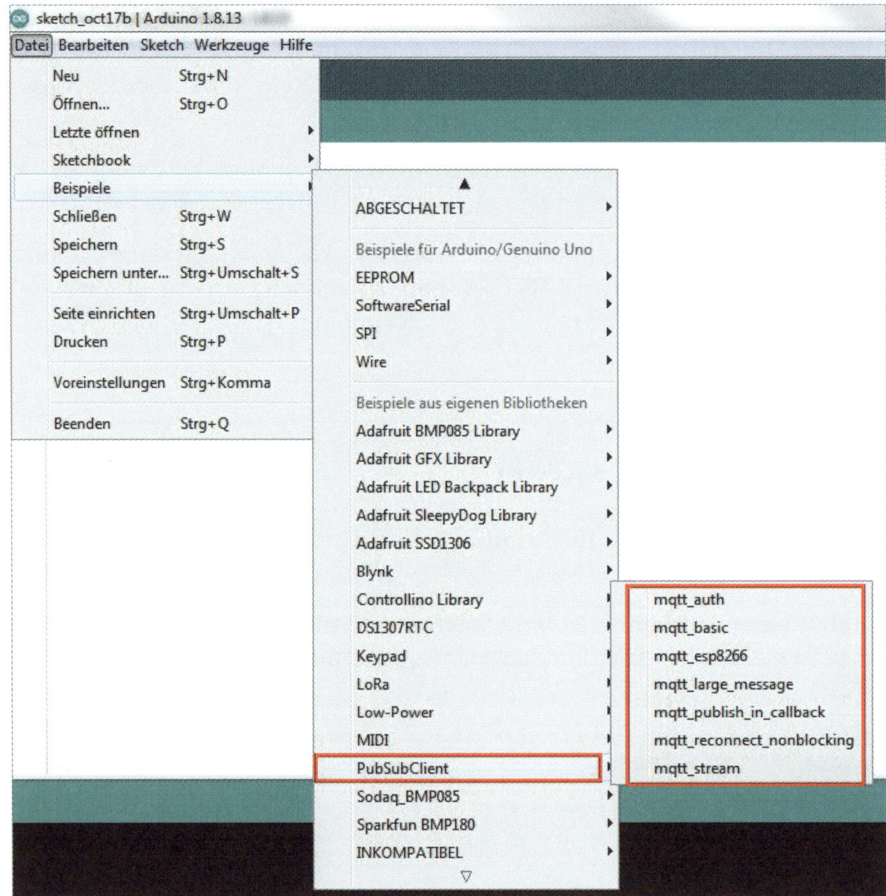

Abb. 5.2: PubSubClient-Bibliothek

5.2 MQTT Publish mit Arduino

Basierend auf dem MQTT-Beispiel `mqtt_basic` führt der MQTT-Client einen Publikationsvorgang an den Topic `SensorTopic` aus. Das Anzeigen abonnierter Topics wird im nachfolgenden Abschnitt beschrieben.

Stückliste (MQTT Publizieren)

- 1 Arduino-Board
- 1 Ethernet-Shield
- 1 Ethernet-Kabel

Nach Start des Programms kann über den seriellen Monitor die Kommunikation überwacht werden (Abbildung 5.3).

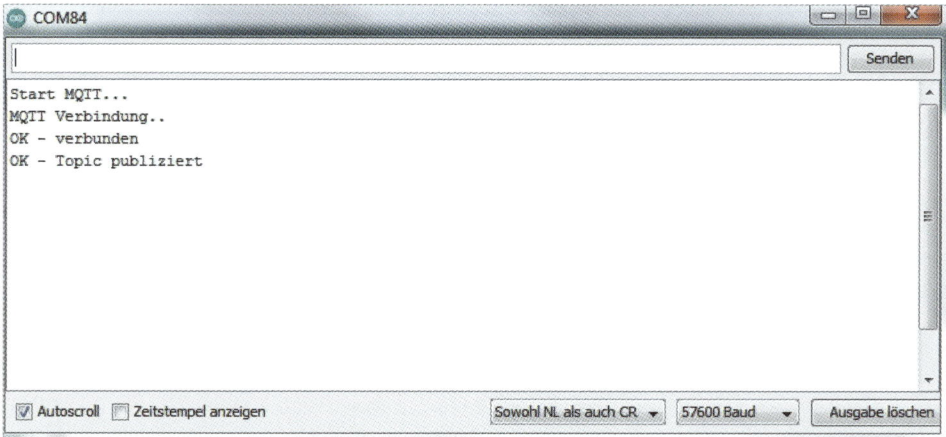

Abb. 5.3: Arduino publiziert Wert auf Topic.

Im Terminal kann nun der gesendete Wert des abonnierten Topics empfangen werden.

```
pi@IoT: ~
pi@IoT:~ $ mosquitto_sub -t "SensorTopic"
33.44
```

Abb. 5.4: Abonniertes Topic im Terminal

Im Programm werden zuerst die erforderlichen Bibliotheken geladen und die Objekte initialisiert (`smarthome_kap5_mqtt_client.ino`).

```
#include <SPI.h>
#include <Ethernet.h>
#include <PubSubClient.h>

byte mac[]    = {  0xDE, 0xED, 0xBA, 0xFE, 0xFE, 0xED };
EthernetClient ethClient;
PubSubClient client(ethClient);

IPAddress server(10, 0, 1, 31);
```

In der Setup-Funktion werden die serielle Schnittstelle und die Ethernet-Verbindung sowie der MQTT-Client initialisiert.

```
void setup()
{
  // Serielle Verbindung
  Serial.begin(57600);
  Serial.println("Start MQTT...");
  // MQTT
  client.setServer(server, 1883);
  client.setCallback(callback);
  // Ethernet
  Ethernet.begin(mac);
  delay(1500);
}
```

Im Hauptprogramm wird laufend der Status der MQTT-Verbindung abgefragt und falls nötig erfolgt eine Neuverbindung des MQTT-Clients.

Das eigentliche Publizieren auf einen Topic erfolgt in der nachfolgend beschriebenen separaten Funktion.

```
void loop()
{
  if (!client.connected()) {
    reconnect();
  }
  client.loop();
}
```

Die Funktion `reconnected()` wird für den Verbindungsaufbau aufgerufen. Nach einer Neuverbindung wird eine Erfolgsmeldung auf die serielle Schnittstelle ausgegeben und mit `client.publish()` eine neue Nachricht auf den Topic publiziert.

```
void reconnect() {
  // Loop
  while (!client.connected()) {
    Serial.println("MQTT Verbindung..");
    // Verbindungsaufbau
    if (client.connect("ArduinoMQTT")) {
      Serial.println("OK - verbunden");
      // wenn verbunden, Topic publizieren
      client.publish("SensorTopic","33.44");
      Serial.println("OK - Topic publiziert");
    } else {
      Serial.println("ERROR - Fehlgeschlagen, rc=");
      Serial.print(client.state());
      Serial.println("Nächster Versuch in 5 Sek....");
      // 5 Sekunden warten
      delay(5000);
    }
  }
}
```

Die Funktion `callback()` verarbeitet die vom MQTT-Broker erhaltenen Nachrichten. In diesem Beispiel ist diese Funktion aber noch nicht aktiv.

```
void callback(char* topic, byte* payload, unsigned int length) {
  // Daten vom MQTT-Broker
  Serial.println("Nachricht erreicht [");
  Serial.print(topic);
  Serial.print("] ");
  for (int i=0;i<length;i++) {
    Serial.print((char)payload[i]);
  }
  Serial.println();
}
```

Publizieren mit Timer

Beim Test des Beispiels werden Sie erkennen, dass das Publizieren eines Topics nicht in regelmäßigen Abständen erfolgt.

In der Praxis möchte man aber als Reaktion auf eine Aktion oder in regelmäßigem Abstand Daten senden. Dazu erweitern wir das Hauptprogramm um eine zeitliche Komponente. In einer Timer-Schleife wird geprüft, ob die Zeit abgelaufen ist, und dann erfolgt ein Publikationsvorgang.

Im seriellen Monitor können dann die regelmäßigen Publikationen überprüft werden (Abbildung 5.5).

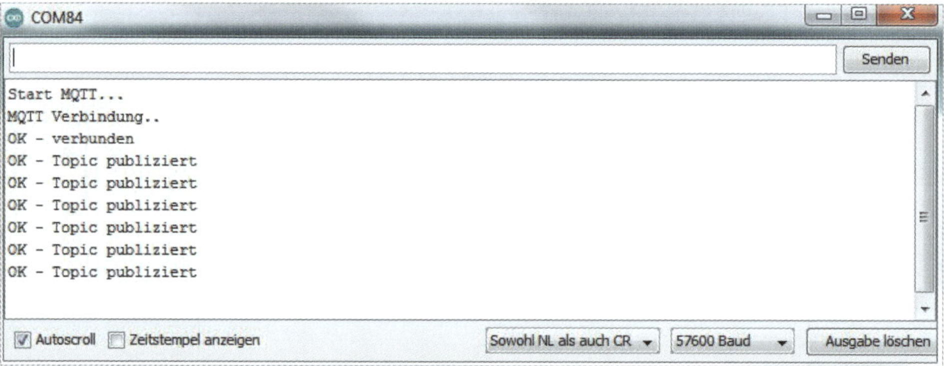

Abb. 5.5: Arduino publiziert Werte auf Topic.

Im Terminal auf dem Raspberry Pi ist der Topic `SensorTopic` abonniert und die Nachrichten werden im 5-Sekunden-Takt gesendet (Abbildung 5.6).

Abb. 5.6: Abonniertes Topic im Terminal

Im Programmcode werden wie gewohnt die Bibliotheken geladen und die Objekte initialisiert (`smarthome_kap5_mqtt_client_timer.ino`). Zusätzlich werden Variablen für die Timer-Funktion deklariert.

```
#include <SPI.h>
#include <Ethernet.h>
#include <PubSubClient.h>

byte mac[]    = {  0xDE, 0xED, 0xBA, 0xFE, 0xFE, 0xED };
EthernetClient ethClient;
PubSubClient client(ethClient);

IPAddress server(10, 0, 1, 31);

long lastReconnectAttempt = 0;
// Timer für Reconnect in 5 Sekunden
int mtimer=5000;
```

Die Setup-Funktion bleibt unverändert.

```
void setup()
{
  // Serielle Verbindung
  Serial.begin(57600);
  Serial.println("Start MQTT...");
  // MQTT
  client.setServer(server, 1883);
  client.setCallback(callback);
  // Ethernet
  Ethernet.begin(mac);
  delay(1500);
}
```

Im Hauptprogramm `loop()` wird wieder regelmäßig der Verbindungsstatus überprüft. In der anschließenden Timer-Schleife wird die abgelaufene Zeit mit dem Timer-Wert verglichen. Falls die abgelaufene Zeit größer als der Wert 5000 aus der Variable `mtimer` ist, wird eine neue Nachricht an den Topic `SensorTopic` gesendet.

```
void loop()
{
  if (!client.connected()) {
    reconnect();
  }
  client.loop();
```

```
  long now = millis();
  if (now - lastReconnectAttempt > mtimer) {
    lastReconnectAttempt = now;
    // Topic publizieren
    client.publish("SensorTopic","22.55");
    Serial.println("OK - Topic publiziert");
    }
}
```

Die Funktion `reconnected()` wird wieder bei jeder Verbindungsaufnahme aufgerufen. Über den seriellen Monitor können die MQTT-Verbindungsaufnahme und der Status überprüft werden. Hier wird jetzt keine Publikation auf den Topic ausgeführt.

```
void reconnect() {
  // Loop
  while (!client.connected()) {
    Serial.println("MQTT Verbindung..");
    // Verbindungsaufbau
    if (client.connect("ArduinoMQTT")) {
      Serial.println("OK - verbunden");
    } else {
      Serial.println("ERROR - Fehlgeschlagen, rc=");
      Serial.print(client.state());
      Serial.println("Nächster Versuch in 5 Sek....");
      // 5 Sekunden warten
      delay(5000);
    }
  }
}
```

Die Funktion `callback()` bleibt unverändert und wird auch in diesem Sketch nicht genutzt.

```
void callback(char* topic, byte* payload, unsigned int length) {
  // Daten vom MQTT-Broker
  Serial.println("Nachricht erreicht [");
  Serial.print(topic);
  Serial.print("] ");
  for (int i=0;i<length;i++) {
```

```
      Serial.print((char)payload[i]);
    }
    Serial.println();
}
```

5.3 MQTT Subscribe mit Arduino

Mit dem Abonnieren eines MQTT-Topics empfängt man alle Nachrichten, die an diesen Topic publiziert werden.

Das Abonnieren eines Topics mit Arduino wird durch die Methode `client.subscribe("TopicName")` der `PubSubClient`-Bibliothek realisiert.

Über das Terminal des Raspberry Pi werden Nachrichten auf den Topic `SensorTopic` publiziert (Abbildung 5.7).

```
pi@IoT: ~
pi@IoT:~ $ mosquitto_pub -t "SensorTopic" -m "26.66"
pi@IoT:~ $ mosquitto_pub -t "SensorTopic" -m "26.77"
pi@IoT:~ $
```

Abb. 5.7: MQTT-Nachrichten publizieren

Im seriellen Monitor des Arduino können die abonnierten Nachrichten dieses Topics ausgegeben werden (Abbildung 5.8).

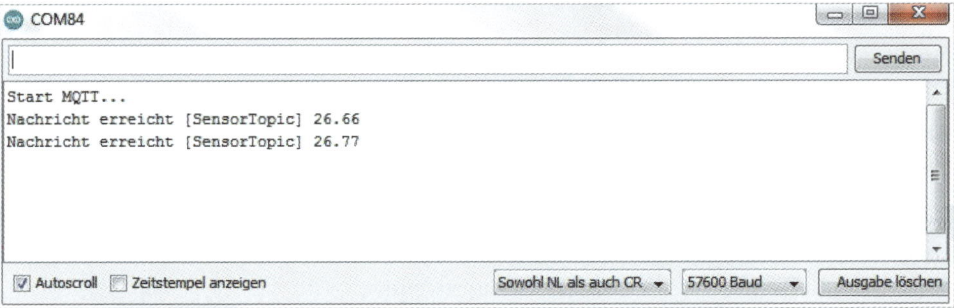

Abb. 5.8: MQTT-Nachrichten empfangen

Im Arduino-Sketch werden zuerst die notwendigen Bibliotheken geladen und dann die Objekte und Variablen initialisiert (smarthome_kap5_mqtt_client_subscribe.ino).

```
#include <SPI.h>
#include <PubSubClient.h>
#include <Ethernet.h>

byte mac[]    = {  0xDE, 0xED, 0xBA, 0xFE, 0xFE, 0xED };
IPAddress server(10, 0, 1, 31);
EthernetClient ethClient;
PubSubClient client(ethClient);

// Timer
unsigned long time;
int mTimer=5000;
```

Im Setup werden wieder die serielle Schnittstelle und die Ethernet-Kommunikation und der MQTT-Client gestartet.

```
void setup()
{
  // Serielle Schnittstelle
  Serial.begin(57600);
  Serial.println("Start MQTT...");
  // MQTT
  client.setServer(server, 1883);
  client.setCallback(callback);
  // Ethernet
  Ethernet.begin(mac);
  delay(1500);
}
```

Im Hauptprogramm erfolgt laufend die Verbindungskontrolle und mittels Timer das Abonnieren eines Topics.

Der Empfang der abonnierten Topics erfolgt in der Funktion callback(). Sobald Daten empfangen werden, wird eine Meldung auf den seriellen Monitor ausgegeben. Anschließend wird die Nachricht dargestellt.

```
void callback(char* topic, byte* payload, unsigned int length) {
  // Daten vom MQTT-Broker
  Serial.print("Nachricht erreicht [");
  Serial.print(topic);
  Serial.print("] ");
  for (int i=0;i<length;i++) {
    Serial.print((char)payload[i]);
  }
  Serial.println();
  // Weiterverarbeitung der empfangenen Nachrichten
  // ...
}
```

Am Ende dieser Funktion könnten Sie nun noch eine Auswertung und Weiterverarbeitung der Nachricht ergänzen.

Werden dem Topic `SensorTopic` die Statuswerte ON und OFF als Wert mitgegeben, können diese abgefragt und mit einer Aktion versehen werden (Abbildung 5.9).

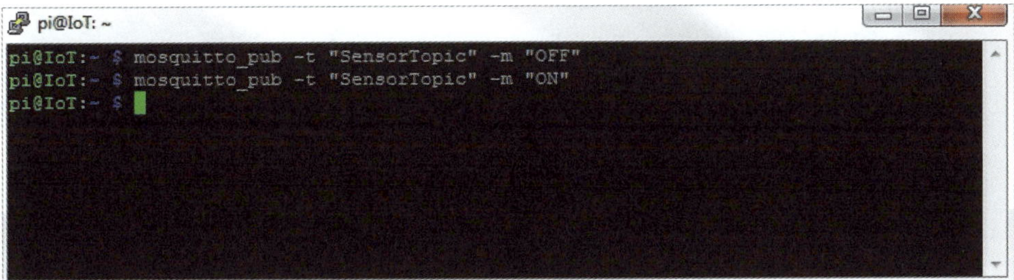

Abb. 5.9: MQTT-Nachrichten publizieren – Werte ON und OFF

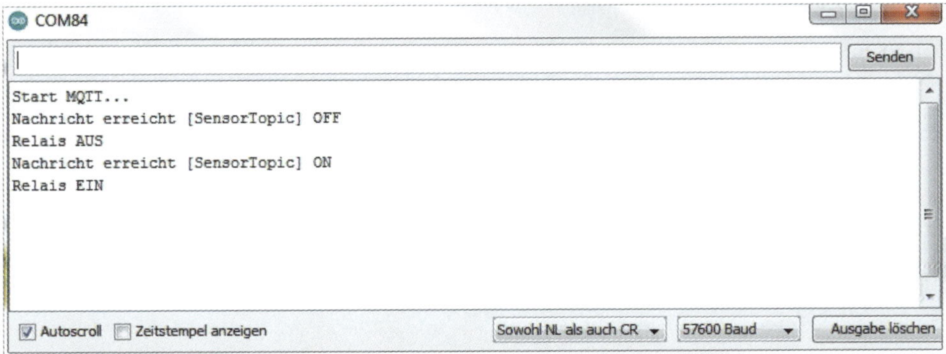

Abb. 5.10: MQTT-Nachrichten empfangen und auswerten

Die Funktion `callback()` wird durch die Variable `msg` erweitert, die den gesendeten Wert der Nachricht enthält (`smarthome_kap5_mqtt_client_subscribe_auswerten.ino`).

Am Schluss wird geprüft, ob `on` oder `off` gesendet wurde, und entsprechend wird eine Aktion ausgegeben.

```
void callback(char* topic, byte* payload, unsigned int length) {
  // Daten vom MQTT-Broker
  String msg;
  Serial.print("Nachricht erreicht [");
  Serial.print(topic);
  Serial.print("] ");
  for (int i=0;i<length;i++) {
    Serial.print((char)payload[i]);
    msg += (char)payload[i];
  }
  Serial.println();
  // Weiterverarbeitung der empfangenen Nachrichten
  if (String(topic) == "SensorTopic") {
    if (msg == "ON") Serial.println("Relais EIN");
    if (msg == "OFF") Serial.println("Relais AUS");
  }
}
```

Mit diesem Beispiel können Sie nun, abhängig vom gesendeten Wert, einen digitalen Ausgang setzen und eine Lampe oder ein Relais ansteuern.

5.4 MQTT Publish und Subscribe mit ESP8266

Mit einem ESP8266 oder einem Wemos D1 Mini hat man die Vorteile, dass diese Module bereits WiFi-Connectivity integriert haben.

Somit eignen sich diese kleinen Module ideal als MQTT-Client, um Nachrichten zu publizieren und zu empfangen.

Stückliste (ESP8266 MQTT Client)

- 1 ESP8266 oder Wemos D1 Mini
- 1 USB-Kabel

Nachdem das Programm auf das Wemos-Modul geladen wurde, können Sie im seriellen Monitor die Kommunikation betrachten.

Neben den Sensorwerten von 55 des Topics `SensorTopic` sind Werte für den Topic `RelaisTopic` sichtbar (Abbildung 5.11).

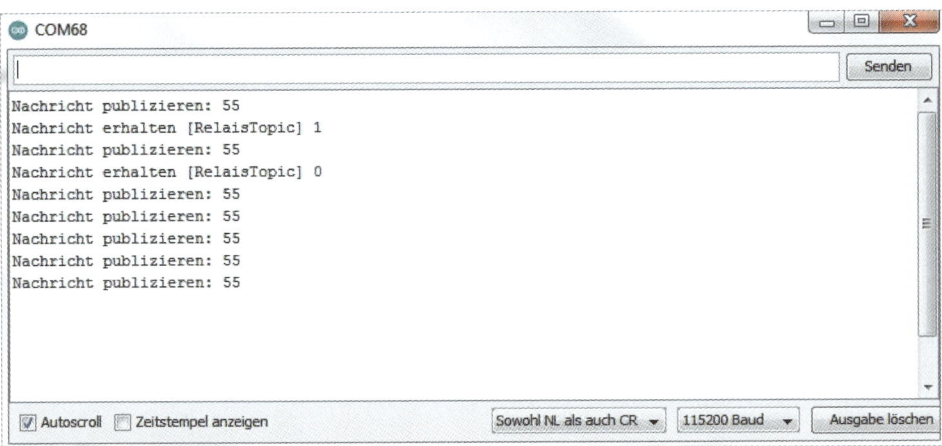

Abb. 5.11: Wemos-Modul als MQTT-Client

Der Topic `RelaisTopic` ist vom Wemos abonniert und wird via Raspberry Pi publiziert. Im Arduino-Programm des Wemos wird der abonnierte Wert (0 oder 1) eingelesen. Mit einem Wert von 1 wird die Onboard-LED eingeschaltet, mit 0 ausgeschaltet.

In Abbildung 5.12 sind der abonnierte `SensorTopic` sowie die Publikation auf den Relais-Topic dargestellt.

```
pi@IoT: ~
pi@IoT:~ $ mosquitto_sub -t "SensorTopic"
55
55
55
55
55
55
55
55
55
55
```

```
pi@IoT: ~
pi@IoT:~ $ mosquitto_pub -t "RelaisTopic" -m "1"
pi@IoT:~ $ mosquitto_pub -t "RelaisTopic" -m "0"
pi@IoT:~ $
```

Abb. 5.12: MQTT-Client auf dem Raspberry Pi

Im Arduino-Programm auf dem ESP8266-Modul werden zuerst die nötigen Bibliotheken geladen und dann die Objekte und Variablen initialisiert (`smarthome_kap5_mqtt_esp8266_client.ino`).

```
#include <ESP8266WiFi.h>
#include <PubSubClient.h>

const char* ssid = "MeinWLAN";
const char* password = "MeinPasswort";
const char* mqtt_server = "10.0.1.31";

WiFiClient espClient;
PubSubClient client(espClient);

unsigned long lastMsg = 0;
#define MSG_BUFFER_SIZE (50)
char msg[MSG_BUFFER_SIZE];
```

In der Setup-Funktion werden die serielle Schnittstelle, die WiFi-Kommunikation sowie der MQTT-Client gestartet. Zusätzlich wird die Onboard-LED auf dem Board vorbereitet.

```
void setup()
{
  // Initialisierung Onboard-LED
  pinMode(BUILTIN_LED, OUTPUT);
  // Serielle Verbindung
  Serial.begin(115200);
  // WiFi
  setup_wifi();
  // MQTT
  client.setServer(mqtt_server, 1883);
  client.setCallback(callback);
}
```

WiFi wiederum wird über die Funktion `wifi_setup()` aktiviert.

```
void setup_wifi()
{
  delay(10);
  // Start WiFi-Verbindung
```

```
  Serial.println();
  Serial.print("Verbinden zu WiFi... ");
  Serial.println(ssid);

  WiFi.mode(WIFI_STA);
  WiFi.begin(ssid, password);

  while (WiFi.status() != WL_CONNECTED) {
    delay(500);
    Serial.print(".");
  }

  randomSeed(micros());

  Serial.println("");
  Serial.println("WiFi verbunden...");
  Serial.println("IP Adresse: ");
  Serial.println(WiFi.localIP());
}
```

Im Hauptprogramm wird laufend die MQTT-Client-Verbindung überwacht und wieder verbunden.

In der Timer-Schleife wird alle zehn Sekunden der Sensorwert von 55 an den Topic `SensorTopic` publiziert. Der Sensorwert ist eine Integer-Zahl und wird mittels der String-Funktion `dtostrf()` auf den String `msg` kopiert.

```
void loop()
{
  if (!client.connected()) {
    reconnect();
  }
  client.loop();

  unsigned long now = millis();
  if (now - lastMsg > 10000) {
    lastMsg = now;
    int valSensor=55;
    dtostrf (valSensor,1,0,msg);
    // Topic publizieren
    Serial.print("Nachricht publizieren: ");
```

```
    Serial.println(msg);
    client.publish("SensorTopic", msg);
  }
}
```

In der Funktion `reconnect()` erfolgt ein eventueller Verbindungsaufbau und anschließend wird der Topic `RelaisTopic` abonniert.

```
void reconnect() {
  // Loop
  while (!client.connected()) {
    Serial.print("MQTT Verbindung..");
    // Client-ID
    String clientId = "ESP8266Client";
    // Attempt to connect
    if (client.connect(clientId.c_str())) {
      Serial.println("OK - verbunden");
      // wieder abonnieren
      client.subscribe("RelaisTopic");
    } else {
      Serial.print("ERROR - Fehlgeschlagen, rc=");
      Serial.print(client.state());
      Serial.println("Nächster Versuch in 5 Sek...");
      // 5 Sekunden warten
      delay(5000);
    }
  }
}
```

Die Callback-Funktion unterscheidet sich nicht vom Beispiel mit dem Arduino-Board. Auch hier werden die abonnierten Nachrichten vom MQTT-Broker empfangen und ausgegeben. Für das abonnierte Topic `RelaisTopic` sind zur zwei Werte möglich, 0 oder 1. Anhand des gesendeten Wertes wird die Onboard-LED ein- oder ausgeschaltet.

```
void callback(char* topic, byte* payload, unsigned int length) {
  // Daten vom MQTT-Broker
  Serial.print("Nachricht erhalten [");
  Serial.print(topic);
  Serial.print("] ");
  for (int i = 0; i < length; i++) {
```

```
    Serial.print((char)payload[i]);
  }
  Serial.println();

  // Onboard-LED schalten
  if ((char)payload[0] == '1') {
    digitalWrite(BUILTIN_LED, LOW);
  } else {
    digitalWrite(BUILTIN_LED, HIGH);
  }
}
```

Mit diesem Beispiel haben Sie ein optimales Grundgerüst für eigene MQTT-Client-Module für das Smarthome.

Im abschließenden Praxisbeispiel wird ein Wemos-Modul Daten von einem Sensor ermitteln und an den MQTT-Broker senden.

5.5 MQTT-Topics organisieren

In den bisherigen MQTT-Beispielen wurden nur zwei einfache Topics verwendet, `SensorTopic` und `RelaisTopic`.

Sobald Sie aber eine große Anzahl von Nachrichten im Smarthome oder im Sensor-Netzwerk verwalten wollen, reicht diese einfache Benennung nicht mehr.

Darum können Sie in der MQTT-Kommunikation die Nachrichten durch Separatoren, mit einem Schrägstrich »/«, trennen und so Ordnung in das System bringen.

In einem Smarthome würden dann beispielsweise folgende Topics vorkommen:

```
Home/Dach/Büro/Licht
Home/Dach/Büro/LichtStatus
Home/Obergeschoss/ZimmerPaul/Temperatur
Home/Obergeschoss/ZimmerPaul/Licht
Home/Erdgeschoss/Wohnzimmer/TerrassenTürStatus
Home/Keller/Werkstatt/Luftfeuchtigkeit
```

Auf diese Art und Weise bekommen Sie eine Struktur in die Topic-Verwaltung.

Jeder Topic-Level muss aus mindestens einem Zeichen bestehen.

Diese einzelnen Topics können dann von der Smarthome-Anwendung oder aus der Node-Red-Anwendung abonniert und publiziert werden.

MQTT-Wildcards

Mit einem Wildcard in Form des Zeichens # können mehrere Sensoren und deren Topics abonniert werden.

Mit dem Wildcard-Topic

`Home/Dach/Büro/#`

werden alle Topics zusammengefasst, die zum Büro im Dachgeschoss gehören.

Vor dem Aufbau eines Smarthome-Systems und einem MQTT-Broker lohnt es sich, die zukünftige Struktur und deren Daten aufzuzeichnen.

5.6 Praxisbeispiel: Sensordaten senden

Mit dem MQTT-Client-Beispiel aus Abschnitt 5.4 haben Sie bereits die Basis für einen MQTT-Client, der Sensordaten an den MQTT-Broker sendet. In diesem Beispiel wurde einzig die Messwerterfassung noch nicht realisiert. Es sendete fest im Code hinterlegte Werte.

Der Ausschnitt zeigt die Lösung aus dem vorherigen Beispiel.

Das Messwert-Erfassen und -Senden erfolgt im Programmcode im Hauptprogramm.

```
void loop()
{
  if (!client.connected()) {
    reconnect();
  }
  client.loop();

  unsigned long now = millis();
  if (now - lastMsg > 10000) {
    lastMsg = now;
    int valSensor=55;
    dtostrf (valSensor,1,0,msg);
    // Topic publizieren
    Serial.print("Nachricht publizieren: ");
    Serial.println(msg);
    client.publish("SensorTopic", msg);
  }
}
```

Ein Timer mit einer Zeit von zehn Sekunden steuert die Sendevorgänge.

Der Messwert aus `valSensor` wird in die Variable `msg` kopiert und anschließend auf dem MQTT-Topic `SensorTopic` publiziert.

Die Messdatenerfassung von einem Sensor, in diesem Praxisbeispiel nehmen wir einen Fotowiderstand (LDR), erfolgt jeweils vor dem Publizieren.

```
if (now - lastMsg > 10000) {
  lastMsg = now;
  // Messdatenerfassung
  // ...
  dtostrf (valSensor,1,0,msg);
  // Topic publizieren
  Serial.print("Nachricht publizieren: ");
  Serial.println(msg);
  client.publish("SensorTopic", msg);
}
```

Der Fotowiderstand oder LDR ist ein lichtabhängiger Widerstand. Der LDR verändert seinen Widerstand mit dem Lichteinfall. Bei Dunkelheit hat er einen hohen Widerstand (im Bereich Mega-Ohm), bei Helligkeit ist der Widerstandswert tief (im Bereich 500 Ohm).

Der LDR besitzt 2 Anschlussdrähte und die lichtempfindliche Fläche des Sensors befindet sich auf der Oberseite (Abbildung 5.13).

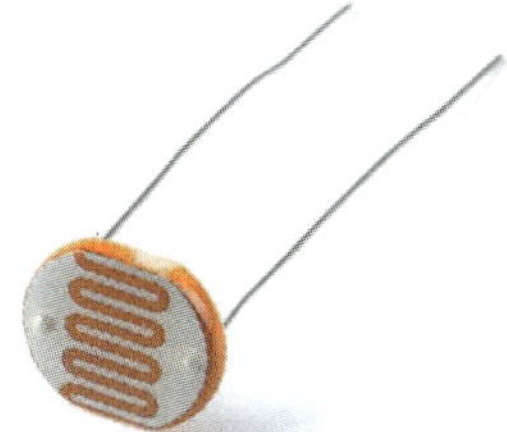

Abb. 5.13: Fotowiderstand oder LDR (Bild: Aliexpress)

Im Praxiseinsatz wird der Fotowiderstand meist in einer Serienschaltung mit einem Festwiderstand eingesetzt. Die am Widerstand gemessene analoge Spannung wird direkt an den analogen Eingang des verwendeten Boards geführt.

In diesem Praxisbeispiel verwenden wir ein ESP8266-Modul, beispielsweise den Wemos D1 Mini.

Stückliste (MQTT Client mit LDR)

- 1 ESP8266 oder Wemos D1 Mini
- 1 Steckbrett
- 1 LDR
- 1 Widerstand 10 kOhm
- Jumper-Wires

In Abbildung 5.14 ist der Steckbrett-Aufbau der Sensorschaltung abgebildet.

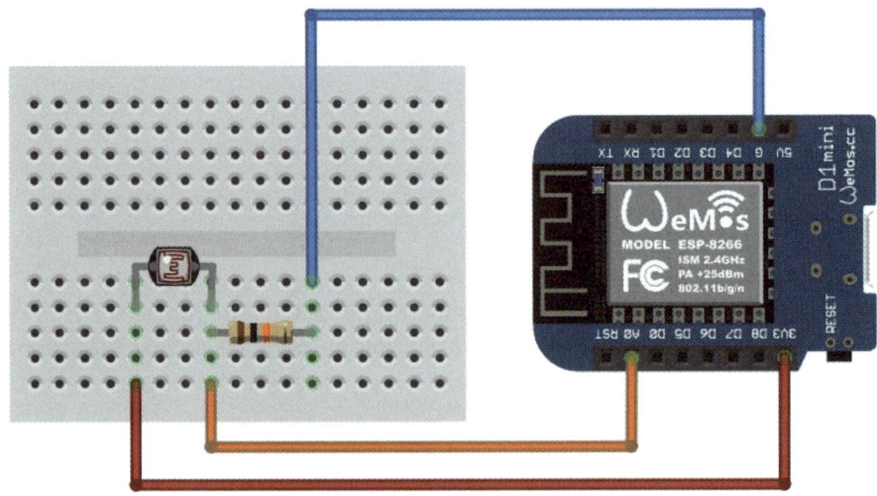

Abb. 5.14: MQTT-Sensor mit LDR – Steckbrett-Aufbau

Im Hauptprogramm wird nun alle zehn Sekunden der analoge Eingang A0 des Wemos eingelesen und anschließend auf den bereits vorhandenen Topic `SensorTopic` publiziert (`smarthome_kap5_mqtt_esp8266_sensor.ino`).

```
void loop()
{
  if (!client.connected()) {
    reconnect();
  }
  client.loop();

  unsigned long now = millis();
  if (now - lastMsg > 10000) {
    lastMsg = now;
    // Messwert von LDR
```

```
    int valSensor=analogRead(A0);
    dtostrf (valSensor,1,0,msg);
    // Topic publizieren
    Serial.print("Nachricht publizieren: ");
    Serial.println(msg);
    client.publish("SensorTopic", msg);
  }
}
```

Im Terminalfenster kann der Topic abonniert und überwacht werden (Abbildung 5.15).

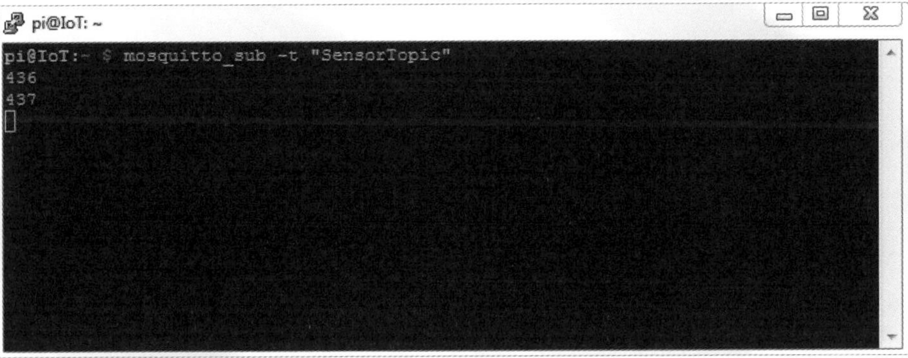

Abb. 5.15: Sensorwerte vom LDR via MQTT-Topic abonniert

Mögliche Erweiterungen

In Node-Red, das Thema wird in Kapitel 6 ausführlich erläutert, können die Daten des abonnierten Topics abgefragt und dargestellt werden (Abbildung 5.16).

Abb. 5.16: Node-Red: SensorTopic

Im Debug-Fenster von Node-Red (Abbildung 5.17) erscheinen die Sensorwerte des LDR, die auf den Topic publiziert wurden.

Abb. 5.17: Node-Red: Sensorwert von SensorTopic

Die Darstellung im Debug-Fenster ist meistens nur für die Phase der Entwicklung ideal. Im produktiven Einsatz können Sie den Sensorwert, der an den MQTT-Broker gesendet wurde und in Node-Red abrufbar ist, als grafische Anzeige im Node-Red-Dashboard darstellen.

Kapitel 6

MQTT und Node-Red mit Raspberry Pi

In diesem Kapitel wird der Raspberry Pi als Schaltzentrale für das IoT-System oder Smarthome aufgebaut.

Die Schaltzentrale wird Daten von verschiedenen Quellen empfangen und verarbeiten. Die zentralen Komponenten dieser Schaltzentrale sind der MQTT-Broker und die grafische Oberfläche Node-Red.

6.1 Raspberry Pi als Schaltzentrale

Der Raspberry Pi als Schaltzentrale für unser System wurde bereits in Kapitel 1 kurz vorgestellt.

In Abbildung 6.1 ist nochmals das Prinzip der Infrastruktur abgebildet.

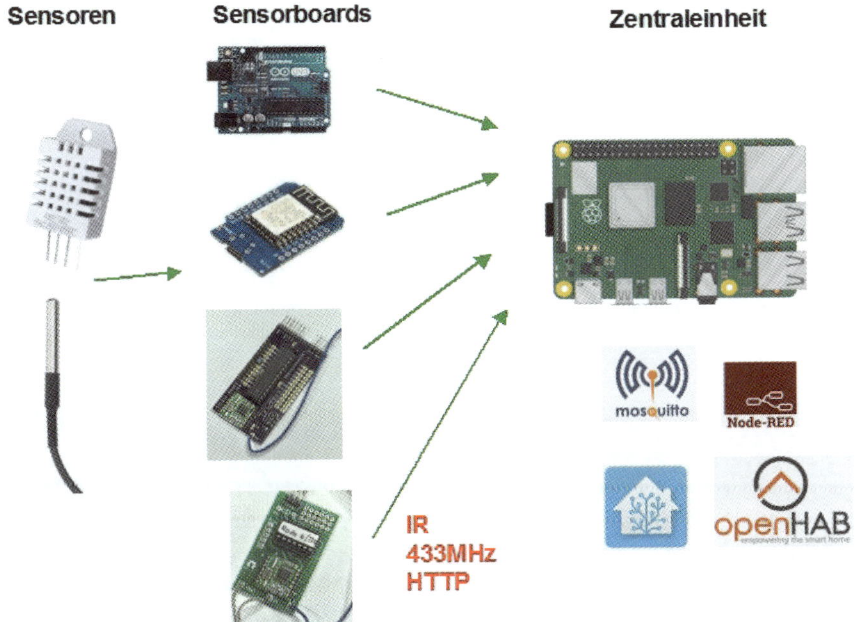

Abb. 6.1: Raspberry Pi als Schaltzentrale

Der Raspberry Pi ist die Zentraleinheit und verarbeitet über seine Schnittstellen die empfangenen Daten und löst Aktionen aus.

Der in Abschnitt 1.2 installierte Raspberry Pi mit dem grafischen Betriebssystem und dem in Kapitel 4 installierten MQTT-Broker ist eine gute Basis für das zukünftige System.

Was bisher noch nicht erwähnt wurde, ist die grafische Entwicklungsumgebung Node-Red. Diese erkläre ich später noch im Detail. Node-Red ist auch bereits installiert und kann über das Startmenü des Raspberry Pi OS aufgerufen werden.

Über die USB-Schnittstellen können externe Arduino-Module direkt serielle Daten liefern. In einem Praxisbeispiel in diesem Kapitel zeige ich diese Lösung.

Mittels MQTT-Schnittstelle können Sensor-Boards, basierend auf dem ESP8266, drahtlos Daten und Informationen an die Zentraleinheit liefern.

Das Raspberry-Board ist ein richtiger Computer und kann somit direkt mit einem Bildschirm zur Anzeige von Daten und zur Dateneingabe eingesetzt werden.

6.2 Mosquitto als MQTT-Broker

Der Mosquitto-MQTT-Broker ist eine kompakte Serveranwendung und wurde bereits in Kapitel 4 installiert und überprüft.

Ebenfalls in Kapitel 4 wurden die ersten Topics über die Terminal-Konsole abonniert und mit Daten befüllt.

Für den Betrieb des MQTT-Brokers ist grundsätzlich kein User-Interface nötig.

Informationen zum Broker können Sie über das Terminal abfragen.

Mit dem Befehl

```
mosquitto
```

erhalten Sie die Version des installierten MQTT-Brokers (Abbildung 6.2).

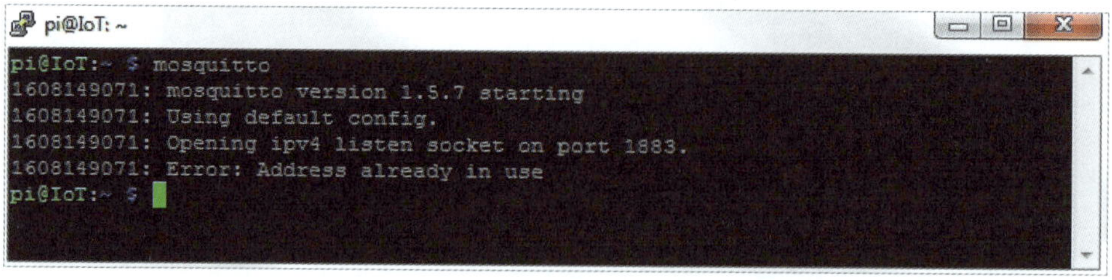

```
pi@IoT: ~
pi@IoT:~ $ mosquitto
1608149071: mosquitto version 1.5.7 starting
1608149071: Using default config.
1608149071: Opening ipv4 listen socket on port 1883.
1608149071: Error: Address already in use
pi@IoT:~ $
```

Abb. 6.2: Installierter Mosquitto-Broker

Da der MQTT-Broker auf dem Raspberry Pi läuft, ist entsprechend auch die zugehörige IP-Adresse bekannt. Sein Standard-Port ist 1883. Beide Werte, IP und Port, werden später für die Konfiguration des MQTT-Brokers in Node-Red noch benötigt.

6.3 Node-Red

Node-Red ist ein grafisches Werkzeug, um sogenannte Flows zu erstellen. Durch das Zusammensetzen von einzelnen Elementen, als Nodes bezeichnet, kann man grafische Informationsflüsse realisieren.

In der aktuellen Version des Raspberry Pi OS ist Node-Red bereits installiert.

Start von Node-Red

Das Frontend von Node-Red wird über den Browser aufgerufen. Vor dem Start im Browser muss der Node-Red-Server über ein Terminalfenster auf dem Raspberry Pi mit folgendem Befehl gestartet werden.

```
node-red start
```

Nach Start im Terminal meldet sich das System (Abbildung 6.3).

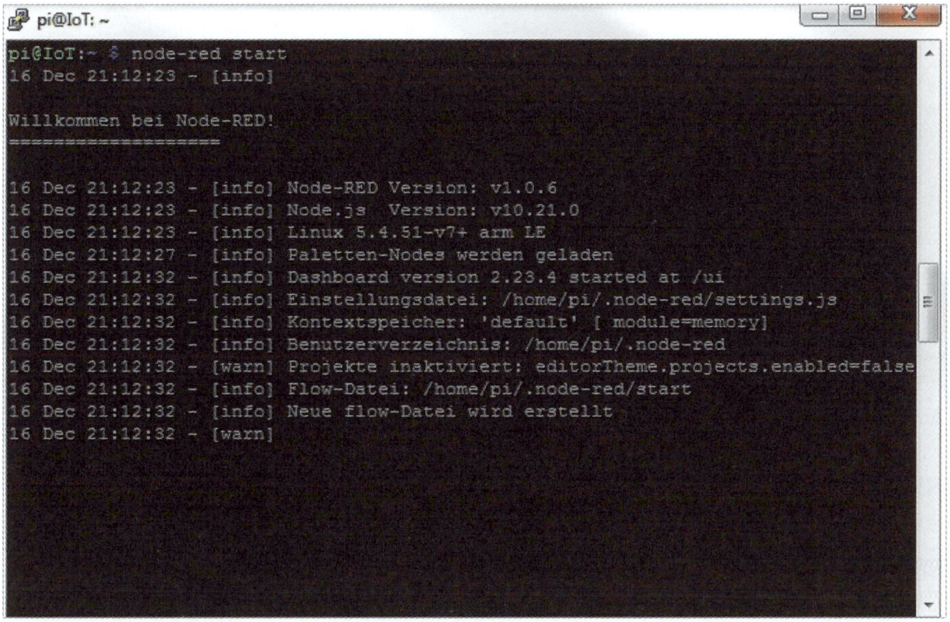

```
pi@IoT: ~
pi@IoT:~ $ node-red start
16 Dec 21:12:23 - [info]

Willkommen bei Node-RED!
===================

16 Dec 21:12:23 - [info] Node-RED Version: v1.0.6
16 Dec 21:12:23 - [info] Node.js  Version: v10.21.0
16 Dec 21:12:23 - [info] Linux 5.4.51-v7+ arm LE
16 Dec 21:12:27 - [info] Paletten-Nodes werden geladen
16 Dec 21:12:32 - [info] Dashboard version 2.23.4 started at /ui
16 Dec 21:12:32 - [info] Einstellungsdatei: /home/pi/.node-red/settings.js
16 Dec 21:12:32 - [info] Kontextspeicher: 'default' [ module=memory]
16 Dec 21:12:32 - [info] Benutzerverzeichnis: /home/pi/.node-red
16 Dec 21:12:32 - [warn] Projekte inaktiviert: editorTheme.projects.enabled=false
16 Dec 21:12:32 - [info] Flow-Datei: /home/pi/.node-red/start
16 Dec 21:12:32 - [info] Neue flow-Datei wird erstellt
16 Dec 21:12:32 - [warn]
```

Abb. 6.3: Node-Red-Start

Nach dem Start-Befehl läuft der Node-Red-Server, bis das System gestoppt oder der Raspberry Pi neu gestartet wird.

Folgende Betriebsarten stehen für den Betrieb von Node-Red zur Verfügung.

Befehl	Beschreibung
node-red-start	Starten von Node-Red
node-red-stop	Beenden von Node-Red
node-red-log	Anzeigen der Log-Dateien
sudo systemctl enable nodered.service	Aktivieren des automatischen Starts bei jedem Neustart
sudo systemctl disable nodered.service	Deaktivieren des automatischen Starts bei jedem Neustart

Tabelle 6.1: Node-Red-Betriebsarten

Der automatische Start von Node-Red erfolgt also gemäß Tabelle 6.1 mit dem Befehl.

```
sudo systemctl enable nodered.service
```

Damit ist der Start von Node-Red bei einem Neustart des Systems aktiviert (Abbildung 6.4).

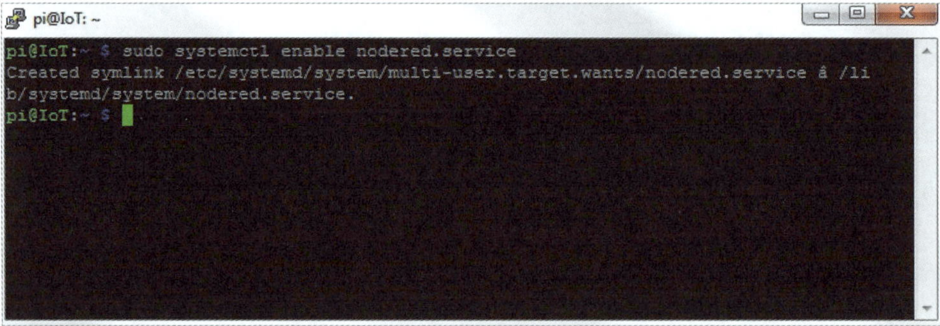

Abb. 6.4: Node-Red für Autostart einrichten

Nach Start des Node-Red-Servers kann das Node-Red-Frontend über den Browser aufgerufen werden. Dieser Service läuft standardmäßig über den Port 1880.

```
http://IP-des-Raspberry:1880
```

Im Browser erscheint die Oberfläche der Anwendung (Abbildung 6.5).

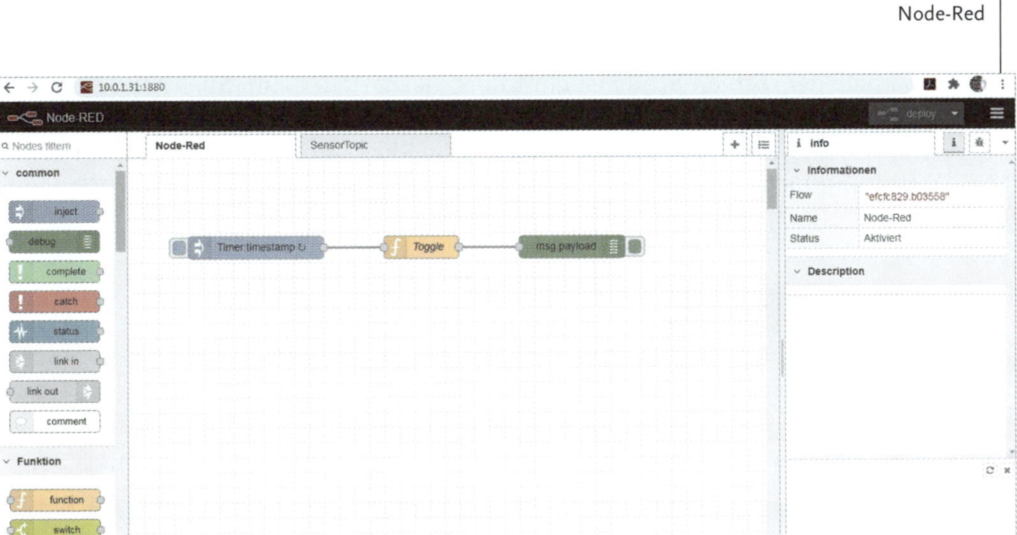

Abb. 6.5: Node-Red-Frontend

Oberfläche

In Abbildung 6.6 ist die Oberfläche von Node-Red dargestellt.

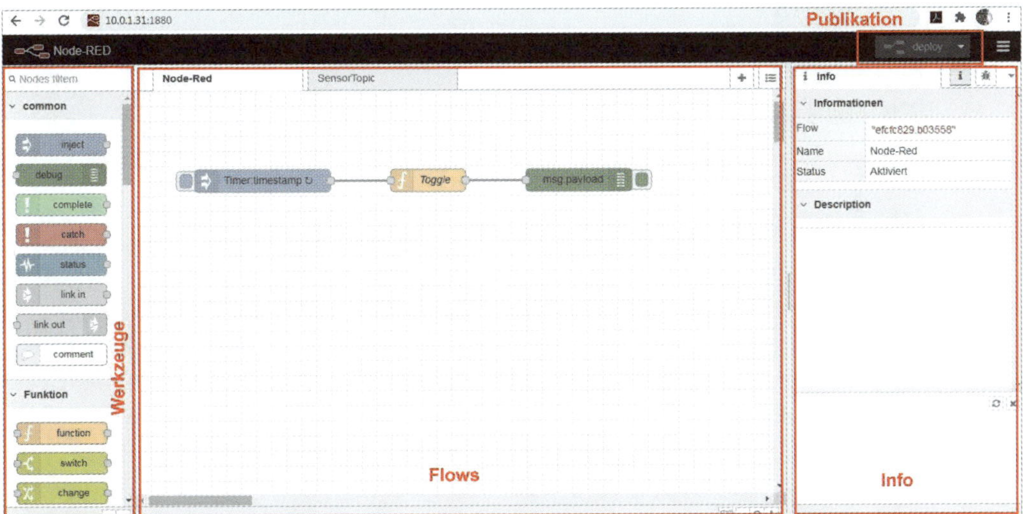

Abb. 6.6: Node-Red – Oberfläche

Das zentrale Element ist der mittlere Bereich mit den unterschiedlichen Flows. Über einzelne Tabs kann man die einzelnen Flows strukturieren.

In der linken Spalte ist die Werkzeugpalette angeordnet.

Die rechte Spalte ist für Informationen und das Debbuging vorbereitet.

Oberhalb der rechten Spalte ist ein Knopf platziert, der zum Speichern der Änderungen verwendet wird. Sobald eine Änderung im Flow erfolgt, wird dieser Knopf aktiviert und mit roter Farbe markiert. Mit Klick auf diesen Knopf mit der Beschriftung DEPLOY werden die Änderungen gespeichert und aktiviert (Abbildung 6.7).

Abb. 6.7: Node-Red: Änderungen speichern mit »deploy«

In Abbildung 6.6 sehen Sie den ersten Flow-Tab, der mit NODE-RED betitelt ist.

Im Flow selbst sind drei Nodes sichtbar, die miteinander verknüpft sind.

Werkzeugleiste

Die Werkzeugliste oder Node-Palette listet die einzelnen verfügbaren Nodes in Kategorien sortiert auf.

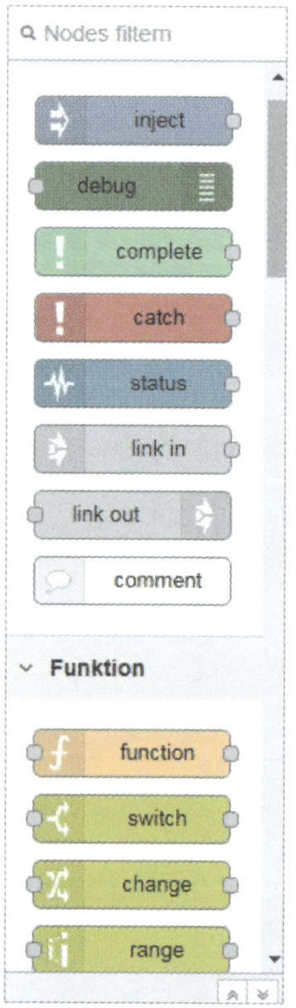

Abb. 6.8: Node-Red: Werkzeugpalette

Mit der Standard-Installation von Node-Red wird ein Standard-Set von Nodes mitgeliefert. Weitere Nodes können aus dem Internet geladen werden.

Über das Menü oben rechts kann die Menüstruktur der Node-Red-Verwaltung aufgerufen werden (Abbildung 6.9).

Unter dem Menüpunkt PALETTE VERWALTEN gelangen Sie in die Node-Verwaltung. Im Register INSTALLIEREN können Sie nach Nodes suchen. Im Beispiel suchen wir nach dem Dashboard-Node (Abbildung 6.10). Das Dashboard werden wir uns später noch im Detail anschauen.

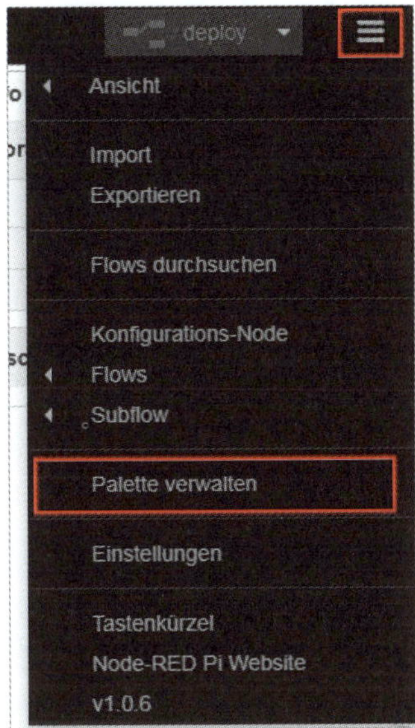

Abb. 6.9: Node-Red: Node-Palette verwalten

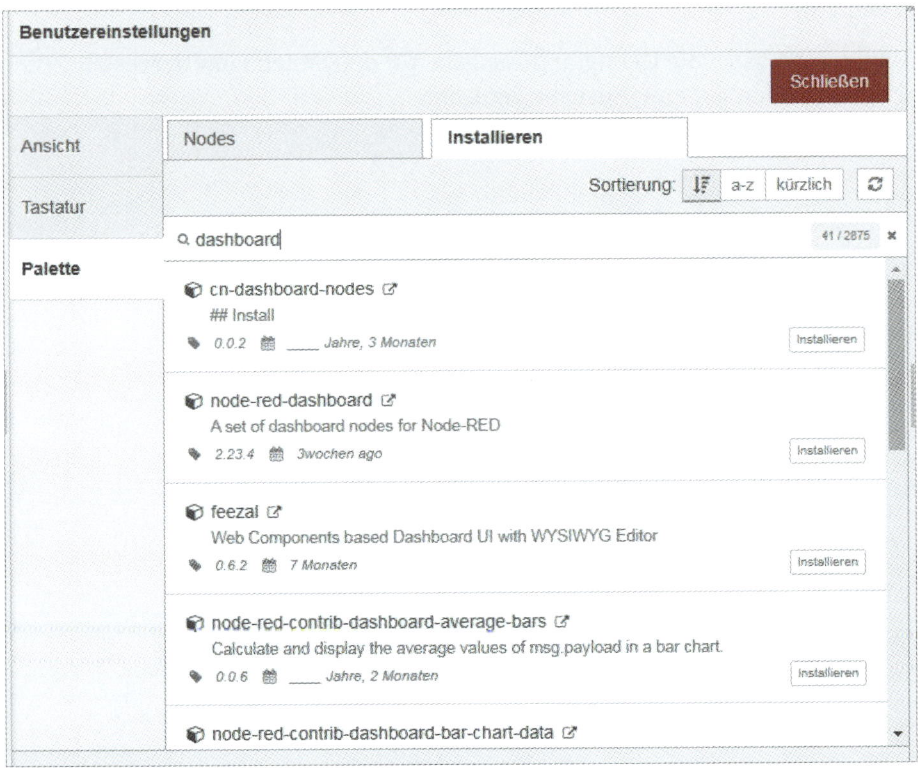

Abb. 6.10: Node-Red: verfügbare Nodes zum Installieren

Den gesuchten Node-Eintrag können Sie durch Klick auf INSTALLIEREN zur Installation wählen.

Nach der Bestätigung der Installation wird der gewählte Node installiert und in der Werkzeugpalette verfügbar gemacht (Abbildung 6.11).

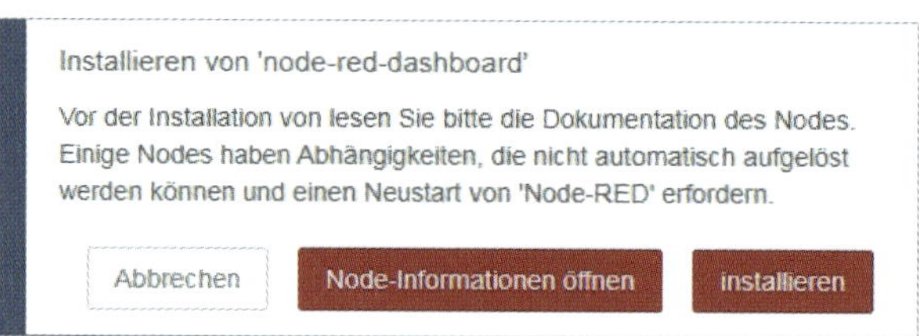

Abb. 6.11: Node-Red: Installation von Node bestätigen

Debug-Fenster

Das Debug-Fenster in der rechten Spalte beinhaltet sowohl ein Informationsregister als auch ein Debug-Register.

Im Debugging können Ausgaben, die via Debug-Node ausgegeben werden, dargestellt werden.

In Abbildung 6.12 ist die Debugging-Ausgabe für den ersten Flow dargestellt. Hier wird im Sekundentakt eine Ausgabe gemacht.

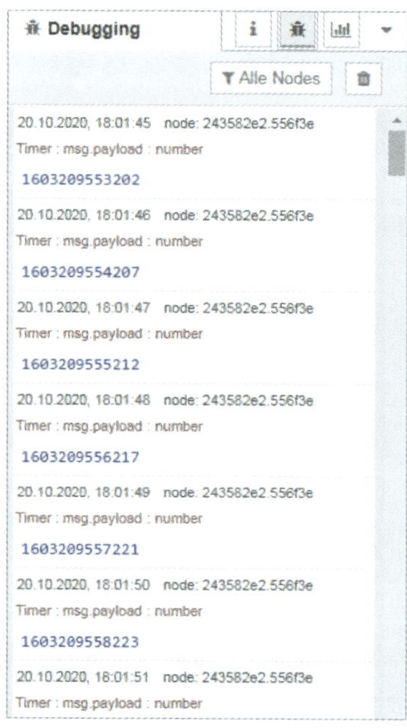

Abb. 6.12: Node-Red: Debugging-Ausgabe

Diese Debugging-Ausgabe ist sehr nützlich bei der Flow-Erstellung und zum Überwachen des Datenflusses.

6.4 Flows mit Node-Red

Ein Flow in Node-Red besteht aus mehreren Nodes, die miteinander verbunden sind (Abbildung 6.13).

Abb. 6.13: Node-Red: Flow mit Nodes

Hinter jedem Node versteckt sich eine Funktion beziehungsweise Aktion. Durch das Zusammenschalten der einzelnen Nodes kann man einfache oder komplexe Informationsflüsse realisieren.

Einen einzelnen Node können Sie mittels Drag&Drop aus der Werkzeugpalette auf den mittleren Flow-Bereich ziehen.

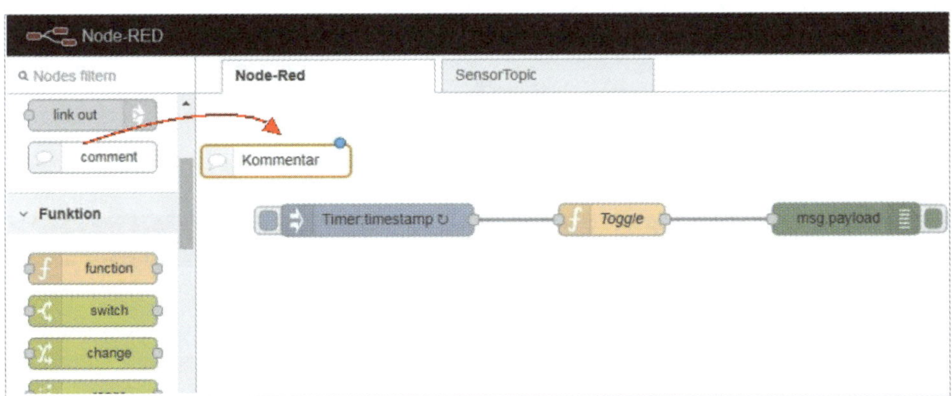

Abb. 6.14: Node-Red: Node wählen mit Drag&Drop

Im Flow-Bereich können Sie dann den Node nach Wunsch platzieren.

Der Beispiel-Node in Abbildung 6.14 ist ein Kommentar. Ein Kommentar ist nie mit einem anderen Node verbunden.

Platziert man nun zwei einzelne Nodes, die dann im Flow zusammengehören, muss anschließend eine Verbindung geschaffen werden.

Abb. 6.15: Node-Red: Nodes ohne Verbindung

Dazu müssen die in Abbildung 6.16 rot markierten Verbindungsstellen miteinander verbunden werden.

Abb. 6.16: Node-Red: Nodes verbinden

Mit gedrückter Maustaste (meist die Taste mit dem Zeigefinger) klicken Sie auf den ersten Verbindungspunkt. Wenn Sie nun die Taste gedrückt lassen und die Maus verschieben, sehen Sie den orange Verbindungsfaden. Führen Sie den Mauszeiger nun auf den zweiten Verbindungspunkt, bis dieser orange markiert ist.

Abb. 6.17: Node-Red: Nodes verbinden

Nun können Sie die Maustaste loslassen und die Verbindung zwischen den beiden Nodes ist erstellt (Abbildung 6.18).

Abb. 6.18: Node-Red: Nodes sind verbunden.

Hinweis

Beim Erstellen von Flows sind auf den einzelnen Nodes teilweise blaue Punkte sichtbar. Die blauen Punkte geben an, dass diese Nodes noch nicht gespeichert wurden. Sobald man mittels `deploy` den Flow speichert, verschwinden die blauen Punkte.

Eigenschaften der Nodes

Mit dem Platzieren einzelner Nodes und dem Verbinden mit anderen Objekten ist es meist nicht getan. Hinter den einzelnen Nodes aus der Werkzeugpalette verstecken sich oft umfangreiche Funktionen, die über die Eigenschaften des jeweiligen Nodes konfiguriert werden können.

Mit Klick auf einen Node, im Beispiel der `timestamp`-Node, öffnet sich das Eigenschaften-Fenster und verschiedene Konfigurationsmöglichkeiten werden aufgelistet (Abbildung 6.19).

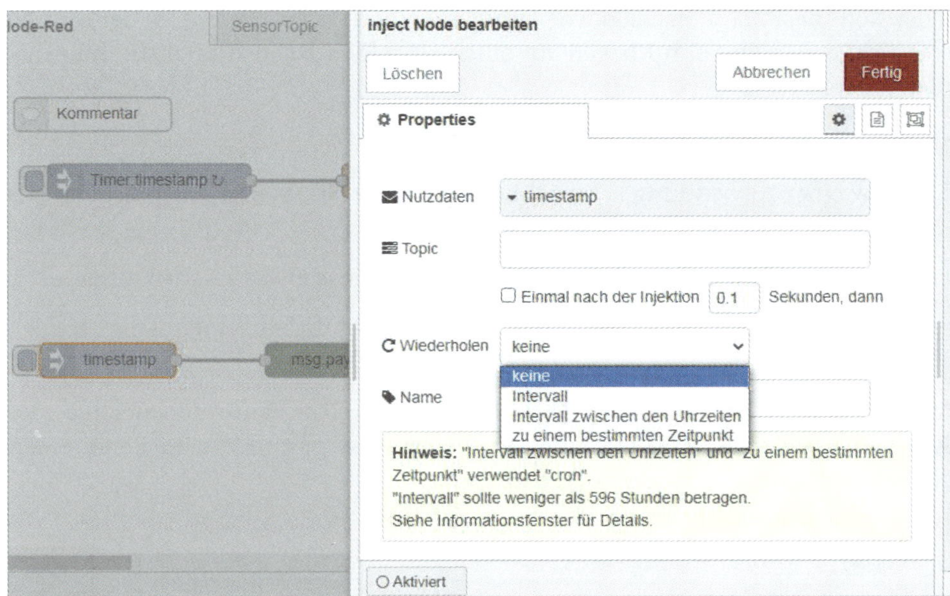

Abb. 6.19: Node-Red: Eigenschaften des Nodes

Der Node `timestamp` kann beispielsweise als Taktgeber (Intervall) mit einstellbarer Zeit verwendet werden (Abbildung 6.20).

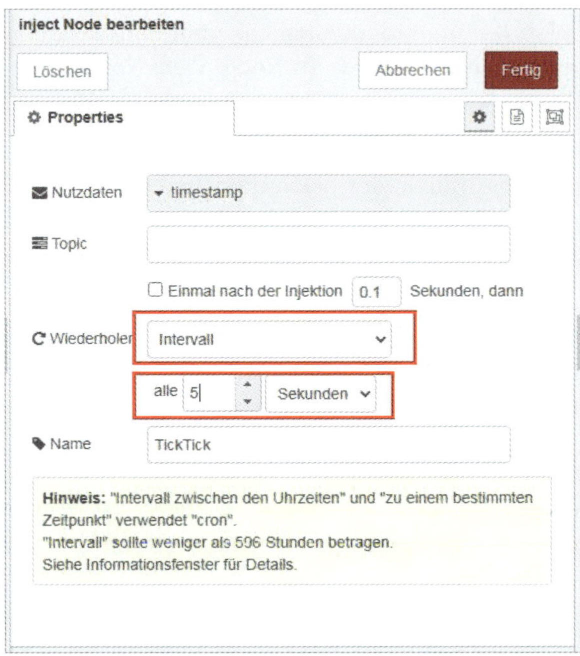

Abb. 6.20: Node-Red: Node-Eigenschaften für Intervall-Timer

Jeder Node besitzt unterschiedliche Funktionen und Eigenschaften. In der rechten Info-Spalte werden beim Klicken auf einen einzelnen Node zusätzliche Informationen dargestellt.

Mehrere Flows

Ein Flow einer Anwendung kann schnell aus vielen Nodes und entsprechend vielen Verbindungen zwischen ihnen bestehen.

Hat man verschiedene Datenflüsse, lohnt es sich, diese etwas zu strukturieren.

Ein hilfreiches Mittel ist dabei, die einzelnen Flows in einzelnen Tabs zu speichern.

Mit dem Pluszeichen am rechten Rand des Flow-Bereichs kann ein neuer Tab oder Reiter erstellt werden (Abbildung 6.21). Idealerweise gibt man dem Reiter einen sinnvollen Namen.

Abb. 6.21: Node-Red: neuen Tab oder Reiter erstellen

Flows mit JavaScript erweitern

Viele Funktionen können in Node-Red durch Zusammenstellen realisiert werden. Dabei kann der Anwender die vielen Konfigurationsmöglichkeiten der einzelnen Nodes nutzen. Informationen fließen dabei von Node zu Node. Viele Nodes besitzen dazu Ein- und Ausgänge.

Node-Red ist bekanntlich eine webbasierte Anwendung. Die Darstellung und die Funktion der einzelnen Nodes erfolgen mittels der bekannten Webtechnologien HTML und JavaScript. JavaScript als Skript-Sprache wird im Browser des Anwenders ausgeführt und ein Entwickler kann eigenen JavaScript-Code in seine Webseite einbauen.

Mit eigenem JavaScript-Code können Sie somit die Funktionalität Ihrer Flows erweitern oder anpassen. Der für solche Funktionserweiterungen vorgesehene Node ist in der Werkzeugleiste mit FUNCTION bezeichnet (Abbildung 6.22).

Abb. 6.22: Node-Red: Funktions-Node

Dieser Funktions-Node hat standardmäßig einen Eingang und einen Ausgang.

In Abbildung 6.23 ist der ganze Flow zum Toggeln dargestellt.

Abb. 6.23: Node-Red: Toggle-Flow

Nachdem Sie den Funktions-Node auf die Arbeitsfläche gezogen haben, können Sie ihn mit einem Doppelklick bearbeiten. Es öffnet sich ein Eigenschaften-Fenster, über das Sie einen Titel und Funktionscode eingeben können (Abbildung 6.24). Am unteren Ende des Fensters kann zusätzlich die Anzahl der Ausgänge angegeben werden.

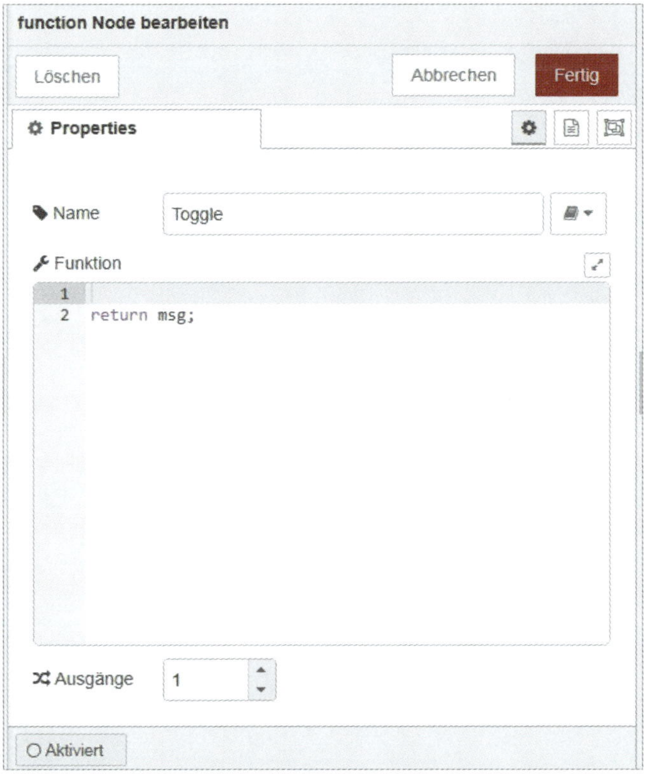

Abb. 6.24: Node-Red: Funktions-Node bearbeiten

Der Funktionsblock in diesem Beispiel wird mit TOGGLE betitelt und soll einen Input vom Inject-Node, der als Intervall läuft, auswerten und jeweils den Ausgang von 1 auf 0 und zurück schalten (Vorgang wird auch als Toggeln bezeichnet).

Der lauffähige Code ist im Codebereich eingetragen und gespeichert. (Abbildung 6.25).

Name: Toggle

Funktion

```
var count=context.get('count') || 0;
count +=1;
var schalter ="";
if (count % 2 !== 0)
{
    schalter="ON";
}
else
{
    schalter = "OFF";
}
msg.payload=schalter;
context.set('count',count);
return msg;
```

Abb. 6.25: Node-Red: JavaScript-Code für Toggle

Über den Debug-Node kann nun die Ausgabe im Debug-Fenster überprüft werden. Die Ausgabe toggelt zwischen den Werten ON und OFF (Abbildung 6.26).

Abb. 6.26: Node-Red: Debug-Ausgabe

In diesem JavaScript-Code wird zuerst eine Variable `count` deklariert, falls diese noch nicht existiert, und ein Wert 0 zugewiesen (`smarthome_kap6_funktion_toogle.txt`):

```
var count=context.get('count') || 0;
```

Nun wird der Wert von `count` um 1 erhöht:

```
count +=1;
```

In der Variablen wird ein leerer String gespeichert:

```
var schalter ="";
```

Jetzt wird mit der Modulo-Funktion geprüft, ob die Zahl gerade ist. Dies ist der Fall beim Resultat 0.

Wenn das Resultat 0 ist, wird in der Variablen `schalter` ein String mit `ON` gespeichert, andernfalls ist der String-Wert `OFF`:

```
if (count % 2 !== 0)
{
    schalter="ON";
}
else
{
    schalter = "OFF";
}
```

Die Payload, die sogenannte Nutzlast, beinhaltet den String mit der zu übertragenden Nachricht. In diese Payload wird nun der Zählerstand gespeichert:

```
msg.payload=count;
```

Der Zählerstand wird im Context-Store der Variablen `count` zugewiesen:

```
context.set('count',count);
```

Zum Schluss wird die Nachricht `msg` zurückgegeben und gelangt zum nächsten Node. In diesem Fall zum Ausgabe-Node:

```
return msg;
```

Das Eingabefeld für den Code ist nicht nur eine Texteingabe, sondern beinhaltet eine Code-Validierung.

Falls ein Fehler in der Syntax vorhanden ist, wird dies mit verschiedenen Zeichen ausgegeben. In Abbildung 6.27 ist die Modulo-Funktion fehlerhaft. Es fehlt die Zahl 0 für den korrekten Vergleich.

Funktion

```
var count=context.get('count') || 0;
count +=1;
var schalter ="";
if (count % 2 !== )
{
    schalter="ON";
}
else
{
    schalter = "OFF";
}
msg.payload=schalter;
context.set('count',count);
return msg;
```

Abb. 6.27: Node-Red: JavaScript-Code mit Fehler

6.5 MQTT mit Node-Red

Das Einlesen und Ausgeben von MQTT-Topics ist recht simpel und kann mit den beiden Nodes `mqtt in` und `mqtt out` realisiert werden (Abbildung 6.28).

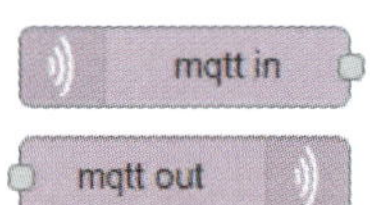

Abb. 6.28: Node-Red: MQTT-Nodes

Das Abonnieren und Ausgeben eines Topics, in unserem Fall des bereits getesteten Topics `SensorTopic`, ist in Abbildung 6.29 abgebildet.

Abb. 6.29: Node-Red: MQTT-Flow

Mit Klick auf den MQTT-Node können die Eigenschaften eingetragen werden. In diesem Fall sind das der MQTT-Server und der Name des Topics (Abbildung 6.30).

Die weiteren Einstellungen in diesem Fenster können mit den Standard-Einstellungen übernommen werden.

Das Feld QoS bezeichnet das MQTT-Feature `Quality of Service`. Damit wird die Zuverlässigkeit der Nachrichtenzustellung definiert. MQTT kennt drei Stufen, die mit 0, 1 oder 2 definiert werden. Genau diese drei Werte können im Eigenschaften-Fenster des MQTT-Servers eingetragen werden.

Die drei Stufen des QoS sind in Tabelle 6.2 beschrieben:

Quality-of-Service-Stufe	Beschreibung
0	Nachrichtenversand einmalig Keine Prüfung, ob erhalten
1	Nachricht wird versendet Empfänger bestätigt dem Sender Nachrichtenempfang
2	Nachricht wird versendet Nachricht kommt garantiert an und garantiert nur einmal

Tabelle 6.2: MQTT – Quality of Service (QoS)

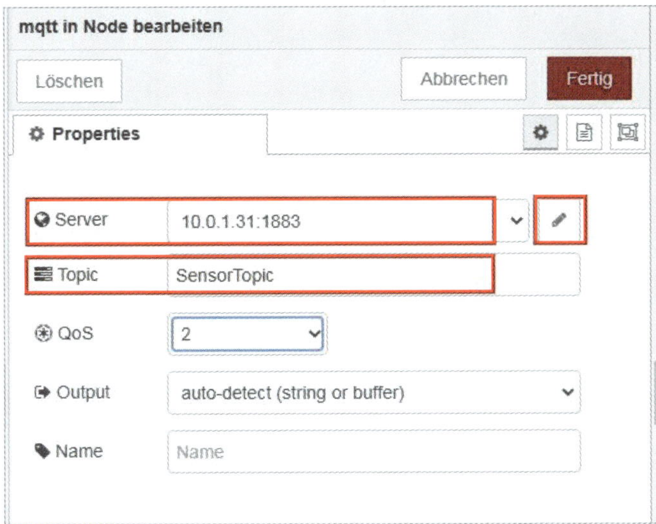

Abb. 6.30: Node-Red: MQTT-Topic

Über das Auswahlmenü kann ein bestehender Server ausgewählt oder ein neuer Server erfasst werden (Abbildung 6.31).

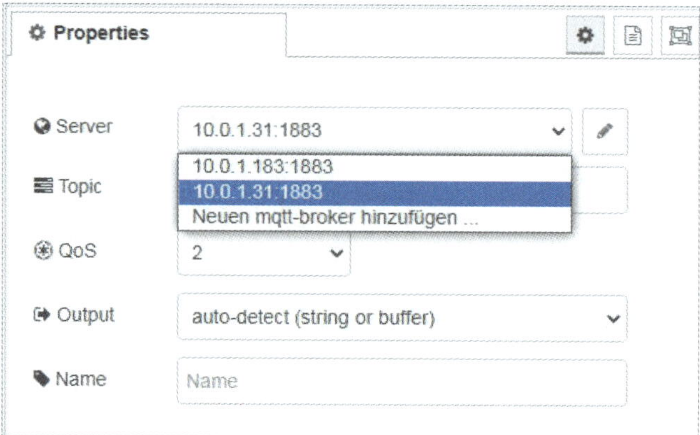

Abb. 6.31: Node-Red: MQTT-Server

Ein bestehender Server kann mittels der Editier-Funktion mit dem Stift bearbeitet werden (Abbildung 6.32).

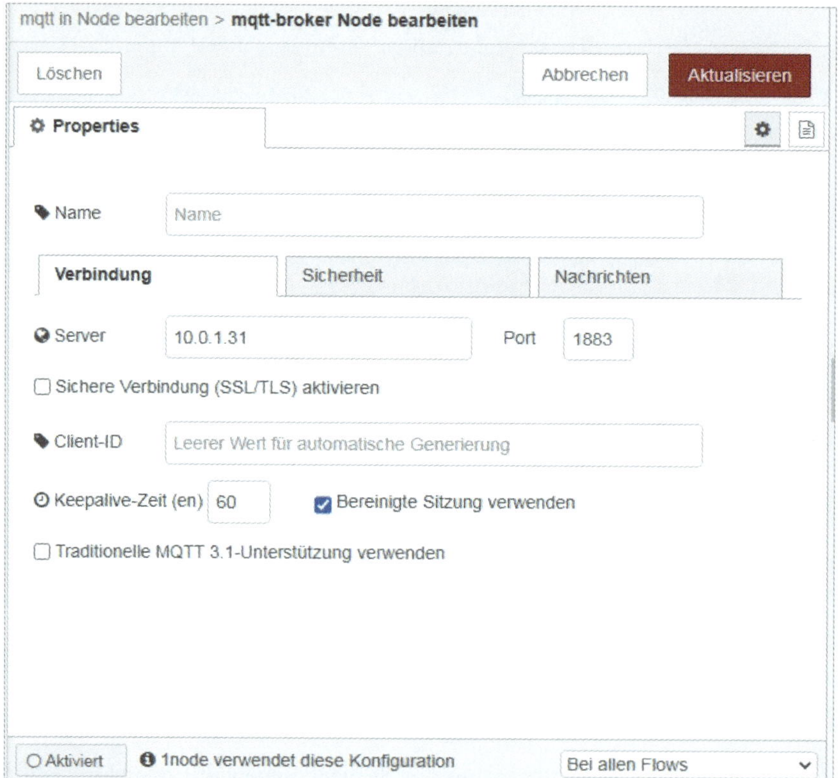

Abb. 6.32: Node-Red: MQTT-Server bearbeiten

Wird nun über das Terminal ein Wert auf den Topic `SensorTopic` publiziert (Abbildung 6.33), wird dieser dann umgehend im Debug-Fenster von Node-Red ausgegeben (Abbildung 6.34).

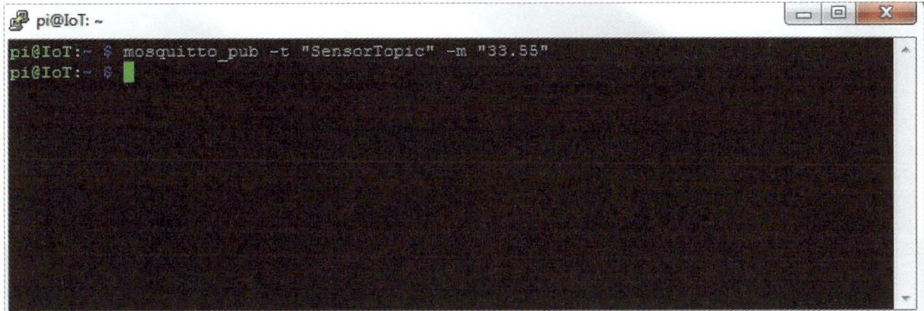

Abb. 6.33: Node-Red: Publizieren von Topic-Daten

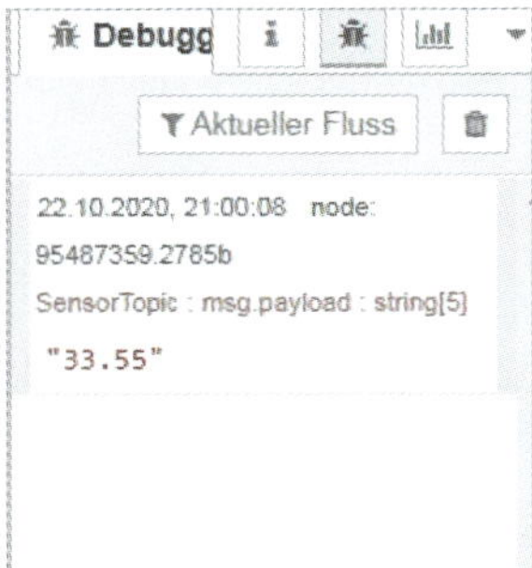

Abb. 6.34: Node-Red: Abonnierter Topic im Debug-Fenster

In der Praxis wird eine von einem Topic empfangene Nachricht im Flow weiterverarbeitet oder an eine Ausgabefunktion weitergegeben.

Im nachfolgenden Abschnitt wird das Node-Red-Dashboard in Betrieb genommen. Über das Dashboard können Sensordaten übersichtlich dargestellt werden.

6.6 Node-Red-Dashboard

Das Node-Red-Dashboard ist eine nützliche Erweiterung, die in keiner Node-Red-Installation fehlen darf.

Nach der Installation der Dashboard-Palette, wir haben diese bereits bei der Einführung von Node-Red (Abschnitt 6.3) installiert, stehen Ihnen in der Werkzeugpalette Nodes zur Erstellung von Bedienelementen und Anzeigen zur Verfügung (Abbildung 6.35).

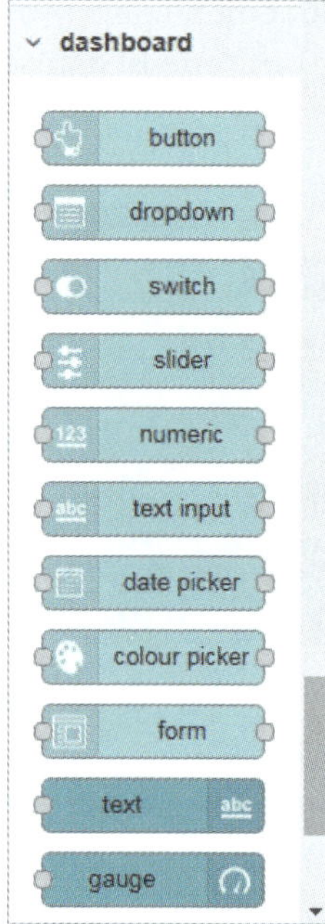

Abb. 6.35: Node-Red: Werkzeugpalette des Dashboards

Diese einzelnen Nodes für Eingabe oder Ausgabe auf Ihrem Informationsbildschirm können wie alle Nodes in den eigenen Flow integriert werden.

In Abbildung 6.36 ist ein Flow dargestellt, der einen Schiebeschalter (Sonoff) als Eingabeelement und zwei Anzeigeelemente in Form eines Zeigerinstruments (Gauge) und eines Grafik-Diagramms (On/Off) enthält.

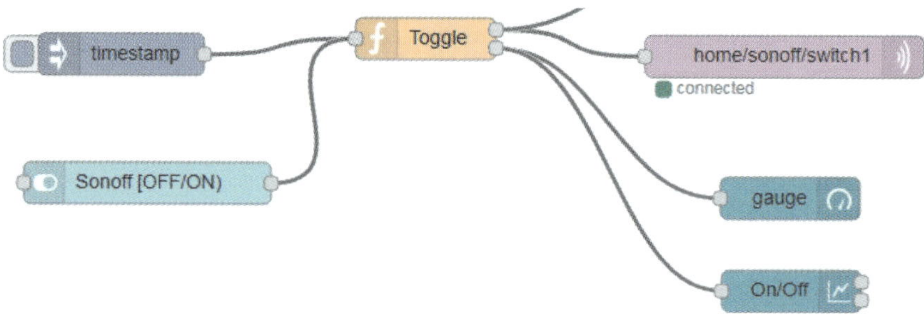

Abb. 6.36: Node-Red: Flow mit Dashboard-Nodes

Im Dashboard schlussendlich sehen die Ein- und Ausgabe-Nodes gemäß Abbildung 6.37 aus. Mit dem Schiebeschalter kann ein Sonoff-Schaltelement ein- und ausgeschaltet werden.

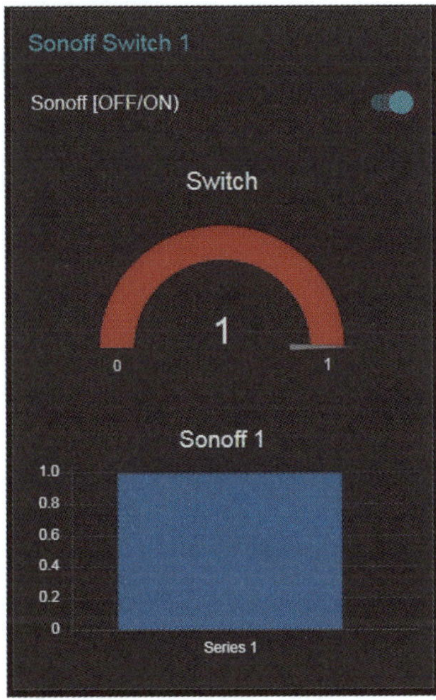

Abb. 6.37: Node-Red: Dashboard

Aufruf Dashboard

Das Dashboard wird über die folgende Adresse aufgerufen:

`http://IP-des-Raspberry:1880/ui/`

Beim Erstaufruf ohne konfiguriertes Dashboard erscheint ein Informationsbildschirm (Abbildung 6.38).

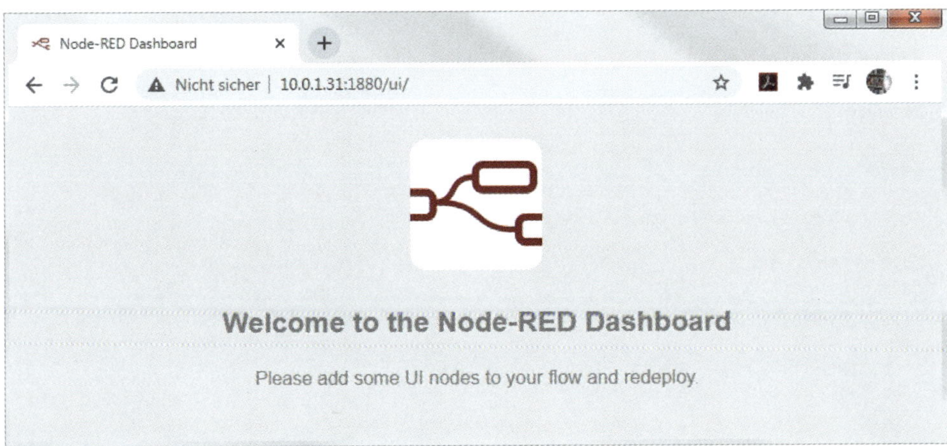

Abb. 6.38: Node-Red: Dashboard-Startseite

Dashboard erstellen

Bei der Erstellung eines Dashboards wird im ersten Schritt immer ein Flow mit den nötigen Eingabe- und Ausgabe-Nodes erstellt.

Im ersten Beispiel wird ein Schalter auf dem Dashboard platziert. Der Status (Ein/Aus) wird auf einem Zeigerinstrument angezeigt. Für den Flow benötigt man einen Switch-Node und einen Gauge-Node (Abbildung 6.39).

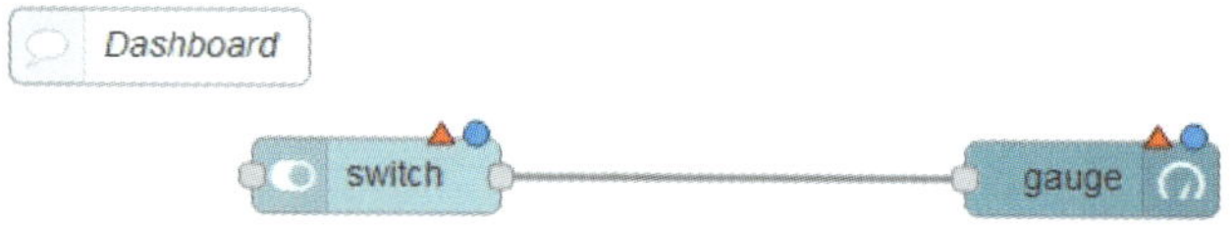

Abb. 6.39: Node-Red: Dashboard-Flow

Mit Doppelklick auf den Schalter-Node können Sie die Eigenschaften bearbeiten.

Der Node bekommt die Bezeichnung `Ein/Aus`, die über das Label erfasst werden. Für die Anzeige auf dem Dashboard muss das Element einer `ui_group` (Group) zugewiesen werden. Dies ist die Zuordnung zum jeweiligen Dashboard (Abbildung 6.40).

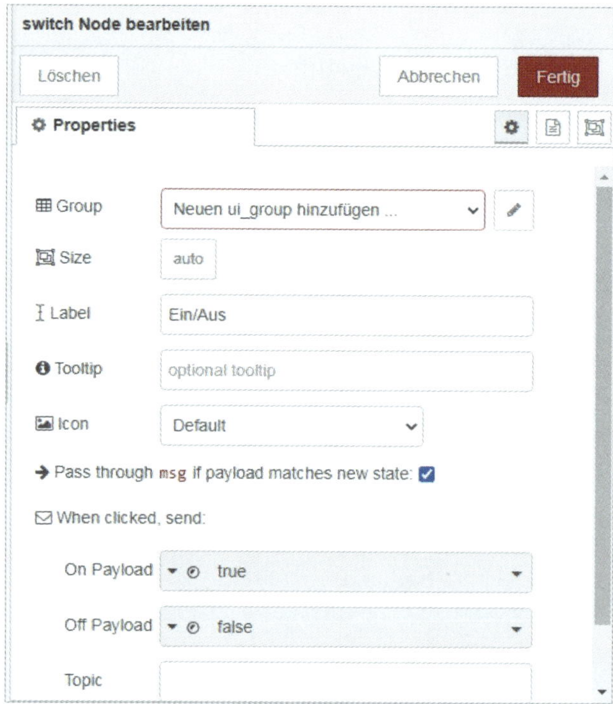

Abb. 6.40: Node-Red: Eigenschaften-Switch

Darum muss zuerst mit dem Stiftzeichen eine neue Gruppe definiert werden. Wir nennen sie `Smarthome`.

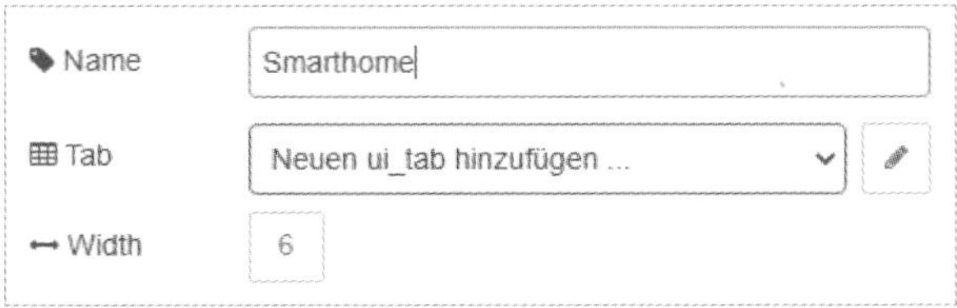

Abb. 6.41: Node-Red: Gruppe

Der nächste Schritt ist die Erstellung eines Tabs, also eines Menüpunkts in der Navigation, über den das Dashboard mit dem Schalter erreicht werden kann.

Mit dem Stiftzeichen kann ein neues `ui_tab` erstellt werden.

Wir nennen es `Home`.

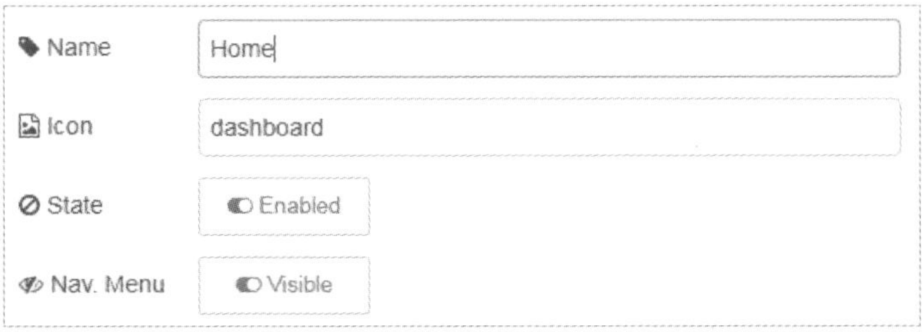

Name | Home
Icon | dashboard
State | Enabled
Nav. Menu | Visible

Abb. 6.42: Node-Red: UI-Tab erstellen

Nach Hinzufügen und FERTIG ist die Gruppe und der Navigationspunkt erstellt.

Nun werden noch die Werte in der Payload definiert. Dazu verwenden wir Zahlenwerte (Number). Bei `On Payload` wird eine 1, bei `Off Payload` eine 0 geliefert (Abbildung 6.44).

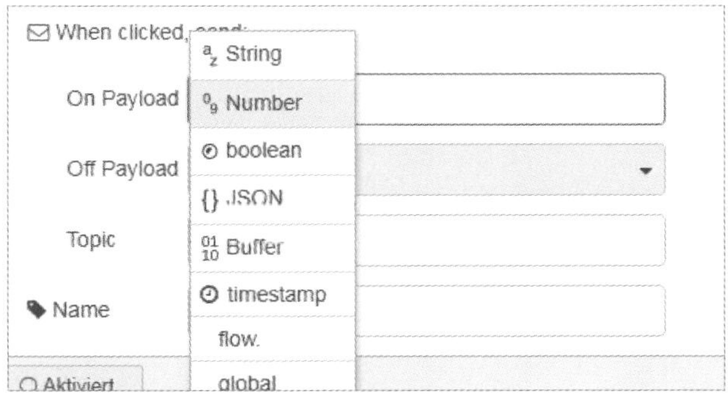

Abb. 6.43: Node-Red: Payload-Werte I

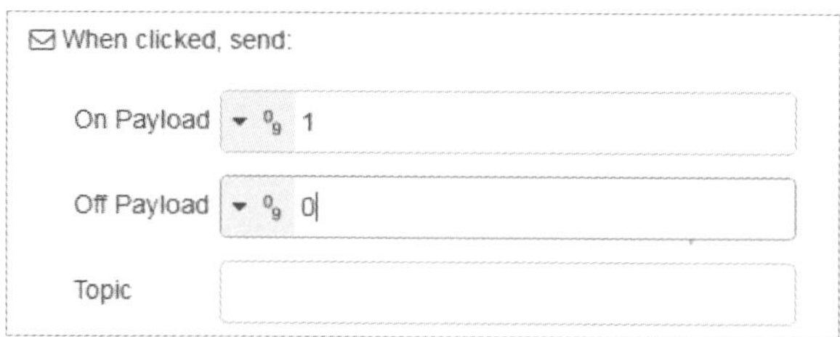

Abb. 6.44: Node-Red: Payload-Werte II

Nun kann der Flow mit DEPLOY gespeichert werden.

In der DEBUG-Spalte unter DASHBOARD findet man den Tab HOME mit der Node-Gruppe SMARTHOME (Abbildung 6.45).

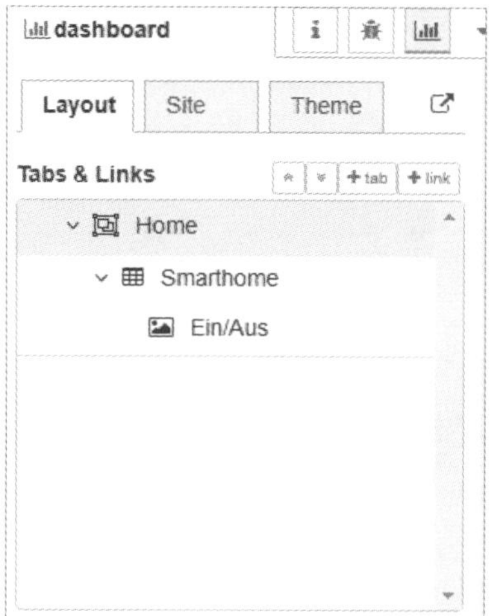

Abb. 6.45: Node-Red: Dashboard-Struktur

Nun wird noch der Gauge-Node mit einem Doppelklick bearbeitet.

Der Node bekommt das Label SCHALTER und der Wertebereich (RANGE) wird von 0 bis 1 gesetzt.

Die Gruppenzuordnung zu SMARTHOME belassen wir. So erscheint das Zeigerinstrument im gleichen Dashboard und in der gleichen Gruppe wie der Schalter.

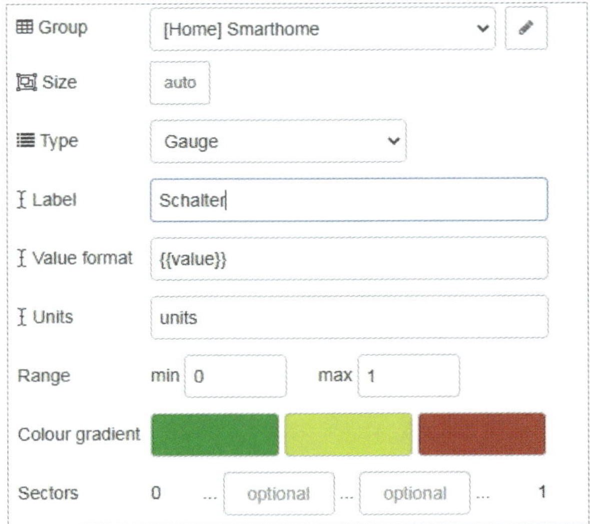

Abb. 6.46: Node-Red: Gauge-Node, Eigenschaften setzen

Nach dem Speichern kann das Dashboard aufgerufen werden. Dazu geben Sie die Adresse im Browser ein oder verwenden aus der Dashboard-Struktur-Anzeige den Link mit dem Pfeil (Abbildung 6.47).

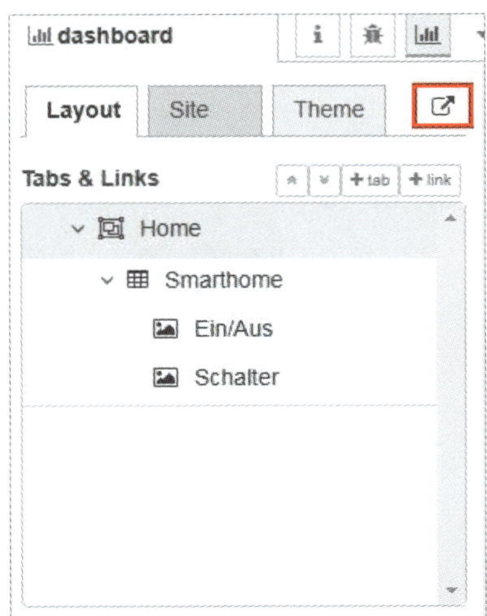

Abb. 6.47: Node-Red: Aufruf Dashboard

Jetzt öffnet sich ein neuer Browser-Reiter und das Dashboard wird angezeigt (Abbildung 6.48).

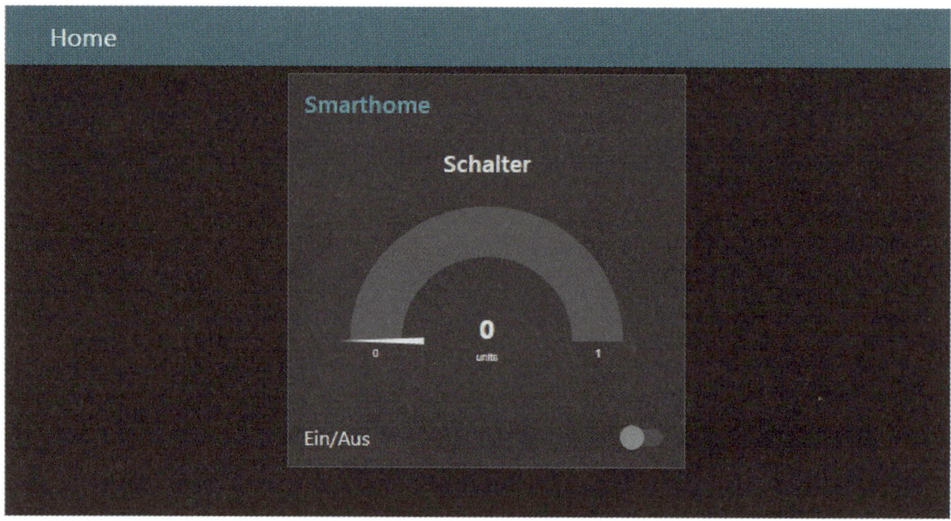

Abb. 6.48: Node-Red: Dashboard mit Schalter (AUS)

Mit der Betätigung des Schiebeschalters kann der Schalter eingeschaltet werden (Abbildung 6.49).

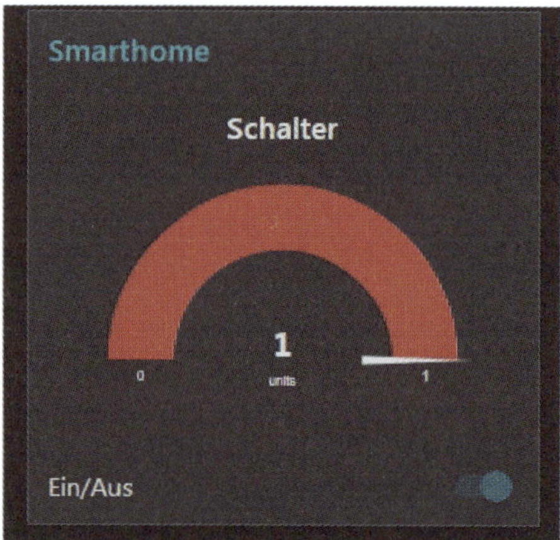

Abb. 6.49: Dashboard mit Schalter (EIN)

Damit ist das erste Dashboard erstellt.

Die Schalterbetätigung hat in diesem Flow noch keine Funktion. Hierzu muss der Fluss mit einem Ausgang eines Boards oder einem Topic (`mqtt out`) verbunden werden.

6.7 Praxisbeispiel: Anzeige des Node-Red-Dashboards auf mobilen Geräten

Das Dashboard als zentrale Visualisierung des Smartphones bringt natürlich das Bedürfnis, dass man die Daten im ganzen Haus nutzen möchte und nicht nur am zentralen Computer im Büro.

Da Node-Red und sein Dashboard browserbasierte Anwendungen sind, kann das Dashboard einfach über ein portables Gerät wie Smartphone oder Tablet aufgerufen werden.

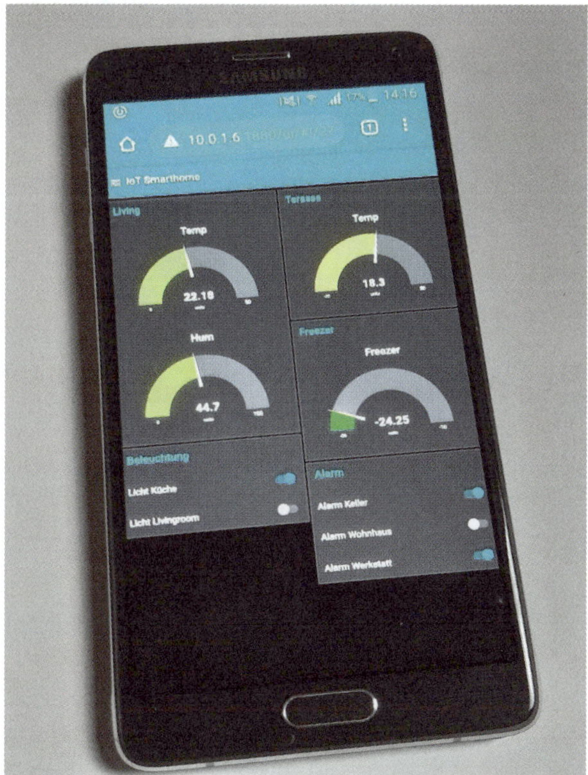

Abb. 6.50: Node-Red: Dashboard auf Smartphone

In Abbildung 6.50 ist mein Smarthome-System auf meinem Smartphone abgebildet. Somit können die Sensordaten und die Lichtschalter innerhalb des heimischen Netzwerks aufgerufen werden.

Kleine 5-Zoll-Bildschirme mit einem Raspberry Pi Zero sind im Haus verteilt und visualisieren einzelne Funktionen.

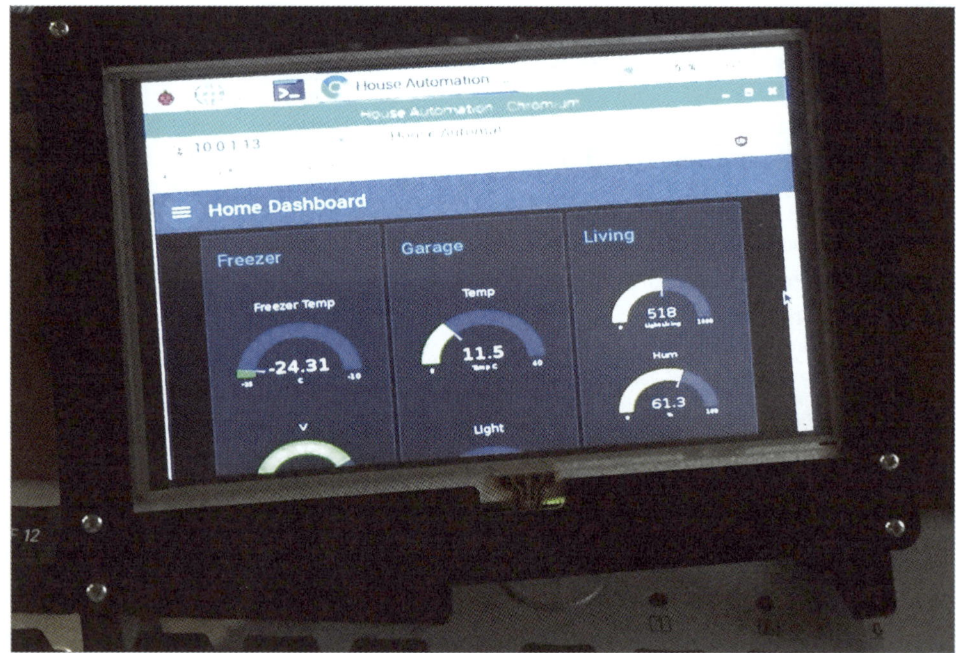

Abb. 6.51: Node-Red: Dashboard mit Einzelfunktionen

6.8 Praxisbeispiel: Serielle Daten von Arduino Uno empfangen

Das Arduino-Board eignet sich bekanntlich optimal als Logik-Board für die Erfassung von Sensordaten. Für die meisten Sensoren gibt es mittlerweile eine Lösung und Beispiele für Arduino.

Das Erfassen der Sensordaten ist der erste Schritt, im zweiten Schritt müssen diese Daten verarbeitet und visualisiert werden. Das ist eine optimale Aufgabe für den Raspberry Pi und Node-Red.

Basierend auf dem Diagramm aus Kapitel 1 zeigt Abbildung 6.52 die Verbindung des Arduino über USB mit dem Raspberry Pi. Am Arduino-Board selbst sind verschiedene Sensoren zur Datenerfassung angeschlossen.

Die Sensordaten werden anschließend in einem definierten Format über die serielle Schnittstelle ausgegeben. Als Sensor wird im nachfolgenden Beispiel ein Helligkeitssensor vom Typ BH1750 verwendet.

Der Raspberry Pi liest dann die vom Arduino gesendeten seriellen Daten ein. Dazu wird eine Funktion in Node-Red eingesetzt.

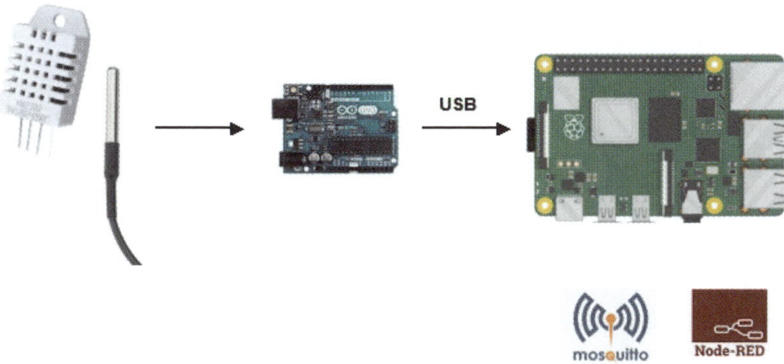

Abb. 6.52: Arduino als Sensor-Board

Stückliste (Helligkeitssensor)

- 1 Arduino Uno
- 1 BH1750
- 1 Breadboard
- Jumper-Wires

Der BH1750 ist ein digitaler Sensor, um die Helligkeit im Bereich von 1 bis 65535 Lux zu messen. Die Ansteuerung des Sensors erfolgt über den I2C-Bus, wobei der BH1750 standardmäßig über die Busadresse `0x23 HEX` angesprochen wird.

In Abbildung 6.53 ist der Steckbrett-Aufbau für die Sensor-Abfrage abgebildet. Im ersten Schritt wird der Sensor in Betrieb genommen. Anschließend werden die seriellen Daten für die Übertragung an den Raspberry Pi konfiguriert.

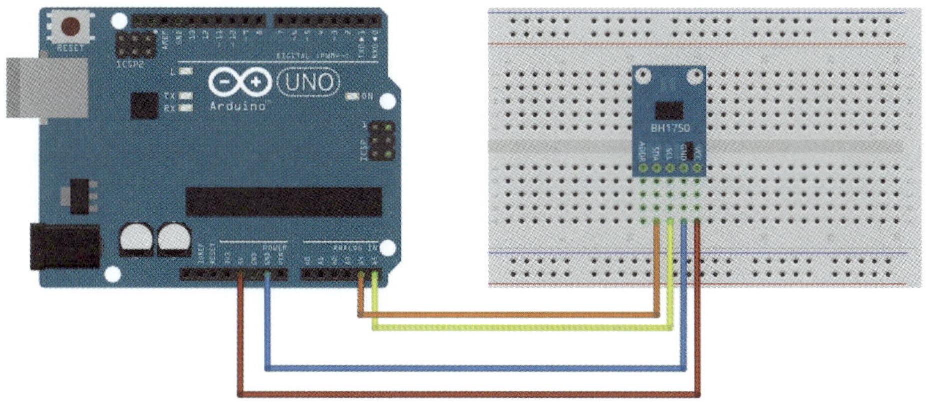

Abb. 6.53: BH1750-Helligkeitssensor – Steckbrett-Aufbau

Dank der Ansteuerung über den I2C-Bus ist die Verdrahtung und auch die anschließende Verarbeitung im Programm recht einfach.

Über den Bibliotheksmanager der Arduino-Entwicklungsumgebung kann die zugehörige Funktionsbibliothek installiert werden. Im Beispiel wird die Bibliothek von Christopher Laws eingesetzt (Abbildung 6.54).

`https://github.com/claws/BH1750`

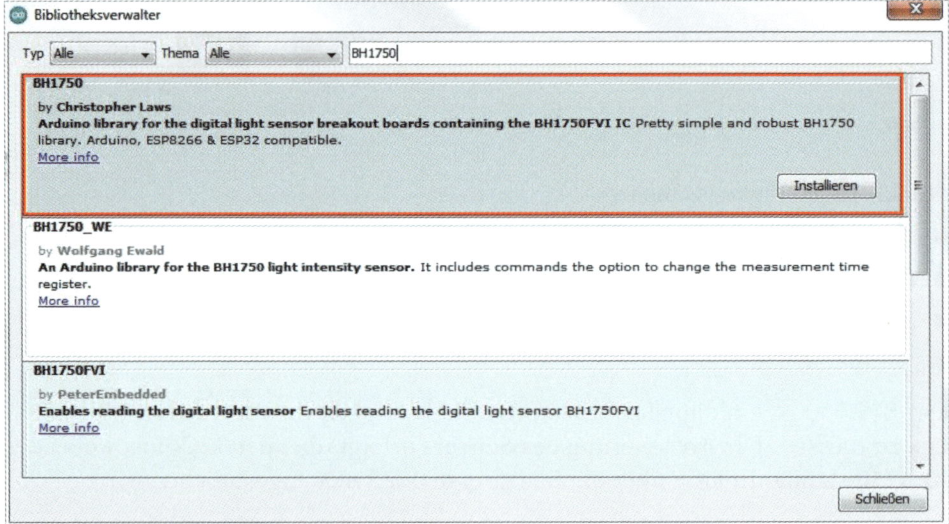

Abb. 6.54: BH1750 – Arduino-Bibliothek

Nach der Installation der Bibliothek kann das Beispiel aus dem Buch-Download hochgeladen werden.

Im seriellen Monitor wird nun alle 5 Sekunden ein Messwert in Lux ausgegeben (Abbildung 6.55).

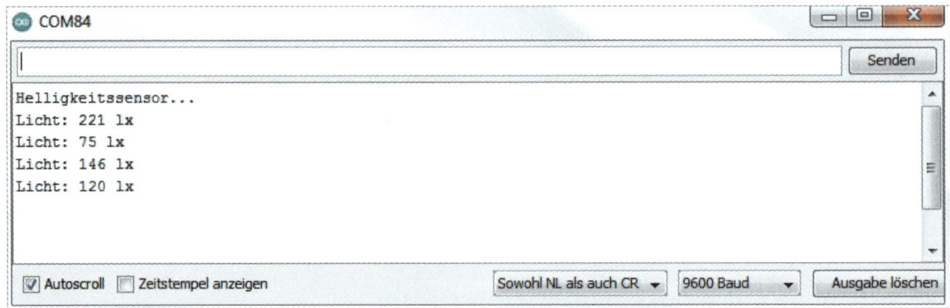

Abb. 6.55: Helligkeitssensor mit BH1750 – Ausgabe im seriellen Monitor

Im Programmcode werden zuerst die Bibliotheken in den Code eingebunden. Die Wire-Bibliothek wird dabei für die I2C-Kommunikation verwendet (smarthome_kap6_bh1750.ino).

```
#include <Wire.h>
#include <BH1750.h>
```

Nun wird die Variable valLux für den Messwert deklariert:

```
int valLux=0;
```

Anschließend wird ein Sensor-Objekt lightMeter erstellt.

```
BH1750 lightMeter;
```

In der Setup-Funktion werden die serielle Schnittstelle sowie die I2C-Kommunikation gestartet. Zusätzlich startet die Abfrage des Sensors.

```
void setup()
{
  Serial.begin(9600);
  Wire.begin();
  lightMeter.begin();
  Serial.println("Helligkeitssensor...");
}
```

Im Hauptprogramm wird nun mit readLightLevel() der aktuelle Helligkeitswert in Lux abgefragt und an die serielle Schnittstelle ausgegeben.

Nach einer Wartezeit von 5 Sekunden erfolgt der nächste Messzyklus:

```
void loop()
{
  valLux = lightMeter.readLightLevel();
  Serial.print("Licht: ");
  Serial.print(valLux);
  Serial.println(" lx");
  delay(5000);
}
```

Die serielle Ausgabe aus Abbildung 6.55 ist für die Nutzung am Bildschirm gedacht. Für die Weitergabe an den Raspberry Pi wird die Datenausgabe angepasst. Die Struktur des seriellen Datenstroms sieht wie folgt aus:

`DSensorID,Sensorwert!`

Der Datenstrom besteht aus einer `SensorID`, die mit einem Buchstaben `D` als Startzeichen beginnt. Dann kommt der `Sensorwert`, der mit einem Ausrufezeichen abgeschlossen wird. Als Trennzeichen wird ein Komma verwendet.

Im Programmcode wird zusätzlich eine Variable `SensorID` für die Identifikation des Sensors deklariert. Bei der seriellen Ausgabe wird die Übertragungsgeschwindigkeit auf 115200 Baud vergrößert. Zusätzlich werden alle Textausgaben entfernt und der Datenstring mit `serial.print()` zusammengestellt (`smarthome_kap6_bh1750_serial_output.ino`).

```
Serial.print("D");
Serial.print(SensorID);
Serial.print(",");
Serial.print(valLux);
Serial.println("!");
```

Die Datenausgabe im seriellen Monitor ist in Abbildung 6.56 dargestellt. Im Beispiel ist die ID des Lichtsensor-Boards mit 20 gewählt.

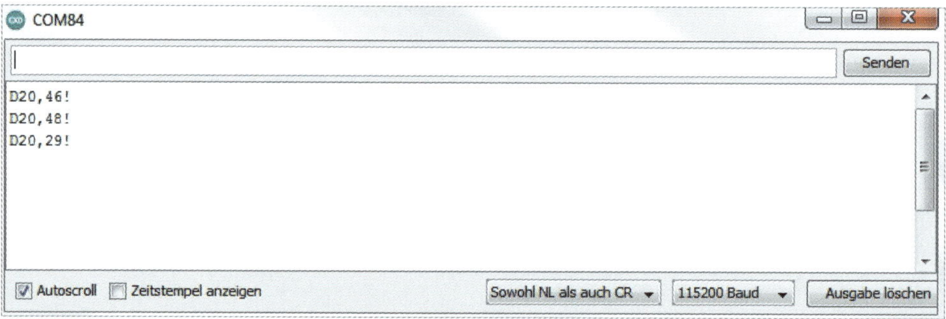

Abb. 6.56: Lichtmesser mit Datenausgabe

Damit ist der Teil mit dem Arduino Uno als Sensor-Board vorbereitet.

Konfiguration Node-Red

Auf dem Raspberry Pi wird nun Node-Red aufgerufen und ein neuer Flow mit dem Namen `Sensor` erstellt (Abbildung 6.57).

Abb. 6.57: Node-Red: Neuer Flow

Im Flow wird ein Kommentar-Node, der Node `serial in` sowie ein Debug-Node für die Ausgabe platziert (Abbildung 6.58).

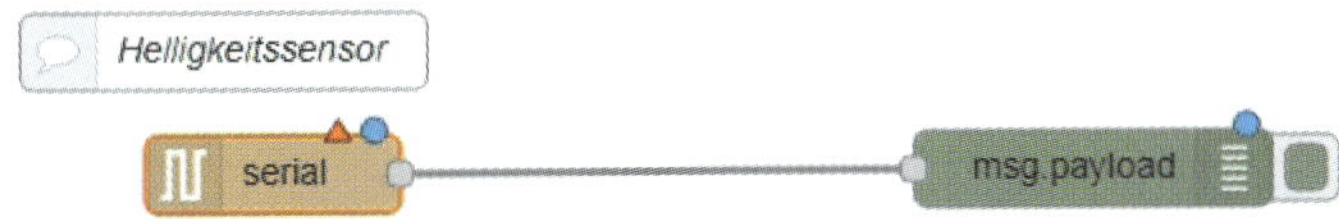

Abb. 6.58: Node-Red: serieller Datenempfang

Bei Doppelklick auf den seriellen Node öffnet sich die Konfiguration der USB-Schnittstelle (Abbildung 6.59).

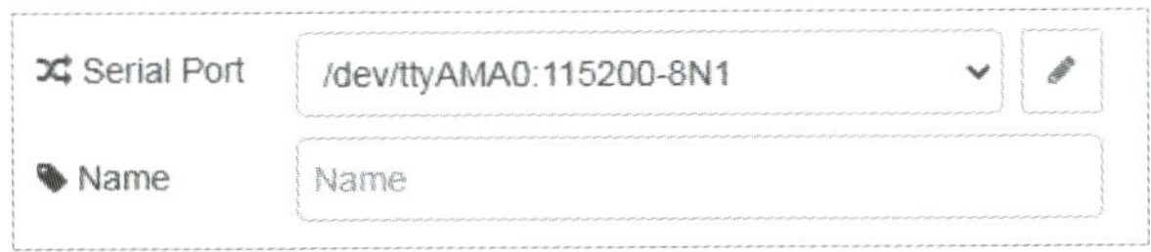

Abb. 6.59: Node-Red: Serielle Schnittstelle

Mit dem Schreibstift können Sie die Konfiguration vornehmen. Im ersten Schritt müssen Sie aber den richtigen seriellen Port ermitteln (Abbildung 6.60).

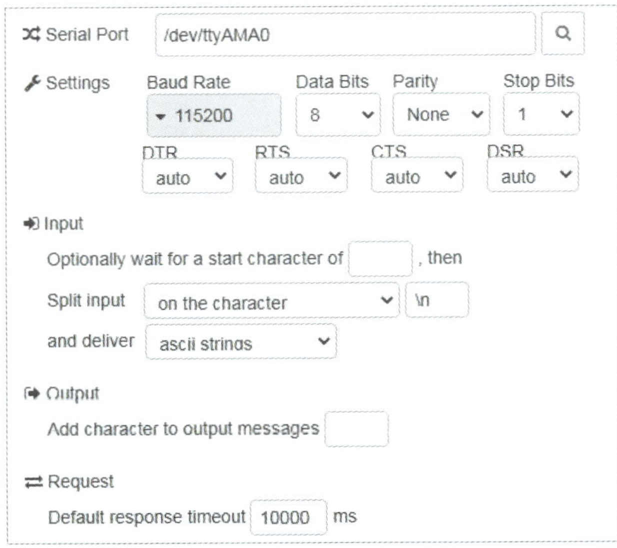

Abb. 6.60: Node-Red: Konfiguration des seriellen Ports

Durch Klick auf den Such-Knopf erscheinen die vorhandenen seriellen Schnittstellen. Im Beispiel erscheint nur `ttyAMA0` (Abbildung 6.61).

Abb. 6.61: Node-Red: Serielle Schnittstellen

Wird nun das Arduino-Board an einen USB-Anschluss des Raspberry Pi angehängt, erscheint bei der Suchfunktion ein weiterer serieller Anschluss (Abbildung 6.62).

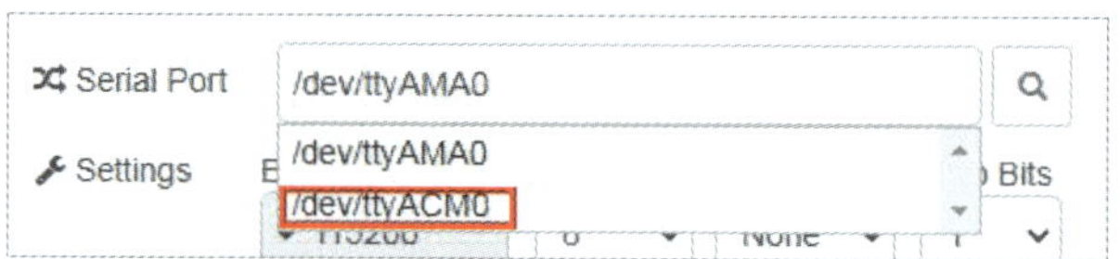

Abb. 6.62: Node-Red: Weitere serielle Schnittstellen

Der serielle Port `/dev/ttyACM0` ist somit der Anschluss mit dem Arduino. Somit wird dieser Anschluss gewählt und die Baud-Rate auf 115200 gesetzt (Abbildung 6.63).

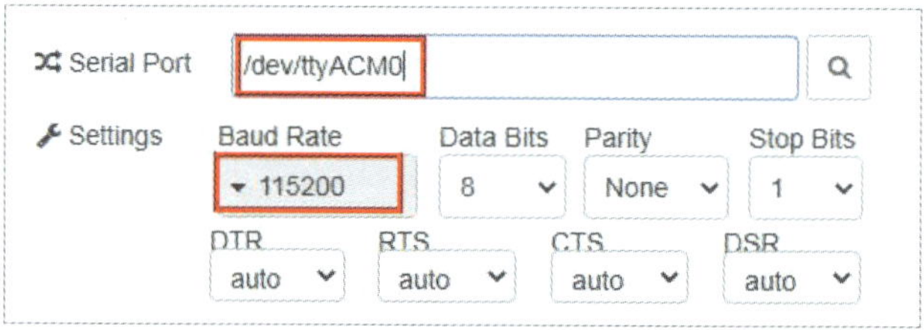

Abb. 6.63: Node-Red: Serielle Schnittstelle mit Arduino

Der Eintrag kann nun aktualisiert und fertiggestellt werden.

Auf dem Flow ist der serielle Port korrekt konfiguriert. Der Node bekommt einen grünen Punkt mit dem Hinweis VERBUNDEN (Abbildung 6.64).

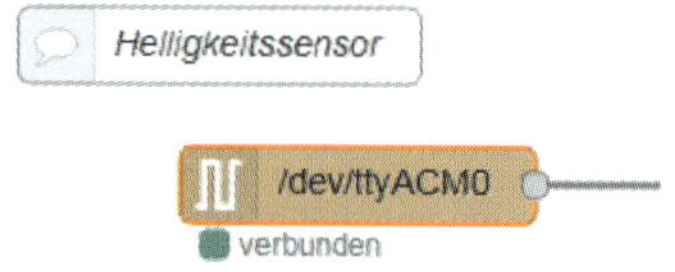

Abb. 6.64: Node-Red: Serieller Port ist verbunden.

Im Debug-Fenster sind nach dem Speichern des Flows die ersten empfangenen Datenstrings mit dem im Arduino-Code definierten Format sichtbar (Abbildung 6.65).

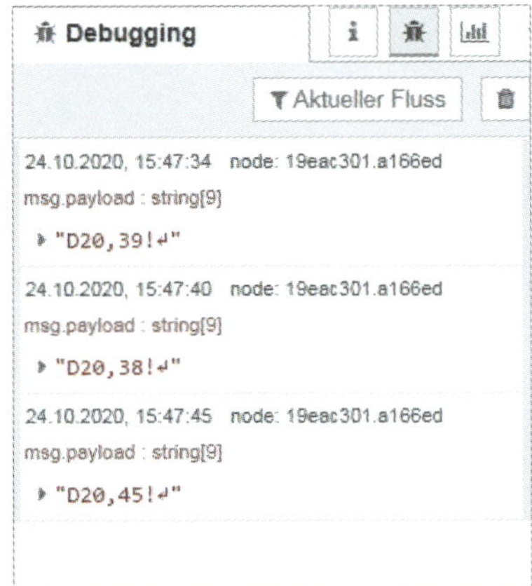

Abb. 6.65: Node-Red: Serielle Daten empfangen

Datenstring bearbeiten

Für die Verarbeitung und Darstellung des Sensorwerts des Helligkeitsmessers muss der Datenstring »geparst«, also in die einzelnen Datenelemente aufgeteilt werden. Dazu wird ein Funktions-Node in die Mitte des Flows platziert und mit `Parse Sensor Data` bezeichnet (Abbildung 6.66).

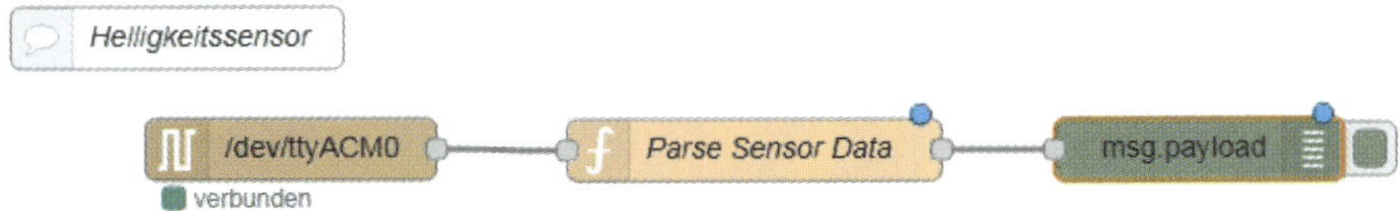

Abb. 6.66: Node-Red: Funktions-Node

Mit Doppelklick öffnen Sie den Funktions-Node. Mittels JavaScript werden die einzelnen Felder des Datenstrings der seriellen Schnittstelle separiert.

Im nachfolgenden JavaScript ist der komplette Code dargestellt (`smarthome_kap6_funktion_parse_data.txt`).

```
//Datenformat "Dnodeid,data!"
var tokens = msg.payload;
var array = tokens.split(",");
// Datenfelder
var nodeid=array[0];
```

```
nodeid= nodeid.substr(1,2);
var sensorval=array[1];
var sensorlength=sensorval.length;
sensorval=sensorval.substr(0,sensorlength-3);
// Datenrückgabe
msg.nodeid=nodeid;
msg.sensorval=sensorval;
return msg;
```

Im Code wird zuerst die Nutzlast der Nachricht (`msg.payload`), also der gesamte String, mittels String-Funktion aufgeteilt und in einem Array gespeichert.

```
//Datenformat "Dnodeid,data!"
var tokens = msg.payload;
var array = tokens.split(",");
```

Die einzelnen Datenfelder sind im Array in den Positionen `array[0]` und `array[1]` gespeichert.

Im `array[0]` ist die ID des Sensors gespeichert. Diese besteht aus zwei Zahlen plus dem führenden Startzeichen. Dieses wird entfernt und die ID ist in der Variablen `nodeid` gespeichert.

Der Sensorwert ist in `array[1]` abgelegt. Bei der Gesamtlänge müssen das Endzeichen in Form des Ausrufezeichens und der nachfolgende Zeilenumbruch entfernt werden. Der Sensorwert, in diesem Fall die Lichtstärke, ist in der Variablen `sensorval` gespeichert.

```
// Datenfelder
var nodeid=array[0];
nodeid= nodeid.substr(1,2);
var sensorval=array[1];
var sensorlength=sensorval.length;
sensorval=sensorval.substr(0,sensorlength-3);
```

Die Rückgabe der Werte erfolgt im Objekt `msg`:

```
// Datenrückgabe
msg.nodeid=nodeid;
msg.sensorval=sensorval;
return msg;
```

Damit die Werte einzeln dargestellt werden, wird der Flow durch einen weiteren Debug-Node ergänzt. In jedem der beiden Debug-Nodes werden die einzelnen Eigenschaften des `msg`-Objekts einzeln ausgegeben (Abbildung 6.67).

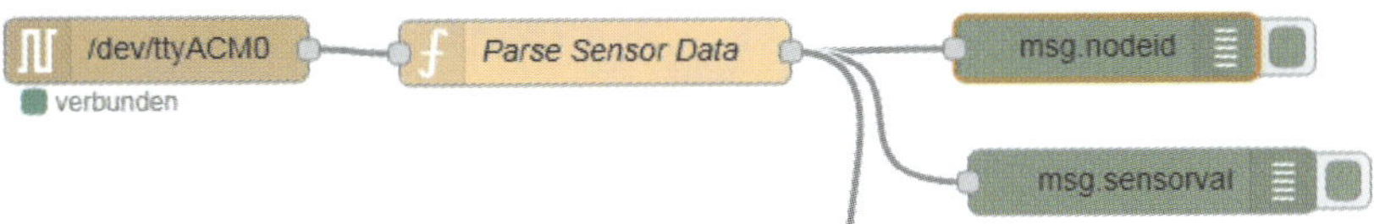

Abb. 6.67: Ausgabe der Sensorwerte

Darstellung auf Dashboard

Der letzte Schritt in diesem Praxisbeispiel ist die grafische Darstellung des Lichtwerts des Helligkeitsmessers im Node-Red-Dashboard.

Der Lichtwert soll als Zeigerinstrument dargestellt werden (Abbildung 6.68).

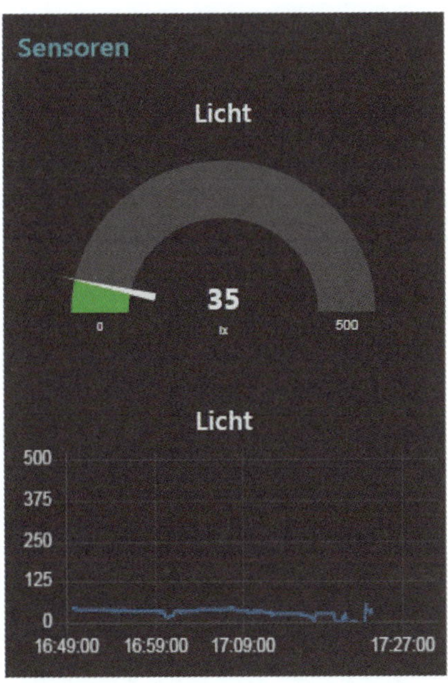

Abb. 6.68: Helligkeitsmesser im Dashboard

Für die Darstellung im Dashboard müssen die gewünschten Dashboard-Nodes in den Flow platziert werden. Ein zusätzlicher Funktions-Node separiert den Sensorwert und gibt diesen dann einzeln aus (Abbildung 6.69).

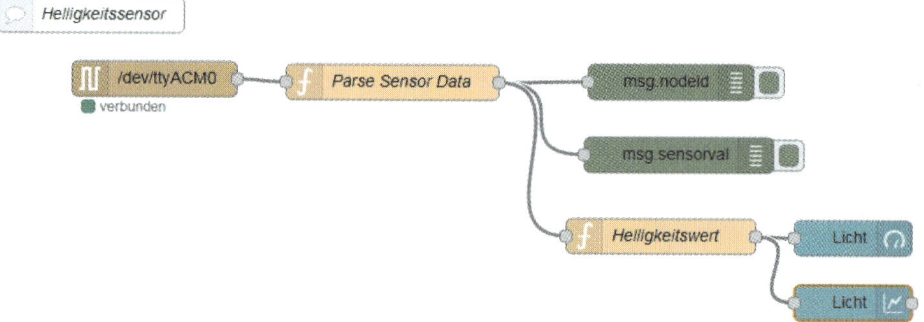

Abb. 6.69: Node-Red: Helligkeitsmesser-Flow mit Dashboard-Ausgabe

Im Funktions-Node `Helligkeitswert` wird der Eigenschaftswert mit dem Sensorwert in die Eigenschaft `payload` übertragen (`smarthome_kap6_funktion_helligkeitswert.txt`).

```
//Helligkeitswert
var sensorval=msg.sensorval;
msg.payload=sensorval;
return msg;
```

Der Zeigerinstrument-Node wird in einer neu erstellten Gruppe `Sensoren` abgelegt und für den Wertebereich 0 bis 500 konfiguriert. Als Bezeichnung (LABEL) wählen wir `Licht` (Abbildung 6.70).

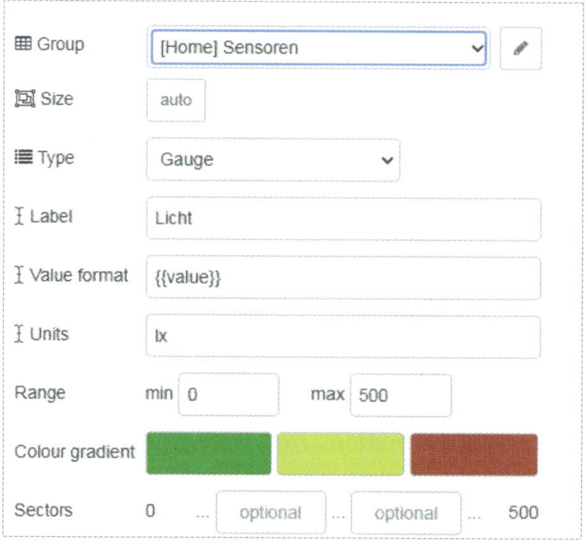

Abb. 6.70: Node-Red: Helligkeitsmesser mit Zeigerinstrument-Node

Auch der Chart-Node wird der neuen Gruppe `Sensoren` zugewiesen und mit dem Wertebereich von 0 bis 500 konfiguriert (Abbildung 6.71).

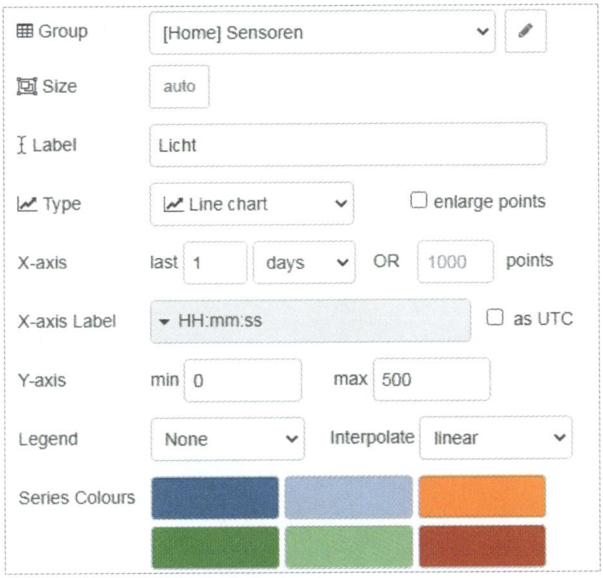

Abb. 6.71: Node-Red: Chart-Node

Nach dem Speichern steht das neue Dashboard mit den Sensordaten zur Verfügung. Die Darstellung auf dem Dashboard ist recht flexibel und kann in den einzelnen Dashboard-Nodes nach Wunsch angepasst werden.

Dieses Praxisbeispiel zeigt, wie Sie auf einfache Weise Sensordaten empfangen und dann via serielle Übertragung an einen Raspberry Pi senden können.

Auf dem Arduino-Board kann dabei ein herkömmlicher Sketch betrieben werden. Einzige und recht einfache Erweiterung ist die serielle Ausgabe der Sensordaten mit dem definierten String-Format.

6.9 Praxistipp: Kompakter Arduino für Datenerfassung

Das vorherige Praxisbeispiel mit dem Lichtsensor ist mit einem Arduino Uno aufgebaut worden. In der Praxis benötigt diese Lösung entsprechend viel Platz, obwohl der eigentliche Sensor viel kleiner ist als das Arduino-Board.

Für eine praxisgerechte Lösung sollte dieses Sensormodul klein und kompakt sein.

Wenn man nun die Board-Palette von Arduino anschaut, eignen sich die Modelle Arduino Nano, Arduino Mini oder Wemos D1 Mini optimal für ein solches kompaktes Sensor-Board, das über USB-Kabel mit einem Raspberry Pi verbunden ist.

Trotz der kompakten Bauformen haben der Arduino Nano und Wemos D1 Mini bereits einen USB-Seriell-Wandler inklusive USB-Stecker auf der Leiterplatte integriert. Beim kompakten Arduino Mini fehlt der USB-Seriell-Wandler. Dieser ist zwar nicht bei allen Anwendungen nötig, für das Praxisbeispiel *Helligkeitsmesser* müsste aber ein externes Breakout-Board mit USB-Seriell-Wandler angeschlossen werden.

Ich verwende für kleine Sensor-Anwendungen mit Arduino gerne den Arduino Mini und platziere diesen auf einem eigens entwickelten Protoshield (Abbildung 6.72).

Abb. 6.72: Arduino Mini – Protoshield

Mit dem Protoshield aus Abbildung 6.72 bekommt man einen stabilen Aufbau und hat zusätzlich noch Platz für das Auflöten von Sensoren oder Anschlussleitungen. Dank der Montagebohrungen können Sie das Board einfach auf eine Grundplatte oder in ein Gehäuse montieren.

Neben den erwähnten Arduino-Boards gibt es im Internet und bei etlichen Händlern oder Entwicklern Eigenentwicklungen von Arduino-kompatiblen Boards mit kleinen und schmalen Abmessungen.

Wenn Sie einen 3D-Drucker besitzen oder Zugang zu einem haben, finden Sie im Internet viele Druckvorlagen für kompakte Gehäuse für diese Boards. In Abbildung 6.73 sind von mir gedruckte Gehäuse-Varianten abgebildet.

Abb. 6.73: 3D-Druck-Gehäuse für Arduino- und Wemos-Boards

Kapitel 7

Arduino als Sensor-Node

Ein Sensor-Node ist die Außenstelle der IoT-Anwendung und erfasst über die angeschlossenen Sensoren die Umwelt und übermittelt die Sensormesswerte über Kabel oder drahtlos an eine zentrale Erfassungsstation, ein sogenanntes Gateway.

Ein Helligkeitssensor mit Datenübertragung an ein Raspberry-Pi-Gateway wurde bereits in Kapitel 6 beschrieben.

In diesem Kapitel werden verschiedene Sensormodule und Möglichkeiten und Lösungen für Gateways als IoT- und Smarthome-Lösungen vorgestellt.

Dank der vielfältigen Anschlussmöglichkeiten und vielen bereits realisierten Sensor-Anwendungen eignet sich ein Arduino-Board ideal als Sensor-Node. Je nach Anwendungsfall kann neben einem Arduino Uno auch ein Arduino Nano oder Mini verwendet werden.

7.1 Praxisbeispiel: Aufbau Sensor-Node

In einem Sensor-Netzwerk sind die einzelnen Sensor-Nodes meist als eigene Module aufgebaut. Die Sensormodule werden dann auch an unterschiedlichen Standorten platziert. In unserem IoT-Projekt werden die Sensoren im ganzen Haus oder der Wohnung verteilt und erledigen dabei Messaufgaben.

Für die einzelnen Sensormodule werden einzelne Arduino-Boards mit aufgestecktem Protoshield verwendet.

Ein Protoshield wie in Abbildung 7.1 ist ein praktisches Erweiterungsboard für Arduino-Anwendungen. Das Protoshield bietet viele Lötpunkte, auf die man eigene Schaltungen oder Anschlusselemente auflöten kann.

Abb. 7.1: Protoshield

Im Elektronik-Handel sind viele verschiedene Protoshields erhältlich. Ich nutze gerne das Protonly-Protoshield von Boxtec.

`https://shop.boxtec.ch/protonly-protoshield-pcb-p-41152.html`

Dieses einfache Protoshield nutzt den verfügbaren Platz ideal, da keine unnötigen Lötstellen für LED, Taster oder SMD-Komponenten vorhanden sind.

In Abbildung 7.2 ist das Protonly-Protoshield dargestellt.

Abb. 7.2: Protonly-Protoshield

Stückliste (Sensor-Node)

- 1 Arduino Uno
- 1 Protoshield (beispielsweise Protonly)
- 1 Set Arduino-Headerleisten oder Stiftleisten

Mit den Bauteilen gemäß Stückliste kann ein einfacher Sensor-Node aufgebaut werden. Je nach Bedarf kann das Protoshield mittels Headerleisten oder einfachen Stiftleisten auf das Arduino-Board gesteckt werden (Abbildung 7.3).

Headerleisten eignen sich, wenn noch ein weiteres Shield, beispielsweise ein Display, auf das Board gesteckt werden soll.

Mit einfachen Stiftleisten bekommt man eine stabile Verbindung zum Arduino-Board, wobei aber kein weiteres Shield aufgesteckt werden kann.

Abb. 7.3: Protoshield auf Arduino-Board

Stromversorgung

Der Sensor-Node mit Arduino Uno wird über den USB-Anschluss oder über ein externes Gleichspannungsnetzteil am 5,5/2,1-mm-Barrel-Jack mit Spannung versorgt.

Batterieversorgung für den Arduino Uno ist zwar technisch möglich, beispielsweise über ein Power-Shield mit Batterien, aber das Board ist nicht für diesen Anwendungsfall ausgelegt. Etliche Komponenten wie Anzeige-Leuchtdioden oder die USB/Serial-Schaltung belasten den Stromverbrauch nicht unerheblich.

Datenübertragung

Die Übertragung der vom Sensor-Node erfassten Messdaten kann nun auf verschiedene Arten erfolgen.

In Kapitel 6 werden die Sensordaten seriell über ein USB-Kabel an die Zentrale übermittelt.

In Abschnitt 7.7 werden die Daten via MQTT versendet und Abschnitt 7.8 beschreibt ein Projekt einer 433-MHz-Funkübertragung.

7.2 Praxisbeispiel: Temperatursensor (NTC)

Der NTC ist ein Temperatursensor mit einem negativen Temperaturkoeffizienten. Konkret bedeutet dies, dass der Widerstandswert mit steigender Temperatur sinkt. Die Widerstandsänderung ist also genau umgekehrt zur Temperaturänderung.

NTC-Sensoren, auch Thermistoren genannt, sind günstige Temperatursensoren und werden mit verschiedenen Widerstandswerten und Bauformen ausgeliefert.

Viele Händler liefern offene Bauformen mit zwei Anschlussdrähten (Abbildung 7.4) oder geschlossene und wasserdichte Ausführungen (Abbildung 7.5).

Abb. 7.4: NTC – offene Bauform (Bild: Aliexpress)

Abb. 7.5: NTC – wasserdichte Bauform (Bild: Aliexpress)

Die Verwendung eines NTC ist recht einfach und erfordert nur noch einen Festwiderstand.

Stückliste (Temperaturmessung mit NTC)

- 1 Arduino Uno
- 1 Steckbrett
- 1 NTC 10 kOhm
- 1 Widerstand 10 kOhm
- Jumper-Wires

In Abbildung 7.6 ist der Schaltungsaufbau auf dem Steckbrett abgebildet.

Für die Temperaturmessung wird dabei eine Spannungsteilerschaltung eingesetzt. Die am Festwiderstand gemessene Spannung wird dazu auf einen analogen Eingang des Arduino-Boards geführt.

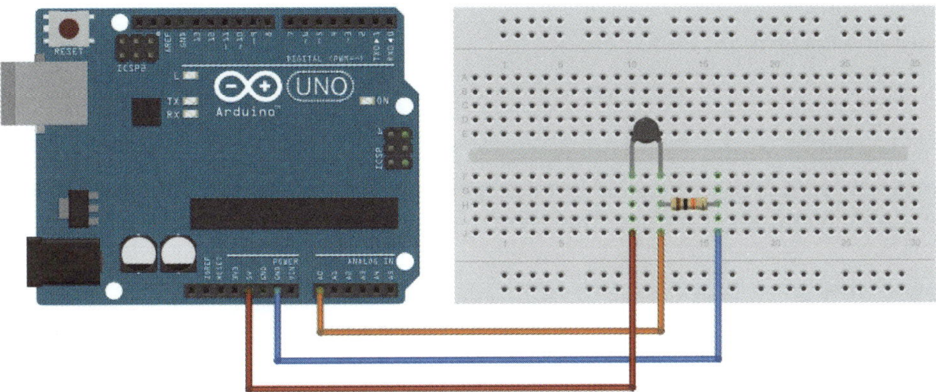

Abb. 7.6: Temperaturmessung mit NTC – Steckbrett-Aufbau

Der am analogen Eingang A0 des Arduino Uno gemessene Wert wird mit einer komplexen Berechnungsformel in einen absoluten Temperaturwert umgerechnet. Die Berechnung wird als »Steinhart-Hart-Gleichung« bezeichnet.

Im Programmcode wird für die Berechnung die Mathematik-Bibliothek math.h benötigt. Diese wird in den Sketch geladen (`smarthome_kap7_ntc.ino`):

```
#include <math.h>
```

Für die Berechnung wird der Widerstandswert des NTC bei 25 Grad C benötigt. In diesem Fall ist der Widerstandswert 10.000 Ohm oder 10 kOhm:

```
// Widerstandswert bei 25 Grad C
int Wid25Grad= 10000;
```

Anschließend werden verschiedene Variablen deklariert:

```
// analoger Messwert
int valTemp;
// analoger Eingang
int TempPin = 0;
// Wert Temp in Celsius
float tempC;
```

In der Setup-Funktion muss nur die serielle Schnittstelle vorbereitet werden:

```
void setup()
{
  // Start serielle Ausgabe
  Serial.begin(115200);
}
```

Im Hauptprogramm wird laufend der analoge Eingang A0 abgefragt. Der Messwert wird in der Variablen `valTemp` gespeichert. Anschließend wird der Messwert an die Berechnungsfunktion `ThermistorC()` übergeben:

```
void loop()
{
  valTemp = analogRead(TempPin);
  tempC = ThermistorC(valTemp);
  Serial.print("Temperatur: ");
  Serial.print(tempC);
  Serial.println(" C");
  // Warten 1 Sekunde
  delay(1000);
}
```

Die Berechnungsfunktion rechnet den Wert in eine absolute Temperatur um und gibt diesen Wert in Grad Celsius zurück.

Der Temperaturwert wird anschließend auf die serielle Schnittstelle ausgegeben.

Nach einer Verzögerung von einer Sekunde startet der nächste Messvorgang.

Die Umrechnungsfunktion `Thermistor()` rechnet den übergebenen Wert des Analog/Digital-Wandlers in einen Widerstandswert um und gibt den Wert zurück:

```
double ThermistorC(int RawADC)
{
 double Temp;
 Temp = log(((10240000/RawADC) - Wid25Grad));
 Temp = 1 / (0.001129148 + (0.000234125 * Temp) + (0.0000000876741 *
Temp * Temp * Temp));
 // Umrechnung Kelvin / Grad Celsius
 Temp = Temp - 273.15;
 return Temp;
}
```

7.3 Praxisbeispiel: Helligkeitssensor BH1750

Der BH1750 ist ein digitaler Sensor, um die Helligkeit im Bereich von 1 bis 65535 Lux zu messen. Im kommerziellen Bereich wird der Sensor für die Helligkeitssteuerung von Smartphone-Displays verwendet.

In Abschnitt 6.7 wurde der Sensor bereits als Sensor eingesetzt.

Der Sensor selbst hat nur eine Größe von 1,8 x 3 mm und ist für Hobby-Anwendungen meist auf einer kleinen Platine montiert (Abbildung 7.7). Im Handel wird dieses Breakout-Board unter der Typenbezeichnung *gy-302* vertrieben.

Abb. 7.7: Helligkeitssensor BH1750

Die Anschlussbelegung der kleinen Platine ist auf der Rückseite des Boards aufgedruckt (Abbildung 7.8).

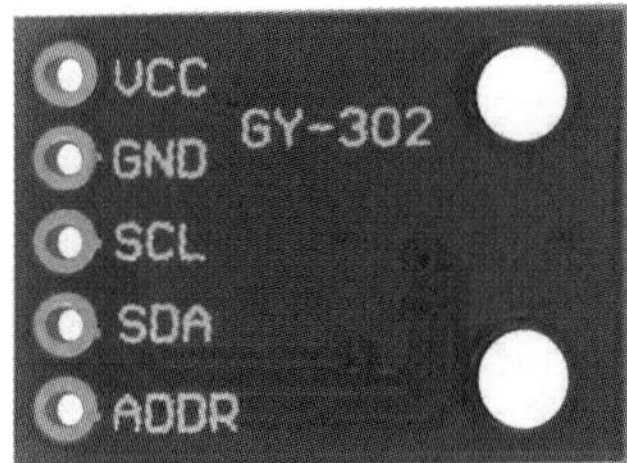

Abb. 7.8: Helligkeitssensor BH1750 – Anschlussbelegung

Die Ansteuerung des Sensors erfolgt über den I2C-Bus, wobei der BH1750 standardmäßig über die Busadresse 0x23 HEX angesprochen wird.

Gemäß Datenblatt entspricht dies dem Betriebsmodus »One Time L-Resolution Mode« mit einer Auflösung von 4 Lux.

Der Sensor BH1750 besitzt zusätzlich einen Adress-Eingang, über den die Busadresse umgeschaltet werden kann. Mit einem HIGH-Signal am Anschluss ADDR wird der Sensor über die Adresse 0x5C HEX angesprochen.

Stückliste (Helligkeitssensor)

- 1 Arduino Uno
- 1 BH1750
- 1 Breadboard
- Jumper-Wires

In Abbildung 7.9 ist der Steckbrett-Aufbau der Helligkeits-Messung mit dem BH1750 abgebildet. Durch die I2C-Ansteuerung sind nur 2 Bussignale sowie 2 Anschlussleitungen für die Spannungsversorgung erforderlich.

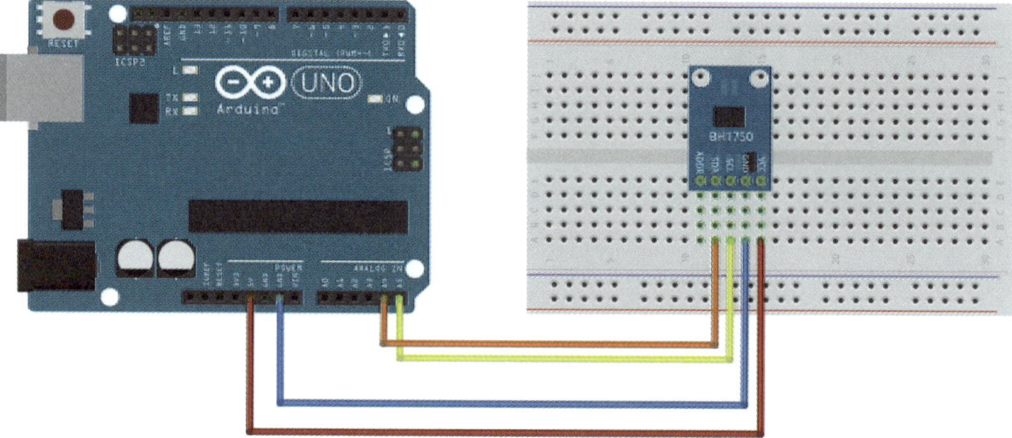

Abb. 7.9: Helligkeitsmessung mit BH1750 – Steckbrett-Aufbau

Eine von der Community erstellte Bibliothek finden Sie unter folgender Adresse:

`https://github.com/claws/BH1750`

Dank der Bibliothek für den BH1750 und der Standard-Kommunikation via I2C-Bus ist die Abfrage des Sensors einfach.

Im Programmcode werden zuerst die Bibliotheken in den Code eingebunden. Die `Wire`-Bibliothek wird dabei für die I2C-Kommunikation verwendet (`smarthome_kap7_bh1750.ino`):

```
#include <Wire.h>
#include <BH1750.h>
```

Anschließend wird die Variable mit dem Helligkeitswert deklariert:

```
int valLux=0;
```

und ein Sensorobjekt `lightMeter` erstellt:

```
BH1750 lightMeter;
```

Im Setup wird die serielle Schnittstelle, die I2C-Kommunikation sowie die Sensor-Abfrage gestartet:

```
void setup()
{
  Serial.begin(9600);
  Wire.begin();
  lightMeter.begin();
  Serial.println("Helligkeitssensor...");
}
```

Über die serielle Schnittstelle wird dann ein Hinweistext ausgegeben.

Im Hauptprogramm startet nun die Abfrage des Helligkeitssensors:

```
void loop()
{
  valLux = lightMeter.readLightLevel();
```

Der gemessene Wert wird in der Variablen `valLux` gespeichert und anschließend auf die serielle Schnittstelle ausgegeben:

```
  Serial.print("Licht: ");
  Serial.print(valLux);
  Serial.println(" lx");
```

Nach einer Verzögerung von fünf Sekunden ist ein Messdurchlauf abgeschlossen und der Vorgang beginnt wieder am Anfang:

```
  delay(5000);
}
```

Abbildung 7.10 zeigt die Ausgabe des Helligkeitswerts im seriellen Monitor.

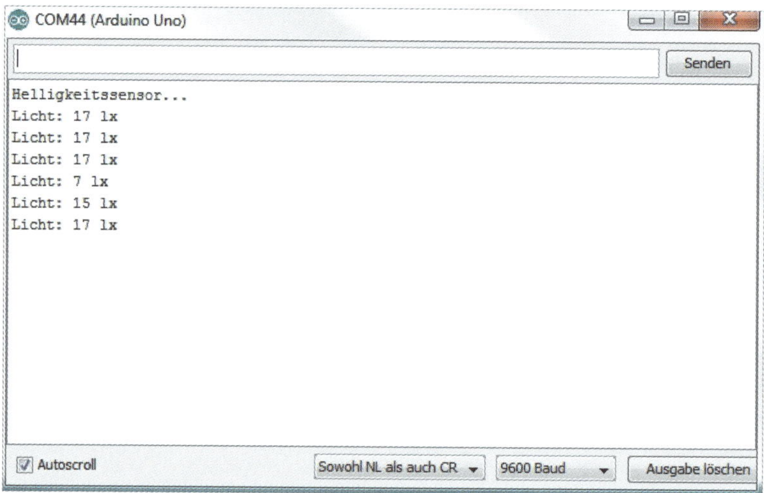

Abb. 7.10: Helligkeitsmessung mit BH1750

Eine Kontrollmessung mit einem Luxmeter zeigt, dass die Messung mit dem Sensor korrekt ist (Abbildung 7.11).

Abb. 7.11: Helligkeitsmessung mit Lux-Meter

7.4 Praxisbeispiel: Umweltsensor SHT31

Umweltsensoren sind die Arbeitstiere beim Erfassen von Temperaturen und Luftfeuchtigkeit. Die bekanntesten Modelle sind die Typen der DHT-Reihe.

Mittlerweile gibt es aber weitere Sensoren, die diese Umweltdaten erfassen können und teilweise in noch kleineren Bauformen geliefert werden als die bekannten DHT11 oder DHT22.

Der Schweizer Halbleiterhersteller Sensirion (`https://www.sensirion.com`) ist ein führender Sensorhersteller. Diese hochwertigen Sensoren werden nicht nur im Hobby-Bereich eingesetzt, sondern erfüllen auch die Anforderungen der Industrie.

Für die Messung von Temperatur und Luftfeuchtigkeit eignet sich die Sensirion-Reihe SHT. Die SHT-Serie zeichnet sich durch Genauigkeit, kleine Bauform, niedrigen Stromverbrauch und Langzeitstabilität aus.

Der STH31 ist ein verbreiteter Sensor-Typ von Sensirion, der auch im Hobby-Umfeld Verbreitung gefunden hat.

Der Sensor selbst wird in einem Gehäuse von 2,5 x 2,5 mm geliefert und kann nur mit hohem Aufwand manuell gelötet werden (Abbildung 7.12).

Abb. 7.12: SHT31 – Sensor

Der Sensor liefert eine Genauigkeit von +/- 0,2 Grad C (Temperatur) und +/- 2% (Luftfeuchtigkeit) und wird meist als fertiges Breakout-Board verkauft.

Adafruit

`https://www.adafruit.com/product/2857`

Tindie

`https://www.tindie.com/products/blkbox/sht31-digital-humidity-temperature-sensor-module/`

Aliexpress

`https://de.aliexpress.com/item/32678741657.html`

Die SHT-Sensoren werden mit verschiedenen Schnittstellen angeboten. Für unseren Einsatz eignen sich die Typen mit I2C-Schnittstelle.

Stückliste (Umweltsensor)

- 1 Arduino Uno
- 1 SHT31-D-Breakout-Board
- 1 Steckbrett
- 1 5-polige Stiftleiste
- Jumper-Wires

In Abbildung 7.13 ist der Aufbau auf dem Steckbrett dargestellt.

Das kleine Breakout-Board wird mit einer 5-poligen Stiftleiste erweitert, damit man dieses optimal auf das Steckbrett oder das Protoshield löten kann.

Beim Einsatz eines Breakout-Boards ist die jeweilige Anschlussbelegung zu prüfen. Diese kann sich von Leiterplatte zu Leiterplatte unterscheiden.

Beim verwendeten Board aus dem Tindie-Shop ist die Anschlussbelegung leider auf der Unterseite und somit im Steckbrett-Aufbau nicht dargestellt.

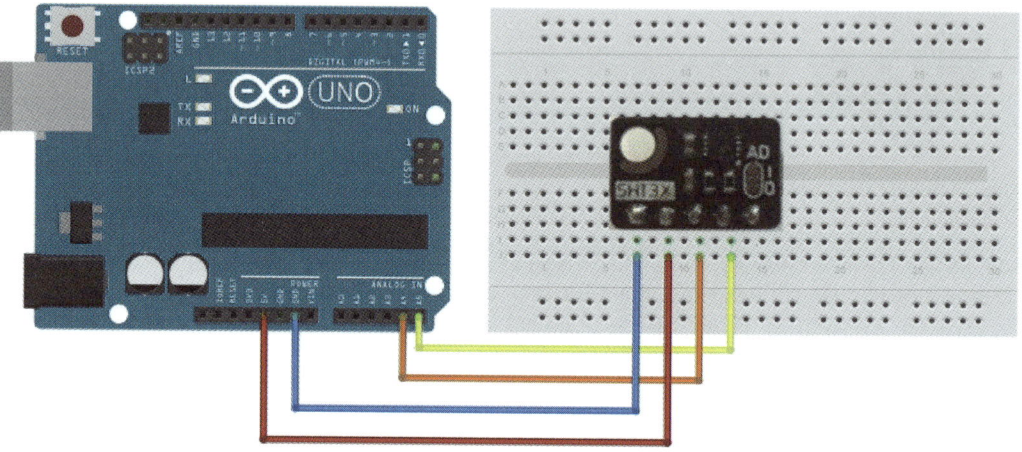

Abb. 7.13: Steckbrett-Aufbau – SHT31

Für die Ansteuerung des SHT31-Sensors wird neben der `Wire`-Bibliothek eine sensorspezifische Bibliothek benötigt.

Diese ist im GitHub-Repository von Sensirion verfügbar:

`https://github.com/Sensirion/arduino-sht`

Im Programmcode werden wieder wie gewohnt die notwendigen Bibliotheken geladen (`smarthome_kap7_sht.ino`):

```
#include <Wire.h>
#include "SHTSensor.h"
```

Nun wird ein SHT-Objekt instanziiert, wobei der Sensor-Typ von der Bibliothek ermittelt wird. Andernfalls kann er spezifisch angegeben werden:

```
SHTSensor sht;
// Angabe spez. Sensor statt Sensor-Probing
// SHTSensor sht(SHTSensor::SHT3X);
```

Im Setup werden die I2C-Kommunikation sowie die serielle Schnittstelle initialisiert:

```
void setup()
{
  Wire.begin();
  Serial.begin(9600);
  delay(1000);
```

Nach einer kurzen Verzögerung erfolgt die Initialisierung des angeschlossenen Sensors mit Status-Ausgabe. Anschließend wird die Auflösung gesetzt:

```
  // SHT Initialisierung
  if (sht.init()) {
      Serial.println("Init-OK");
  } else {
      Serial.println("Init-ERROR");
  }
  // Auflösung setzen
  sht.setAccuracy(SHTSensor::SHT_ACCURACY_MEDIUM);
}
```

Im Hauptprogramm wird der Sensor abgefragt. Falls ein Fehler auftaucht, wird dieser auf die serielle Schnittstelle ausgeben.

Andernfalls werden die Temperatur und die Luftfeuchtigkeit getrennt durch ein Komma ausgegeben.

Nach einer Verzögerung von einer Sekunde beginnt ein neuer Messdurchgang:

```
void loop()
{
  if (sht.readSample()) {
    Serial.print("T: ");
    Serial.print(sht.getTemperature(), 2);
```

```
    Serial.print(", ");
    Serial.print("Hum: ");
    Serial.print(sht.getHumidity(), 2);
    Serial.println("");
  } else {
     Serial.println("SHT ERROR!");
  }
  delay(1000);
}
```

Im seriellen Monitor kann die Abfrage des Sensors überwacht werden (Abbildung 7.14).

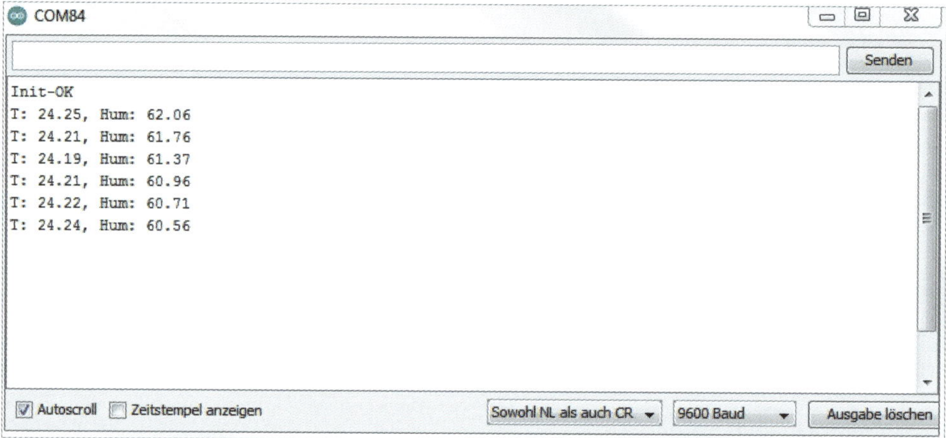

Abb. 7.14: SHT-Sensor – Ausgabe im seriellen Monitor

Dank der kompakten Bauform des Breakout-Boards mit dem Sensor kann ein angeschlossenes Arduino-Board kompakt aufgebaut und in einem schmalen Gehäuse untergebracht werden.

7.5 Praxisbeispiel: Barometer (BME680)

Der Umweltsensor BME680 von Bosch kann neben Temperatur und Luftfeuchtigkeit noch den Luftdruck und VOC-Gase (Luftqualität) messen.

Dieser Sensor ist somit ein universeller Sensor für die Erfassung der Umwelt und der Luftqualität.

Wie bereits der SHT-Sensor wird der BME680-Sensor in einer kompakten Bauform produziert und muss mit maschineller Bestückung hergestellt werden.

Etliche Lieferanten und Hersteller haben eigene Leiterplatten mit einem BME680, inklusive der externen Beschaltung, realisiert. Meist werden auch diese Boards als Breakout-Boards bezeichnet.

Adafruit

`https://www.adafruit.com/product/3660`

Das Breakout-Board von Adafruit gibt es noch in einer früheren Version:

`https://www.pi-shop.ch/adafruit-bme680-temperatur-feuchtigkeit-druck-und-gas-sensor`

Abbildung 7.15 zeigt die aktuelle Version.

Abb. 7.15: BME680-Breakout-Board (Bild: Adafruit)

In Abbildung 7.16 ist der Aufbau auf dem Steckbrett mit dem Breakout-Board von Adafruit zu sehen.

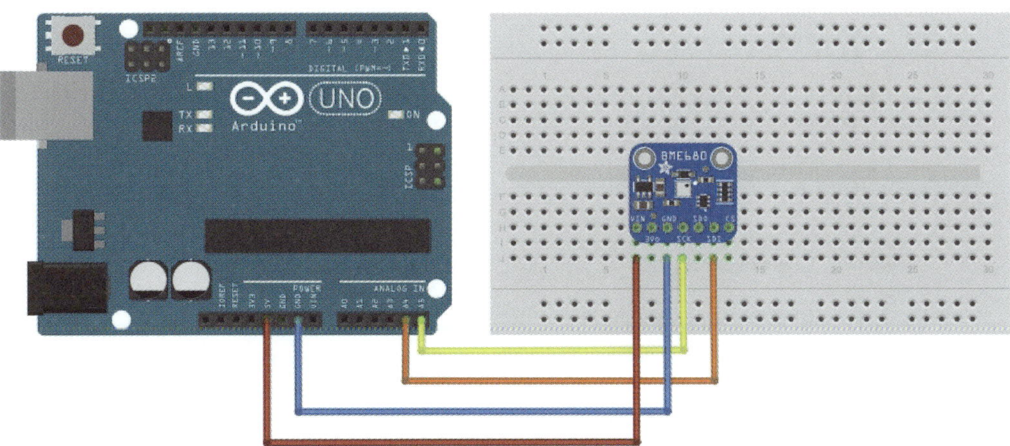

Abb. 7.16: BME680 – Steckbrett-Aufbau

Die Ansteuerung des Sensors erfolgt über SPI oder I2C. Der Steckbrett-Aufbau ist für die Kommunikation über I2C dargestellt.

Adafruit bietet für die Ansteuerung eine passende Bibliothek:

`https://github.com/adafruit/Adafruit_BME680`

Die Bibliothek kann in der Arduino-IDE auch über den Bibliotheksverwalter installiert werden. Beim Suchbegriff gibt man »adafruit bme680« ein (Abbildung 7.17).

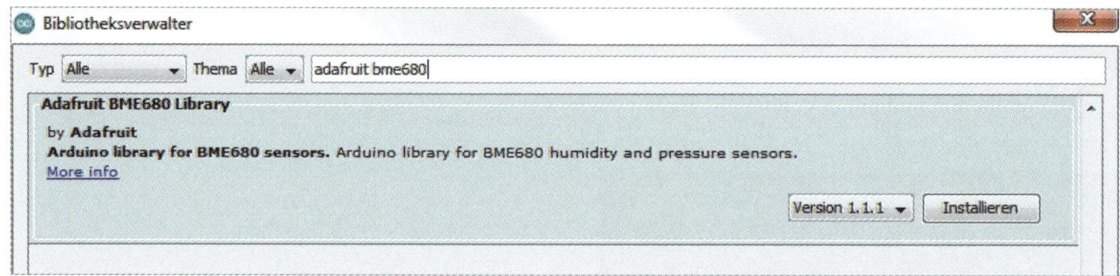

Abb. 7.17: Adafruit – BME680-Bibliothek

Die Adafruit-Bibliothek bietet eine Anzahl von Beispielen, die als Basis für eine eigene Anwendung dienen.

Das Beispiel `bme680test` misst die einzelnen möglichen Umweltparameter. Abbildung 7.18 zeigt die Ausgabe im seriellen Monitor.

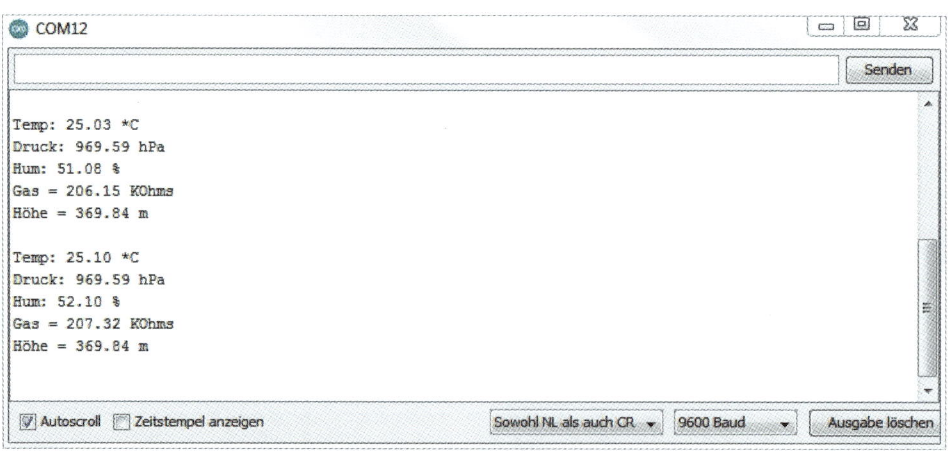

Abb. 7.18: BME680 – Sensordaten

Im Programm-Code von Adafruit werden zuerst die notwendigen Bibliotheken geladen (`smarthome_kap7_bme680.ino`):

```
#include <Wire.h>
#include <SPI.h>
#include <Adafruit_Sensor.h>
#include "Adafruit_BME680.h"
```

Anschließend werden die Pins definiert, die benötigt werden, wenn die Kommunikation über SPI erfolgt:

```
#define BME_SCK 13
#define BME_MISO 12
#define BME_MOSI 11
#define BME_CS 10
```

Es wird der Luftdruck für den Referenzpunkt (Sea-Level) definiert:

```
#define SEALEVELPRESSURE_HPA (1013.25)
```

Die Kommunikation kann entweder über I2C oder SPI erfolgen. In diesem Beispiel über den I2C-Bus.

```
 // I2C
Adafruit_BME680 bme;
// Hardware SPI
//Adafruit_BME680 bme(BME_CS);
//Adafruit_BME680 bme(BME_CS, BME_MOSI, BME_MISO,  BME_SCK);
```

Im Setup wird die serielle Schnittstelle initialisiert und anschließend die Kommunikation zum Sensor gestartet. Falls kein Sensor gefunden wird, erfolgt eine Meldung. Dann wird die Initialisierung für die einzelnen Sensoren im BME680 ausgeführt:

```
void setup()
{
  Serial.begin(9600);
  while (!Serial);
  Serial.println(F("BME680-Test ..."));

  if (!bme.begin()) {
    Serial.println("Kein BME680-Sensor gefunden!");
    while (1);
  }
```

```
  // Oversampling und Initialisierung
  bme.setTemperatureOversampling(BME680_OS_8X);
  bme.setHumidityOversampling(BME680_OS_2X);
  bme.setPressureOversampling(BME680_OS_4X);
  bme.setIIRFilterSize(BME680_FILTER_SIZE_3);
  bme.setGasHeater(320, 150); // 320*C for 150 ms
}
```

Im Hauptprogramm werden die einzelnen Sensoren ausgelesen und die Messwerte für die Umweltparameter ausgegeben. Nach einer anschließenden Pause von zwei Sekunden erfolgt der nächste Messdurchgang:

```
void loop()
{
  if (! bme.performReading()) {
    Serial.println("Sensor abfragen ist fehlgeschlagen");
    return;
  }
  Serial.print("Temp: ");
  Serial.print(bme.temperature);
  Serial.println(" *C");

  Serial.print("Druck: ");
  Serial.print(bme.pressure / 100.0);
  Serial.println(" hPa");

  Serial.print("Hum: ");
  Serial.print(bme.humidity);
  Serial.println(" %");

  Serial.print("Gas = ");
  Serial.print(bme.gas_resistance / 1000.0);
  Serial.println(" KOhms");

  Serial.print("Höhe = ");
  Serial.print(bme.readAltitude(SEALEVELPRESSURE_HPA));
  Serial.println(" m");

  Serial.println();
  delay(2000);
}
```

Datenauswertung mit Node-Red

Mit der aufgezeigten Ausgabe der Sensordaten auf die serielle Schnittstelle können Sie die Daten im seriellen Monitor oder auf einem angeschlossenen seriellen Display anzeigen.

Die Datenübertragung von einem Sensormodul via serieller Übertragung wurde im Praxisbeispiel in Abschnitt 6.7 bereits realisiert und eignet sich auch ideal für ein Wetter-Sensormodul mit dem BME680 als Umweltsensor.

Der Programmcode muss dazu nur minimal angepasst werden. Die Übertragungsgeschwindigkeit der seriellen Schnittstelle wird erhöht und zwei Variablen für den Timer und die Sensor-ID zusätzlich definiert (`smarthome_kap7_bme680_serial_output.ino`):

```
// Variablen
int Timer=10000;
int SensorID=98;
```

Die Datenausgabe sieht anschließend wie in Abbildung 7.19 aus.

Das Wettermodul gibt dabei die Umweltparameter Temperatur, Luftdruck und Luftfeuchtigkeit aus.

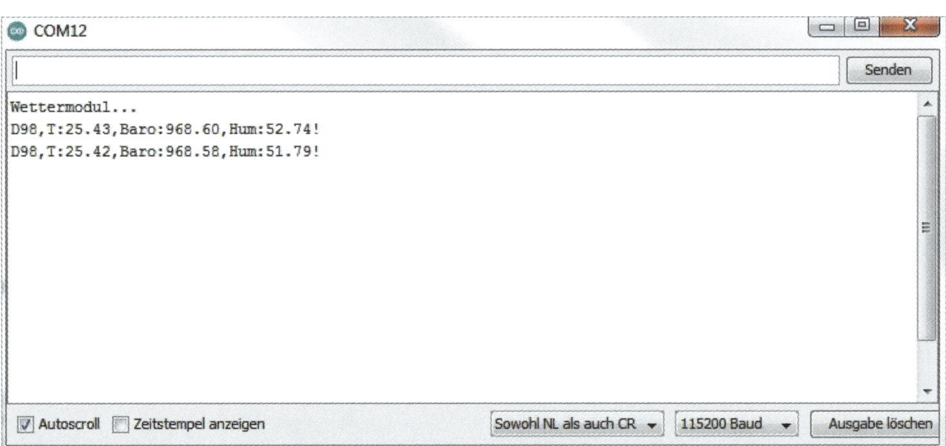

Abb. 7.19: Wettermodul mit BME680 – serielle Ausgabe

Im Hauptprogramm erfolgt nun ein Messvorgang mit anschließender kompakter Ausgabe auf die serielle Schnittstelle:

```
void loop()
{
```

```
    // Messvorgang
    bme.performReading();

    // Serielle Ausgabe
    Serial.print("D");
    Serial.print(SensorID);
    Serial.print(",");
    Serial.print("T:");
    Serial.print(bme.temperature);
    Serial.print(",");
    Serial.print("Baro:");
    Serial.print(bme.pressure / 100.0);
    Serial.print(",");
    Serial.print("Hum:");
    Serial.print(bme.humidity);
    Serial.println("!");
    // Warten
    delay(Timer);
}
```

In Node-Red wird ein neuer Flow `Wettermodul` erstellt und darin der Flow für die Datenerfassung aufgebaut (Abbildung 7.20).

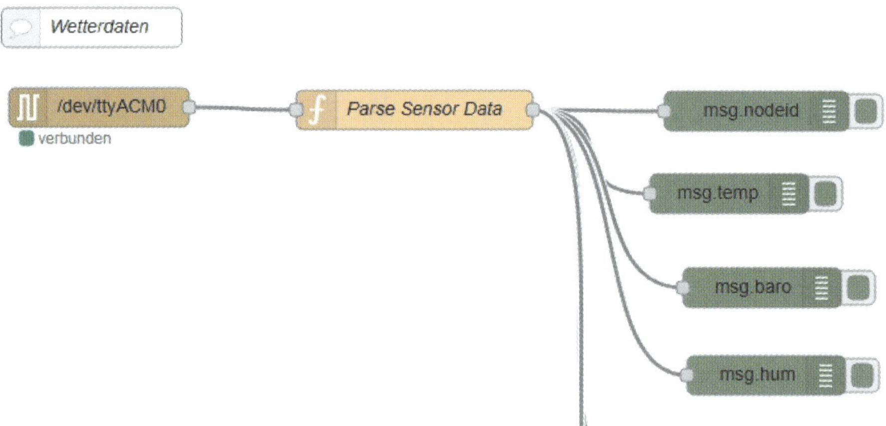

Abb. 7.20: Node-Red: Wettermodul-Flow

Den Serial-Node können Sie vom Beispiel aus Kapitel 6 übernehmen.

Der Funktions-Node wiederum teilt den seriellen Datenstring in die einzelnen Sensorwerte auf. Der Datenstring hat dabei folgendes Format:

`D98,T:25.43,Baro:968.60,Hum:52.74!`

Die einzelnen Werte werden im Code in ein Array gespeichert, abgefragt und geparst: (`smarthome_kap7_funktion_wettermodul_parse.txt`).

```
//Datenformat "Dnodeid,temp,baro,tum!"
var tokens = msg.payload;
var array = tokens.split(",");
// Datenfelder
var nodeid=array[0];
nodeid= nodeid.substr(1,2);
// Temp
var t=array[1];
var sensorlength=t.length;
t=t.substr(2,sensorlength);
// Baro
var baro=array[2];
sensorlength=baro.length;
baro=baro.substr(5,sensorlength);
// Hum
var hum=array[3];
sensorlength=hum.length;
hum=hum.substr(4,sensorlength-7);
// Datenrückgabe
msg.nodeid=nodeid;
msg.temp=t;
msg.baro=baro;
msg.hum=hum;
return msg;
```

Die einzelnen Werte werden dann dem `msg`-Objekt zugewiesen und können im Node-Red-Flow anschließend in einzelnen Debug-Nodes angezeigt werden.

Zur grafischen Darstellung können nun noch Dashboard-Nodes in den Flow integriert werden (Abbildung 7.21).

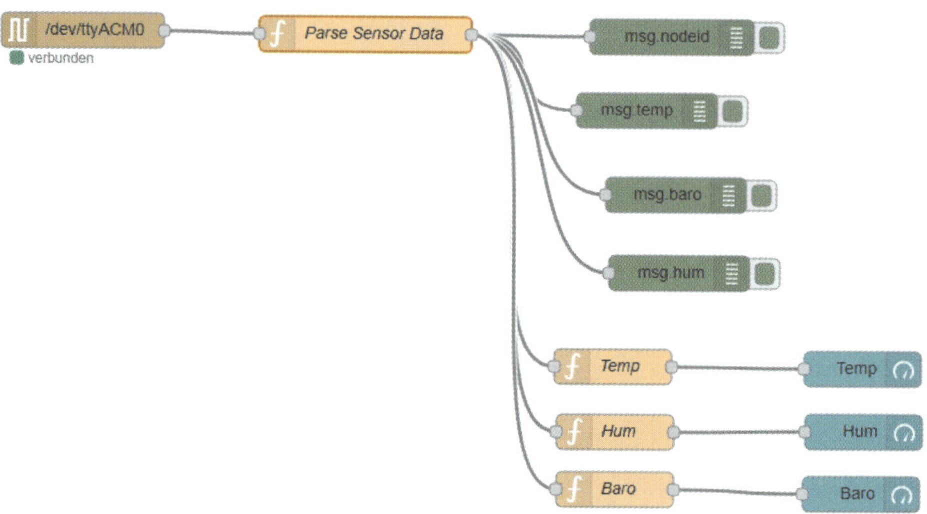

Abb. 7.21: Node-Red: Wettermodul mit Dashboard

In den Funktions-Nodes `Temp`, `Hum` und `Baro` wird der jeweilige Eigenschaftswert mit dem Sensorwert in die Eigenschaft `payload` übertragen.

Beispiel: `Temp`

```
//Temp
msg.payload=msg.temp;
return msg;
```

Die drei Anzeige-Elemente werden auf dem Dashboard in einer neuen Gruppe »Wettermodul« erfasst (Abbildung 7.22).

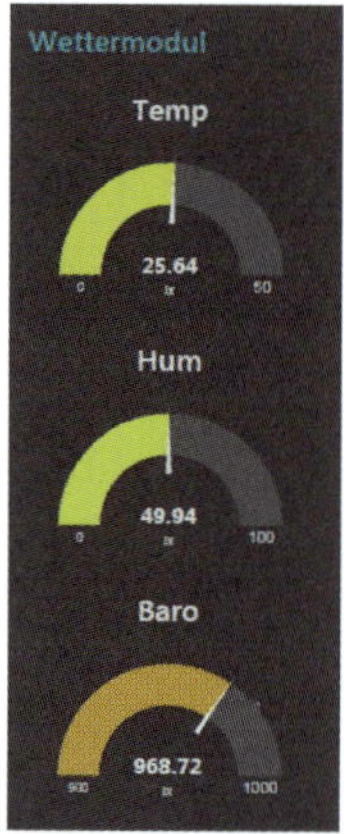

Abb. 7.22: Node-Red: Wettermodul-Dashboard

Mit dem Wettermodul können über das Dashboard die aktuellen Wetterdaten übersichtlich platziert werden. Im praktischen Einsatz verpackt man das Arduino-Board mit dem Sensor in einem passenden Gehäuse.

7.6 Praxisbeispiel: Datenübertragung mit 433-MHz-Funkmodul

Wie im vorherigen Kapitel beschrieben, können die Sensordaten über Ethernet als MQTT-Client recht einfach versendet werden. Nachteilig ist dabei, dass ein Ethernet-Shield und ein Ethernet-Anschluss im heimischen Netzwerk erforderlich sind. Die Lösung kann also nur an einem Standort mit Netzwerkanschluss aufgebaut werden.

Drahtlos und recht kostengünstig ist die Datenübertragung via 433-MHz-Funknetz.

Das 433-MHz-Schmalfunknetz ist nicht gebührenpflichtig und wird von vielen drahtlosen Anwendungen wie Toröffnern oder Funksteckdosen verwendet.

Für die Datenübertragung sind ein Sender und ein Empfänger erforderlich. In unserem Praxisbeispiel können viele Sender, also die drahtlosen Sensor-Nodes, verwendet werden. Alle Daten werden von einem Empfängermodul empfangen.

In Abbildung 7.23 ist der grundsätzliche Aufbau der 433-MHz-Kommunikation mit einem Sender und Empfänger dargestellt.

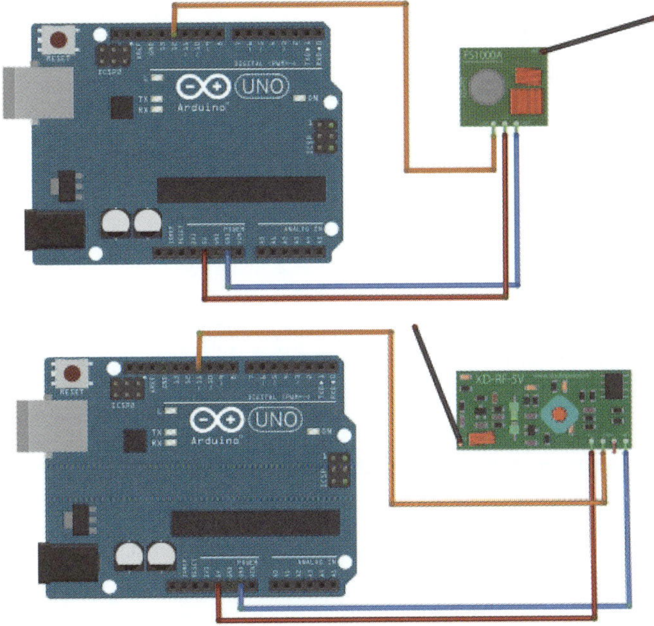

Abb. 7.23: 433-MHz-Sender (oben) und -Empfänger (unten)

Für Sender und Empfänger wird jeweils ein entsprechendes Funkmodul verwendet.

Die Verbindung des Senders beziehungsweise des Empfängers mit dem Arduino-Board erfolgt über eine einzelne serielle Verbindung. Zusätzlich werden Sender und Empfänger mit Spannung versorgt.

Die Funkmodule für die 433-MHz-Sender und -Empfänger werden im Handel meist als Set angeboten. Ein Set ist im Elektronik-Handel schon für wenige Euro erhältlich.

Boxtec

`https://shop.boxtec.ch/433mhz-link-kit-p-40971.html`

Seeedstudio

`https://www.seeedstudio.com/433Mhz-RF-link-kit-p-127.html`

Beim Bedarf an mehreren Sets lohnt sich auch ein Blick auf die großen chinesischen Anbieter-Plattformen. Abbildung 7.24 zeigt ein mögliches Angebot von einem Händler bei Aliexpress.

Abb. 7.24: 433-MHz-Funkmodule

Mit dem Anwendungsbeispiel aus Abbildung 7.23 kann eine einfache Datenübertragung von einem Sender zum Empfänger aufgebaut werden.

In einem Sensor-Netzwerk liefern aber meist viele Sender Daten, die dann von einem Empfängermodul eingelesen und weiterverarbeitet werden. Für die Identifikation wird jedem Sende-Paket die eindeutige Identifikationsnummer des Senders mitgegeben (Node-ID).

Bibliothek für Funkmodule

Für die serielle Kommunikation zwischen dem Funkmodul-Sender beziehungsweise -Empfänger muss auf jedem Modul das entsprechende Programm geladen sein.

Mit der Bibliothek *Radiohead* wird der Programmieraufwand auf den einzelnen Arduino-Boards auf ein Minimum reduziert:

`http://www.airspayce.com/mikem/arduino/RadioHead/`

Die Bibliothek ist recht umfangreich und liefert Treiber für verschiedene drahtlose Sende- und Empfängermodule.

Beim Einsatz der 433-MHz-Funkmodule wird der Treiber `rh_ask` verwendet. Dieser Treiber erlaubt die einfache Datenkommunikation von ASK-Funkempfängern. ASK (Amplitude Shift Keying), übersetzt Amplitudenumtastung, ist eine digitale Modulationsart, bei der digitale Signale von 1 und 0 durch Veränderung der Signalamplitude übertragen werden.

Bei der Datenübertragung via ASK erfolgt keine Adressierung des Empfängers. Das Signal des Senders wird versendet, ohne eine Rückmeldung vom Empfänger zu bekommen. Diese Datenübertragung eignet sich somit nur für einen einfachen Datentransfer von Sensordaten, bei der eine Empfangsmeldung der versendeten Mitteilung nicht erforderlich ist.

Antenne

Die Datenübertragung mittels 433-MHz-Funkmodulen benötigt für den optimalen Datentransfer eine Antenne von 170 mm (Sender und Empfänger). Die Antennen werden bei jedem Modul direkt auf die Leiterplatte oder an einen markierten Anschlusspin angeschlossen.

In Abbildung 7.25 ist ein Sendermodul dargestellt (Typ FS1000a), bei dem die Antenne direkt auf die Leiterplatte gelötet wird.

Abb. 7.25: 433-MHz-Sender mit Antenne

433-MHz-Sender

Der 433-MHz-Funksender ist das Sensormodul, das Daten aus der Umwelt einliest und anschließend über Funk versendet.

In diesem Praxisbeispiel wird ein Sensormodul aufgebaut, das mehrere Sensorwerte, beispielsweise Temperatur, Luftfeuchtigkeit und einen Lichtwert, versenden kann.

Stückliste (433-MHz-Sender)

- 1 Arduino Uno
- 1 Funkmodul 433 MHz (Sender)
- 1 Breadboard
- Jumper-Wires

Wie bereits erwähnt, wird für die Kommunikation des Arduino-Boards mit dem Funkmodul nur eine serielle Signalleitung benötigt.

In Abbildung 7.26 ist der Grundaufbau ohne Sensoren für einen 433-MHz-Sender abgebildet.

Mit der verwendeten `Radiohead`-Library wird standardmäßig Pin `D12` für das Sendesignal verwendet. Das Funkmodul wird über die 5-V-Versorgung des Arduino-Boards mit Spannung versorgt.

Abb. 7.26: 433-MHz-Sender

Die Grundstruktur der gesendeten Daten beinhaltet immer drei Sensorwerte, einen Wert für die Versorgungsspannung sowie die eindeutige Node-ID. Die Struktur muss einmalig definiert werden, da auf dem Empfängermodul die gleiche Struktur der Daten empfangen werden soll.

Im Beispiel werden die Datenwerte als Datenpaket vom Datentyp `struct` gespeichert. Ein `struct` kann Daten von verschiedenen Datentypen aufnehmen. Dieses Beispiel verwendet Werte vom Datentyp `integer`.

```
typedef struct {
  int nodeID;          // Sensor-Node-ID
  int val1;           // Sensor 1
  int supplyV;        // Versorgungsspannung
  int val2;           // Sensor 2
  int val3;           // Sensor 3
 } Payload;
```

Diese universelle Datenstruktur kann nun für verschiedene Sensormodule oder Typen verwendet werden. Je nach Sensor-Typ muss beim Empfänger oder dem nachfolgenden System noch ein Wert umgewandelt werden.

Der Spannungswert wird als Integer-Wert in Millivolt gesendet.

Falls bei einem Sensormodul nur ein einzelner Wert gesendet werden muss, kann für die restlichen, nicht verwendeten Variablen der Struktur ein fix definierter (Leer-)Wert verwendet werden. Ich verwende 8888 oder 9999, da diese Werte gut lesbar sind und in einem großen Datentopf auffallen.

Im Programmcode werden zuerst die notwendigen Bibliotheken eingebunden (`smarthome_kap7_rf433_sensor.ino`).

```
#include <RH_ASK.h>
#include <SPI.h>
```

Neben der Radiohead-Bibliothek wird die `SPI`-Bibliothek für das korrekte Kompilieren benötigt.

Pro Sensormodul wird eine ID vergeben, die in der Variablen `myNodeID` definiert wird. Diese ID ist für die Datenkommunikation nicht erforderlich, wird aber definiert, damit der Empfänger die empfangenen Sensorwerte einem einzelnen Sensormodul zuordnen kann.

```
// Node ID
#define myNodeID 67
```

Nun wird ein RF-Objekt erstellt:

```
// RF-Objekt
RH_ASK driver;
```

Das Datenpaket mit den Sensorwerten wird in einer Struktur vom Datentyp `struct` definiert.

```
// Datenpaket als Struktur
typedef struct {
  int nodeID;          // Sensor-Node-ID
  int val1;            // Sensor 1
  int supplyV;         // Versorgungsspannung
  int val2;            // Sensor 2
  int val3;            // Sensor 3
 } Payload;
```

Die Variable der Datenstruktur wird `Payload` genannt.

Nun wird der Datenstruktur `Payload` eine Datenstruktur `rf433tx` zugewiesen. In dieser Struktur werden die Sensorwerte abgespeichert.

```
Payload rf433tx;
```

In der Setup-Routine wird die serielle Schnittstelle gestartet und die Funkübertragung initialisiert. Falls diese Initialisierung fehlschlägt, wird eine Meldung ausgegeben.

```
void setup()
{
  // Serielle Schnittstelle
  Serial.begin(9600);
  // Start RF Kommunikation
  if (!driver.init())
  {
    Serial.println("Fehler beim Initialisieren....");
    }
}
```

Im Hauptprogramm werden Sensorwerte eingelesen und in den Struktur-Variablen abgespeichert. Im Beispiel wird kein spezifischer Sensor verwendet. Die Sensorwerte werden als fixe Werte definiert. Auf diese Weise kann die Datenkommunikation ohne Sensor getestet werden.

In der Praxis werden die fixen Werte dann natürlich durch die eingelesenen Sensorwerte ausgetauscht:

```
void loop()
{
  // Sensorwerte ermitteln/einlesen
  //
  // Sensorwerte speichern
  rf433tx.val1 = 2222;
  rf433tx.val2 = 3333;
  rf433tx.val3 = 4444;
```

Weiter werden noch die Werte für die Batteriespannung und die Node-ID in den entsprechenden Variablen der Struktur gespeichert:

```
  // Wert Versorgungsspannung
  rf433tx.supplyV = 5110;
  // Node ID
  rf433tx.nodeID=myNodeID;
```

Jetzt können die Daten versendet werden:

```
  // Daten senden
  driver.send((uint8_t*)&rf433tx, sizeof rf433tx);
  driver.waitPacketSent();
```

Nach einer Wartepause von 10 Sekunden ist ein Messdurchgang abgeschlossen und der Programmablauf beginnt wieder von vorne:

```
  // warten
  delay(10000);
}
```

Je nach Sensorwert kann die Zeit zwischen zwei Messungen auch verlängert werden.

Für eine erfolgreiche Datenkommunikation sind mindestens ein Sender und ein Empfänger erforderlich. In der Praxis kann die Anzahl der Sender (Sensoren) vergrößert werden. Jedem Sender muss dann nur eine eindeutige ID (Node-ID) zugewiesen werden.

433-MHz-Empfänger

Wie bereits beim 433-MHz-Funksender erfolgt die Kommunikation des Empfängermoduls mit dem Arduino-Board über ein serielles Signal. Somit werden auch nur drei Verbindungsleitungen vom Arduino zum Funk-Empfängermodul benötigt.

Stückliste (433-MHz-Empfänger)

- 1 Arduino Uno
- 1 Funkmodul 433 MHz (Empfänger)
- 1 Breadboard
- Jumper-Wires

In Abbildung 7.27 ist der Schaltungsaufbau dargestellt.

Abb. 7.27: 433-MHz-Empfänger

Über die Antenne, die am Empfängermodul angelötet wird, empfängt dieses die gesendeten Daten.

Die Struktur des gesendeten Datenpakets wurde bereits beim Sendemodul definiert und beinhaltet die Node-ID, drei Sensorwerte sowie einen Wert für die Versorgungsspannung. Da jedem Datenpaket die Node-ID des Sensormoduls mitgegeben wird, können die gesendeten Messwerte immer einem eindeutigen Modul zugeordnet werden.

Dieser 433-MHz-Empfänger empfängt die gesendeten Daten und gibt sie über die serielle Schnittstelle aus.

Wie Sie in Abbildung 7.28 erkennen können, werden Testdaten von zwei Sendern mit den Node-IDs 66 und 67 empfangen.

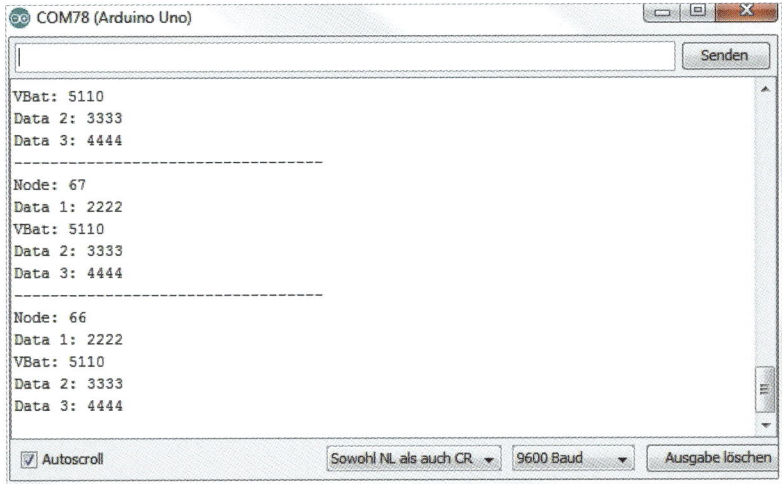

Abb. 7.28: 433-MHz-Empfänger – empfangene Sensordaten

Die drahtlose Kommunikation wird auch beim Empfänger mit der Software-Bibliothek *Radiohead* (`RH.ASK`) realisiert.

Im Programmcode werden wie gewohnt die notwendigen Bibliotheken eingebunden (`smarthome_kap7_rf433_empfaenger.ino`):

```
#include <RH_ASK.h>
#include <SPI.h>
```

Auch beim Empfänger wird die SPI-Bibliothek für das korrekte Kompilieren des Programmcodes benötigt.

Nun wird ein RF-Objekt mit dem Namen `driver` bereitgestellt:

```
// RF-Objekt
RH_ASK driver;
```

Die zu empfangenden Datenpakete werden in einer Variablen `txtData` vom Datentyp `struct` gespeichert. Wie bereits erwähnt, muss diese Datenstruktur mit der Definition im Sendermodul übereinstimmen.

```
// Datenpaket als Struktur
 typedef struct txData {
          int nodeID;             // Sensor-Node-ID
          int val1;               // Sensor1
          int supplyV;            // Batterie
```

```
        int val2;            // Sensor2
        int val3;            // Sensor3
};
```

In der Setup-Funktion wird die serielle Schnittstelle gestartet und anschließend die Funk-Kommunikation initialisiert. Falls bei der Initialisierung ein Fehler auftritt, wird eine Fehlermeldung über die serielle Schnittstelle ausgegeben:

```
void setup()
{
  // Serielle Schnittstelle
  Serial.begin(9600);
  // Start RF Kommunikation
  if (!driver.init())
  {
    Serial.println("Fehler beim Initialisieren....");
  }
}
```

Im Hauptprogramm wird im ersten Schritt eine Variable `RxData` vom Typ `struct` definiert. In dieser Variablen werden die empfangenen Daten gespeichert:

```
void loop()
{
  // Struktur der empfangenen Daten
  struct txData RxData;
```

Anschließend wird die Größe der empfangenen Daten ermittelt und der Wert in der Variablen `rxSize` gespeichert:

```
  // Grösse von empfangenen Daten
  uint8_t rxSize = sizeof(RxData);
```

Wurden Daten erfolgreich empfangen,

```
if (driver.recv((uint8_t *)&RxData, &rxSize))
  {
```

können die einzelnen, empfangenen Sensorwerte auf die serielle Schnittstelle ausgegeben werden:

```
// Ausgabe der empfangenen Daten
    Serial.println("---------------------------------");
    Serial.print("Node: ");
    Serial.println(RxData.nodeID);
    Serial.print("Data 1: ");
    Serial.println(RxData.val1);
    Serial.print("VBat: ");
    Serial.println(RxData.supplyV);
    Serial.print("Data 2: ");
    Serial.println(RxData.val2);
    Serial.print("Data 3: ");
    Serial.println(RxData.val3);
    }
}
```

Die ausgegebenen Werte im seriellen Monitor sind in Abbildung 7.29 den einzelnen Variablen zugeordnet.

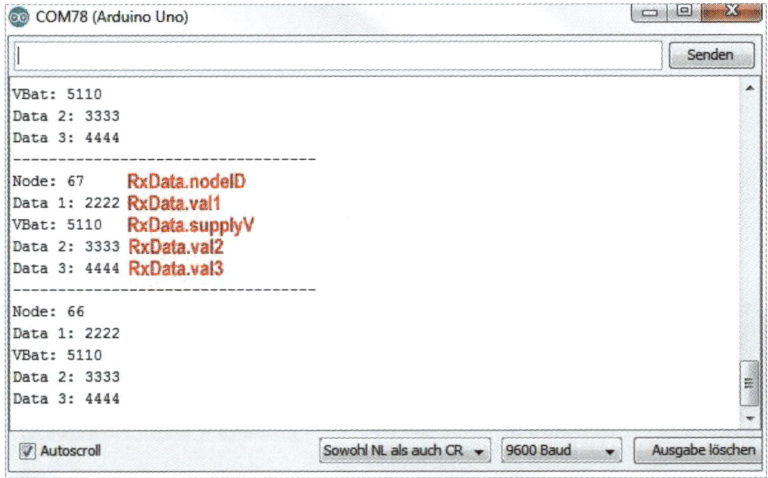

Abb. 7.29: 433-MHz-Empfänger – empfangene Sensordaten

Möglichkeiten für die Weiterverarbeitung:

- Ausgabe auf Display
- Weitergabe über serielle Schnittstelle externes System (Arduino-Board, Raspberry Pi etc.)

7.7 Praxisbeispiel: RFLink-433-MHz-Gateway

Mit dem 433-MHz-Empfänger aus dem vorherigen Abschnitt haben Sie eine passende Empfänger-Station für die selbst gebauten Sensormodule.

In der Praxis ist die 433-MHz-Übertragung sehr beliebt. Viele kommerzielle Anbieter haben Smarthome-Komponenten für diesen Frequenzbereich entwickelt. Diese Produkte senden aber die Daten meist in einem eigenen Datenformat. Für den Empfang dieser Daten muss der Aufbau des Übertragungsprotokolls bekannt sein oder man muss es selber durch Reengineering heraustüfteln.

Dank eines findigen Tüftlers ist dies aber nicht mehr notwendig.

Das Projekt RFLink ist ein 433-MHz-Gateway, das auf einem Arduino Mega betrieben werden kann und 433-MHz-Signale von sehr vielen Herstellern kennt.

`http://www.rflink.nl/blog2/`

Über die serielle Schnittstelle des RFLink-Gateways können die empfangenen Daten in Klartext ausgegeben und weiterverarbeitet werden.

Stückliste (RFLink-433-MHz-Gateway)

- 1 Arduino Mega
- 1 Funkmodul 433 MHz (Empfänger)
- 1 Steckbrett
- Jumper-Wires

Der Steckbrett-Aufbau für das RFLink-Gateway ist in Abbildung 7.30 dargestellt.

Abb. 7.30: RFLink-433-MHz-Gateway

Der Empfang der seriellen Daten ist in der Firmware fix mit dem digitalen Eingang D19 des Arduino Mega konfiguriert und kann nicht verändert werden.

Der Programmcode für den RFLink kann aber nicht wie bei Arduino-Anwendungen üblich über die Arduino-Entwicklungsumgebung hochgeladen werden.

Der Entwickler hat ein eigenes Tool für den Datenupload der Firmware mit AVR-Dude entwickelt.

Unter der Adresse

`http://www.rflink.nl/blog2/download`

kann die aktuelle Firmware inklusive Loader-Programm geladen werden.

Nach dem Download der ZIP-Datei befinden sich in diesem Archiv die aktuelle Firmware und der aktuelle RFLink-Loader.

avrdude.conf	CONF-Datei	20 KB	Nein
avrdude.exe	Anwendung	545 KB	Nein
FAQ.txt	Textdokument	1 KB	Nein
libusb0.dll	Anwendungserweiterung	19 KB	Nein
License.txt	Textdokument	2 KB	Nein
Readme_Loader.txt	Textdokument	1 KB	Nein
Readme_RFLink.txt	Textdokument	12 KB	Nein
RFLink Protocol Reference.txt	Textdokument	5 KB	Nein
RFLink Schematic.jpg	JPEG-Bild	35 KB	Nein
RFLink.cpp.hex	HEX-Datei	179 KB	Nein
RFLinkLoader.exe	Anwendung	152 KB	Nein
RFLinkLoader.md5	MD5-Datei	1 KB	Nein
RFLinkLoader.sha512	SHA512-Datei	1 KB	Nein
Support.txt	Textdokument	1 KB	Nein
Supported Device List.txt	Textdokument	6 KB	Nein

Abb. 7.31: RFLink – Firmware und Anwendung

Nach dem Entpacken ist die Anwendung bereit.

Nun wird der Arduino Mega über das USB-Kabel mit dem Rechner verbunden und die Anwendung `RFLinkLoader.exe` ausgeführt.

Nachdem die Anwendung RFLink Loader gestartet ist, muss der COM-Port des angeschlossenen Arduino Mega ausgewählt werden. Zusätzlich muss die Firmware aus dem Verzeichnis des RFLink Loaders ausgewählt werden – die Datei heißt `RFLink.cpp.hex` (Abbildung 7.32).

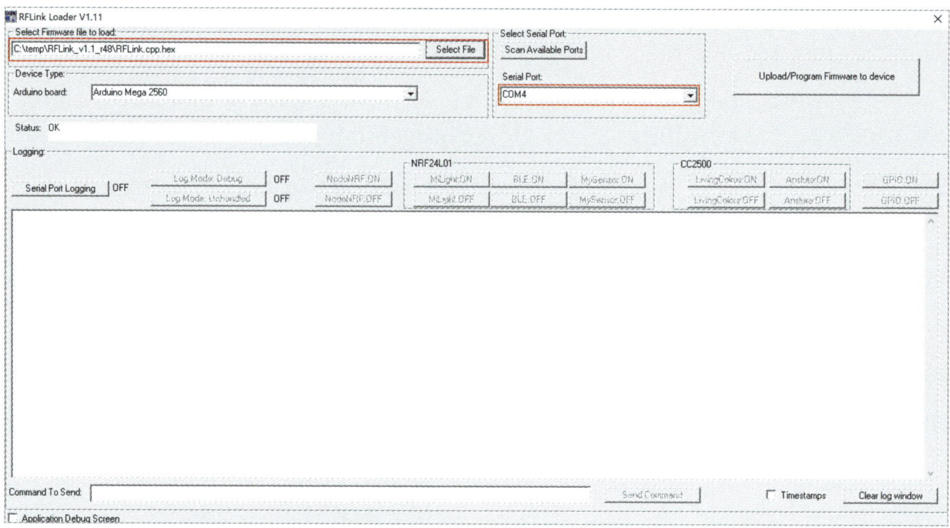

Abb. 7.32: RFLink Loader – Upload Firmware I

Das Programmieren der Firmware auf dem angeschlossenen Arduino Mega dauert nur wenige Sekunden.

Der erfolgreiche Upload wird mit einer Infomeldung bestätigt (Abbildung 7.33).

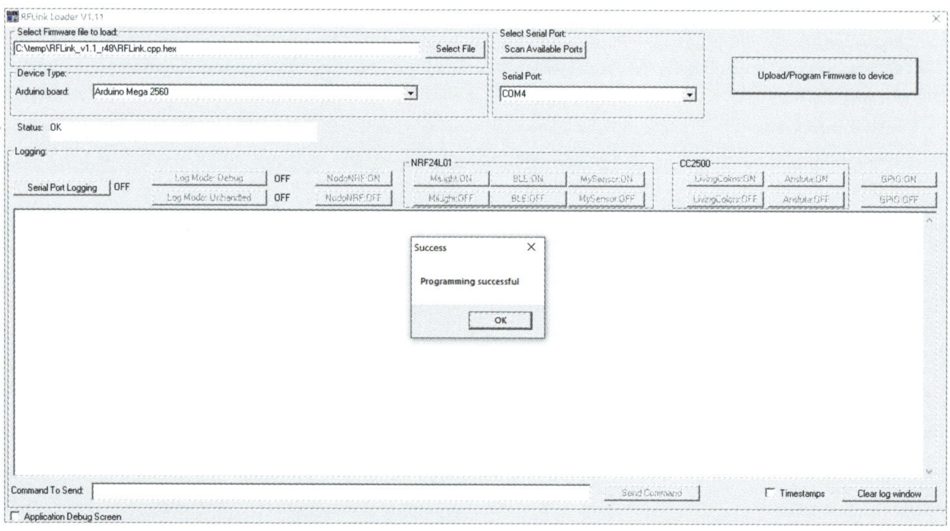

Abb. 7.33: RFLink Loader – Upload Firmware II

Sobald nun der 433-MHz-Empfänger am Arduino Mega angeschlossen und die Option `Serial Port Logging` im RFLink Loader eingeschaltet ist, empfängt man die ersten Daten von 433-MHz-Modulen. Voraussetzung ist natürlich, dass Geräte wie Bewegungsmelder, Fensterkontakte oder Rauchmelder in Betrieb sind.

In Abbildung 7.34 werden die ersten Signale von 433-MHz-Modulen empfangen.

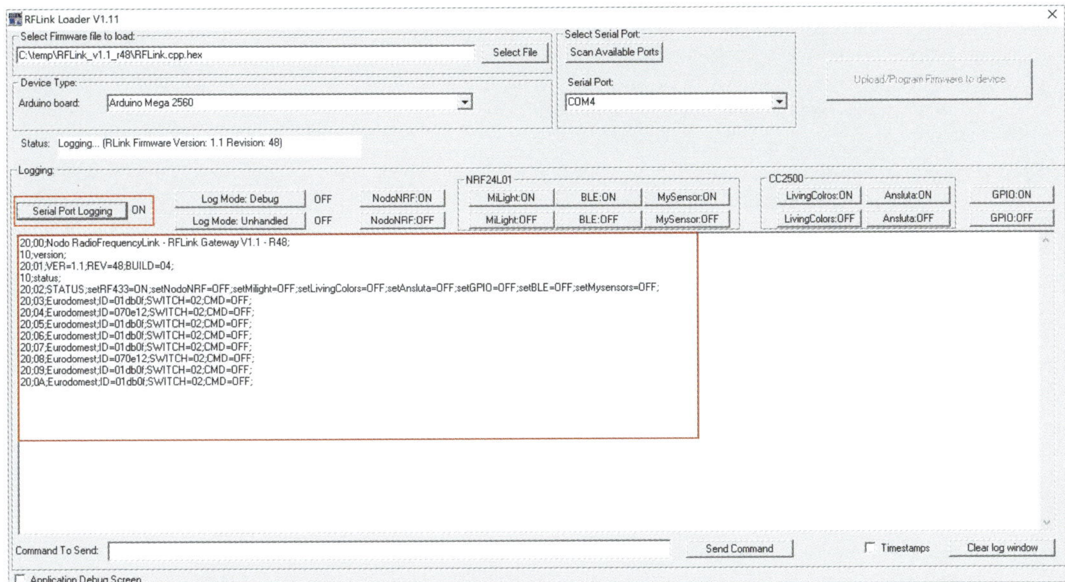

Abb. 7.34: RFLink Loader – Sensordaten empfangen

Daten auswerten und verarbeiten

Die vom RFLink-Board empfangenen Daten werden, wie in Abbildung 7.34 gezeigt, über die serielle Schnittstelle ausgegeben.

Wird nun das RFLink-Board an einem USB-Anschluss des Raspberry Pi angeschlossen, kann man die seriellen Daten in Node-Red einlesen und verarbeiten. Also der gleiche Lösungsansatz wie im Praxisbeispiel in Abschnitt 6.7.

Mit dem Node-Red-Node `serial in` wird auch in diesem Beispiel die serielle Schnittstelle des Raspberry Pi abgefragt. Die Datenübertragung erfolgt mit 57600 Baud. Die empfangenen Daten werden anschließend über einen Debug-Node ausgegeben (Abbildung 7.35).

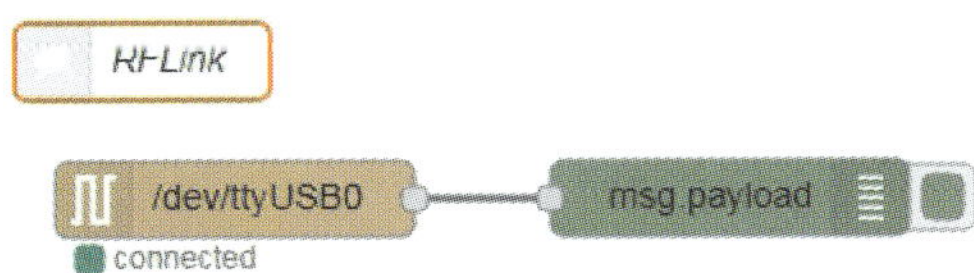

Abb. 7.35: Node-Red: Daten von RFLink einlesen

Im Debug-Fenster von Node-Red können die empfangenen Daten betrachtet werden (Abbildung 7.36).

Wie Sie erkennen können, wird ein String mit einzelnen Daten mit einem Semikolon als Trennzeichen gesendet.

Abb. 7.36: Node-Red: gesendete Daten von RFLink

Mit einem kleinen Funktions-Node wird nun der Datenstring in Node-Red in einzelne Werte getrennt (parsen). Der Flow dazu sieht aus wie in Abbildung 7.37 gezeigt.

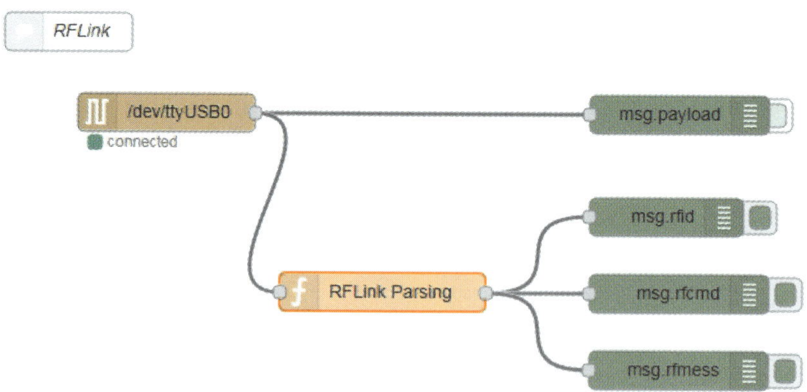

Abb. 7.37: Node-Red: RFLink-Datenstring empfangen und parsen

Im Code werden die Felder Hersteller (rot), ID (grün) und Befehl (blau) aus dem Datenstring benötigt

```
msg.payload : string[47]
▸ "20;51;Eurodomest;ID=25d485;SWITCH=00;CMD=OFF;↵"
```

Abb. 7.38: Node-Red: RFLink-Datenstring

Der Datenstring wird in ein Array gespeichert und anschließend werden die einzelnen Daten des Arrays in Variablen gespeichert (`smarthome_kap7_rflink_parse.txt`).

Für die weitere Auswertung werden nur die ID (Variable `rfid`) und der Befehl (Variable `cfcmd`) benötigt:

```
//RF Link Data Receiver
//Datenstring (Data;Data;Data)

var tokens = msg.payload;
var array = tokens.split(";");

// Datenfelder
// Make
var rfmake=array[2];
// ID
var rfid=array[3];
rfid=rfid.substr(3,rfid.length);
// Status
var rfcmd=array[5];
rfcmd=rfcmd.substr(4,rfcmd.length);

var rfmess="";

// Bewegungsmelder
if (rfid==='270e12')
{
    rfmess="Bewegung im Office!!!!";
}
// Kontakt
if (rfid==='25d485' && rfcmd=='ON')
{
```

```
    rfmess="Schalter AUF im Office!!!!";
}
// Kontakt
if (rfid==='25d485' && rfcmd=='OFF')
{
    rfmess="Schalter AUS im Office!!!!";
}

msg.rfmake=rfmake;
msg.rfid=rfid;
msg.rfcmd=rfcmd;
msg.rfmess=rfmess;
return [msg];
```

Die ID einzelner Module, in diesem Fall eines Bewegungsmelders und eines Türkontakts, wird angefragt. Falls das Signal von einem der definierten Module kommt, wird ein Textstring in der Variablen `rfmess` gespeichert. Beim Kontakt wird neben der ID noch der Befehl abgefragt.

Zum Schluss werden die einzelnen Variablen dem `msg`-Objekt zugewiesen.

In den Debug-Ausgaben werden dann die einzelnen Werte separat ausgegeben. Die Werte können anschließend, je nach Bedarf, weiterverarbeitet werden.

Dank der großen Bibliothek an Übertragungsprotokollen in der RFLink-Anwendung und der vielen Möglichkeiten von Node-Red eignet sich diese Lösung ideal als Erweiterung im Smarthome.

Kompakter RFLink

In diesem Praxisbeispiel wird ein Arduino Mega eingesetzt. Das Board ist von den Abmessungen her recht groß, obwohl auf dem Arduino Mega nur ein einziger Pin verwendet wird.

Als Alternative zum Arduino Mega kann auch ein Arduino-Clone mit der Typenbezeichnung `MCU Mega 2560` eingesetzt werden. In Abbildung 7.39 ist dieses Arduino-Mega-kompatible Board abgebildet.

Dieses nur 38 x 55 mm große Board ist ein kompatibler Mega und eignet sich optimal für den Einsatz als RFLink-Modul.

Ich habe mir für meine Anwendungen eine eigene Basisplatine realisiert, um die RFLink-Anwendung in kompakter Bauform aufzubauen (Abbildung 7.40).

Abb. 7.39: Arduino-Mega-Clone: Mega 2560 Pro (Bild: Aliexpress/RobotDyn)

Abb. 7.40: RFLink mit Mega-2560-Pro-Board

Das Mega-2560-Pro-Board gibt es bei verschiedenen Händlern von Aliexpress.

RobotDyn

`https://de.aliexpress.com/item/32801785024.html`

7.8 Praxisbeispiel: ESP8266 als RF-Gateway

Mit dem RFLink-Modul kann man zwar jede Menge an RF-Daten von allen möglichen 433-MHz-Anbietern empfangen. Für die Weiterverarbeitung der Daten muss das RFLink-Modul aber über eine USB-Verbindung an einen Rechner oder Raspberry Pi angeschlossen werden.

Beim Einsatz eines Microcontroller-Boards mit WiFi-Empfänger kann man ein RF Gateway realisieren, das seine Daten drahtlos weitergibt. Idealerweise an einen zentralen MQTT-Broker.

In diesem Praxisbeispiel nehmen wir wieder das bereits bekannte Wemos-D1-Mini-Board.

Stückliste (RF-Gateway)

- 1 Wemos D1 Mini
- 1 Funkmodul 433 MHz (Empfänger)
- 1 Breadboard
- Jumper-Wires

Neben dem 433-MHz-Empfängermodul sind keine externen Bauteile nötig.

In Abbildung 7.41 ist der Steckbrett-Aufbau für das kleine RF-Gateway abgebildet. Das vom 433-MHz-Empfänger empfangene Signal wird an den Pin D5 (GPIO14) des Wemos D1 Mini geführt.

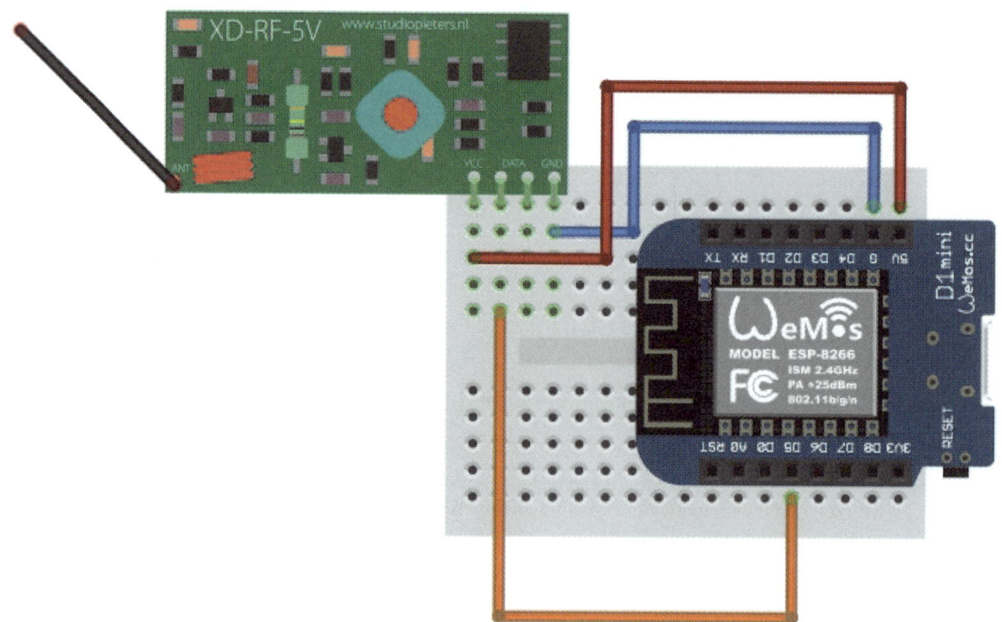

Abb. 7.41: RF-Gateway mit Wemos D1 Mini

Firmware

Auch in diesem Beispiel verwenden wir die Tasmota-Firmware. Zu beachten ist, dass beim Download des Binary-Files von Tasmota die Version `tasmota-sensors.bin` auf den Wemos geladen wird.

In der Modulkonfiguration von Tasmota wird nun der Empfangspin D5 des Wemos mit der Funktion `Rfrecv (106)` verknüpft (Abbildung 7.42).

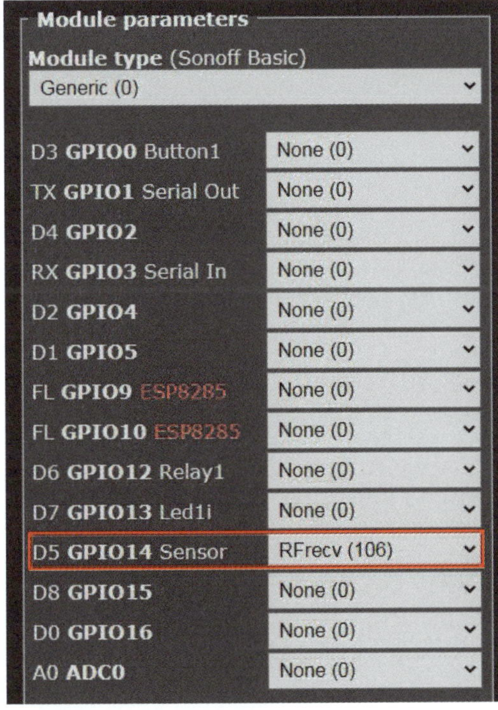

Abb. 7.42: RF-Gateway – Konfiguration RF-Empfang

Nach dem Speichern der Konfiguration kann der Datenempfang in der Konsole überprüft werden.

Ein naher Bewegungsmelder sendet mehrere Bewegungen:

```
17:11:51 MQT: tele/Gurke/RESULT = {"Time":"2020-10-29T17:11:51",
"RfReceived":{"Data":"0x8F1EDA","Bits":24,"Protocol":1,"Pulse":297}}
17:11:52 MQT: tele/Gurke/RESULT = {"Time":"2020-10-29T17:11:52",
"RfReceived":{"Data":"0x8F1EDA","Bits":24,"Protocol":1,"Pulse":297}}
```

In Node-Red kann nun der Topic `tele/Gurke/RESULT` abgefragt werden (Abbildung 7.43).

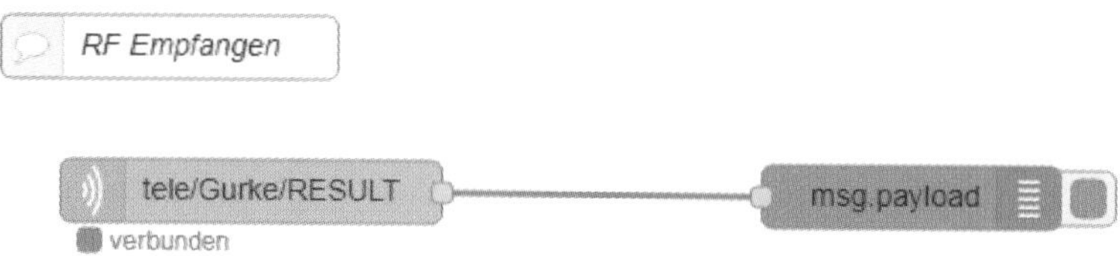

Abb. 7.43: Node-Red: RF-Gateway-Daten empfangen I

Im Debug-Fenster finden Sie die beiden Einträge aus der Tasmota-Konsole (Abbildung 7.44).

29.10.2020, 17:14:27 node: a0659afc.3191b8
tele/Gurke/RESULT : msg.payload : string[98]

```
"{"Time":"2020-10-29T17:11:51","RfReceived":{"Data":"0x8F1EDA","Bits":24,"Protocol":1,"Pulse":297}}"
```

29.10.2020, 17:14:28 node: a0659afc.3191b8
tele/Gurke/RESULT : msg.payload : string[98]

```
"{"Time":"2020-10-29T17:11:52","RfReceived":{"Data":"0x8F1EDA","Bits":24,"Protocol":1,"Pulse":297}}"
```

Abb. 7.44: Node-Red: RF-Gateway-Daten empfangen II

Datenauswertung

Für die Abfrage des Datenstrings aus Abbildung 7.44 kann ein Skript, basierend auf dem Script `smarthome_kap7_funktion_wettermodul_parse.txt` verwendet werden.

Ein Lösungsansatz ohne Programmierung wird im nachfolgenden Praxisbeispiel angewendet.

7.9 Praxisbeispiel: RF-Gateway mit Sonoff RF Bridge

In den vorherigen Praxisbeispielen wurden DIY- oder Selbstbaulösungen für den Empfang von 433-MHz-Sensorsignalen verwendet.

Der Hersteller der Sonoff-Schaltmodule, diese wurden in Kapitel 3 eingesetzt, bietet in der Modulreihe der 433-MHz-Module auch ein Empfangsmodul für 433-

MHz-Signale. Das Modul nennt sich RF Bridge und ist ein kleines kompaktes Empfangs- und Sendemodul.

`https://sonoff.tech/product/accessories/433-rf-bridge`

In Tests hat sich dieses Modul bei mir als sehr effizient und empfangsstark herausgestellt.

In Abbildung 7.45 ist ein Sonoff RF Bridge abgebildet. Die Module sind bei vielen Online-Händlern verfügbar und kosten rund 12 bis 15 US-Dollar.

Abb. 7.45: Sonoff RF Bridge (Bild: Aliexpress)

Standardmäßig wird auch die Sonoff RF Bridge mit einer Firmware ausgeliefert, die mit einer cloudbasierten Smartphone-App arbeitet.

Das ist aber kein Problem, da für die RF Bridge ein Firmware-Tausch möglich ist. Auch auf dieses RF-Modul kann Tasmota installiert werden. Der Vorgang dazu benötigt aber ein paar praktische Schritte.

Tasmota flashen

Das Flashen einer Tasmota-Firmware auf ein ESP8266-Modul oder ein RF-Schaltelement benötigt bekannterweise einen Zugang zum USB-Port des jeweiligen Moduls. Bei einzelnen Modulen wie einigen Wemos-Modulen ist die USB-Schnittstelle nach außen geführt.

Die Module der Sonoff-Reihe erfordern ein Öffnen des Moduls. So ist es auch bei der Sonoff RF Bridge. Nachfolgend sind die erforderlichen Schritte beschrieben.

Auf der Unterseite die vier Gummifüße entfernen und die vier Montageschrauben aufschrauben.

Deckel entfernen und Leiterplatte herausnehmen (Abbildung 7.46).

Abb. 7.46: RF Bridge – Leiterplatte I

Flache LED und Schaumstoff aufklappen (Abbildung 7.47).

Abb. 7.47: RF Bridge – Leiterplatte II

Schalter für Programmierung auf Position OFF (Abbildung 7.48).

Abb. 7.48: RF Bridge – Schalter für Programmierung Firmware

Rechts vom Schiebeschalter befinden sich die Anschlusspins für das Aufspielen der Firmware (Abbildung 7.49). Dazu wird ein handelsüblicher USB-Serial-Adapter mit 3,3 V benötigt.

Abb. 7.49: RF Bridge – Anschluss für USB-Serial-Adapter

Für das Flashen der Firmware mittels USB-Serial-Adapter sind die vier unteren Pins nötig. Die Pins werden gemäß Tabelle 7.1 mit dem USB-Serial-Adapter verbunden.

Dazu verwendet man idealerweise Jumper-Wires. Optional kann auch noch eine Stiftleiste auf die Pins gelötet werden.

Pins auf RF Bridge	Pins USB-Serial-Adapter
GND	GND
TX	RX
RX	TX
3V3	3,3 V

Tabelle 7.1: RF Bridge – Verbindung mit USB-Serial-Adapter

In Abbildung 7.50 ist ein Übergangsadapter für die Verbindung mit dem USB-Serial-Modul im Einsatz.

Abb. 7.50: RF Bridge – Programmieradapter

Für die Programmierung wird die Verbindung vom RF-Bridge-Board zum USB-Serial-Adapter hergestellt. Dann steckt man das USB-Kabel am USB-Adapter ein.

Nun wird der Drucktaster neben dem USB-Anschluss auf der RF Bridge gedrückt und gleichzeitig das USB-Kabel am Rechner eingesteckt (Abbildung 7.51).

Abb. 7.51: RF Bridge – Programmiertaster

Jetzt kann die Firmware mit der Software Tasmotizer (gemäß Abschnitt 3.10) hochgeladen werden.

Nach der Verbindung über den Access-Point der Tasmota-Installation muss zum Schluss das soeben geflashte Modul in der Tasmota-Konfiguration als RF Bridge `Sonoff Bridge (25)` definiert werden (Abbildung 7.52).

Module parameters

Module type (Sonoff Basic)

Sonoff Bridge (25)

GPIO2	None (0)
GPIO4	None (0)
GPIO5	None (0)
GPIO12 Relay1	None (0)
GPIO14 Sensor	None (0)

Save

Abb. 7.52: Tasmota als Sonoff Bridge

Datenempfang

Dank der Konsolen-Funktion in Tasmota können Sie nun umgehend den Datenempfang überprüfen.

Sobald ein 433-MHz-Sensor, beispielsweise ein Bewegungsmelder oder ein Kontakt, ein Signal sendet, wird dieses in der Konsole angezeigt:

```
15:43:49 MQT: tele/rfbridge2/RESULT = {"Time":"2020-10-30T15:43:49",
"RfReceived":{"Sync":9180,"Low":310,"High":920,"Data":"8F1EDA",
"RfKey":"None"}}
```

Somit haben Sie die Bestätigung, dass die RF Bridge funktioniert.

Zum Test kann der Datenempfang auch über den Empfangs-Topic `tele/rfbridge2/RESULT` in Node-Red angezeigt werden.

Wie Sie im empfangenen Sensor-Signal erkennen können, ist das die Bewegungserkennung vom gleichen Bewegungssensor aus dem vorherigen Praxisbeispiel – der Sensor mit der ID `8F1EDA`.

Daten auswerten mit Regeln (Rules)

In der Tasmota-Anwendung kann man die empfangenen Daten mittels einfacher Regeln verarbeiten, ohne aufwendigen oder komplizierten Programmcode zu erstellen:

`https://tasmota.github.io/docs/Rules/`

Im System kann man maximal drei Regeln erfassen, wobei eine Regel mehrere Befehle beinhalten kann.

Diese Beispiel-Regel soll aufzeigen, wie Sie eine Bewegungsmeldung von einem Bewegungsmelder als einfache Ausgabe konfigurieren können. Die Regel wird im Tasmota-System Regel 3 sein (`rule3`).

Über die Konsole gibt man folgende Regel-Anweisung ein:

```
rule3 on rfreceived#Data=E24F0A do publish RFBridge2/pir1 PIR1-Bewegung endon
```

Abb. 7.53: Tasmota-Regeleingabe über Konsole

Die Regelzeile für `rule3` sagt aus, dass beim Empfang von Daten mit dem Wert `E24F0A` eine Ausgabe (`publish`) auf den MQTT-Topic `RFBridge2/pir1` mit dem Inhalt `PIR1-Bewegung` erfolgt. Mit `endon` wird die Anweisung abgeschlossen.

Anschließend wird die Regel aktiviert:

```
rule3
```

Bei der nächsten Bewegungserkennung durch den Sensor mit der ID `E24F0A` wird die Regel ausgeführt und folgende Meldung in der Konsole ausgegeben:

```
18:16:45 RUL: RFRECEIVED#DATA=E24F0A performs "publish RFBridge2/pir1
PIR1-Bewegung"
```

Dabei wird die Ausgabe auf den Topic `RFBridge2/pir1` publiziert:

```
18:16:45 MQT: RFBridge2/pir1 = PIR1-Bewegung
```

In Node-Red wird dieser Topic eingetragen (Abbildung 7.54).

Abb. 7.54: Node-Red: Topic von Tasmota-Regel abonnieren und ausgeben

Jede vom Bewegungssensor erfasste Bewegung kann nun im Debug-Fenster überwacht und weiterverarbeitet werden (Abbildung 7.55).

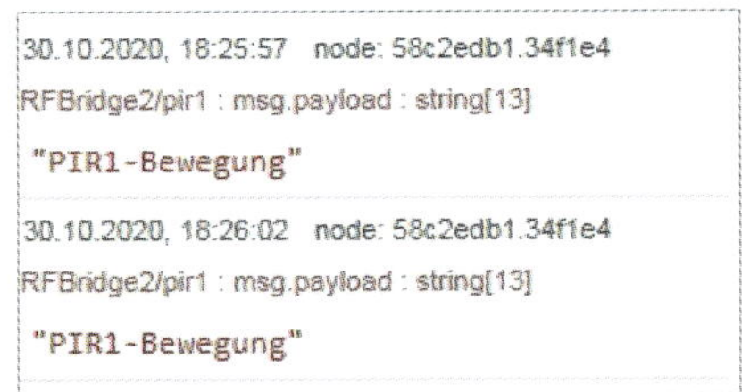

Abb. 7.55: Node-Red: Bewegungsmeldung

Die Regelfunktion von Tasmota ist ein großartiges Werkzeug und erleichtert dem Smarthome-Anwender die Datenverarbeitung.

Kapitel 8

MQTT-Anwendungen

In diesem Kapitel werden konkrete Praxisbeispiele beschrieben, die Sie in Ihr Smarthome integrieren können.

Mit einer universellen Fernbedienung kann das Fernsehgerät über das Tablet oder Smartphone bedient werden. Ein kompakter Sensor im Briefkasten meldet, sobald der nette Postbote die tägliche Post in den Briefkasten gelegt hat.

8.1 Praxisbeispiel: Ausgänge von Arduino und Raspberry Pi schalten

In den vorherigen Kapiteln wurden viele Daten von Sensoren und Modulen empfangen. Umweltdaten werden dann meist auf dem Dashboard in Form eines Anzeige-Instruments oder einer Grafik dargestellt.

Neben den empfangenen Daten werden in einem Smarthome-System aber auch Zustände von Aktoren, Lampen oder Schaltmodulen verarbeitet.

Mittels der grafischen Oberfläche Node-Red können einfache oder auch komplexe Datenflüsse aufgebaut werden. Am Ende eines Flows wird schlussendlich ein Aktor angesteuert. Der Aktor kann auch nur eine Leuchtdiode sein, die den Status einer Komponente optisch anzeigt.

Die Ansteuerung einer Leuchtdiode oder eines kleinen Schaltrelais kann in diesem Fall direkt über den Ausgang des Raspberry Pi realisiert werden. Als Interface-Modul eignet sich auch ein am Raspberry Pi angeschlossener Arduino.

In Abbildung 8.1 ist das Prinzip mit Raspberry Pi und Arduino abgebildet.

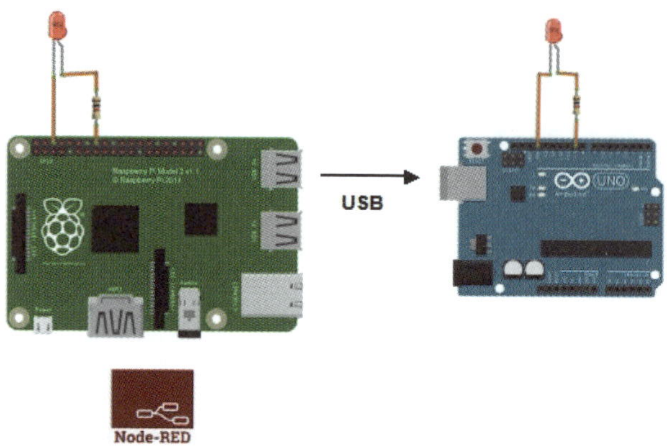

Abb. 8.1: Node-Red: Ausgänge schalten auf Raspberry Pi (links) und Arduino (rechts)

Ausgang am Raspberry Pi schalten

In Abbildung 8.2 ist ein einfacher Flow für die Steuerung eines digitalen Ausgangs auf dem Raspberry Pi dargestellt. Für die Ansteuerung werden zwei Inject-Nodes sowie ein Ausgangs-Pin-Node (`rpi gpio out`) der Raspberry-Pi-Palette benötigt.

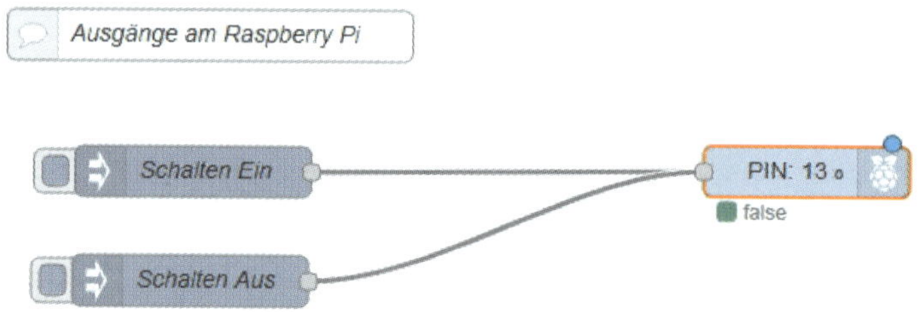

Abb. 8.2: Node-Red: Ausgang schalten am Raspberry Pi

In den Schalter-Nodes wird ein Signal für Ein beziehungsweise Aus gesendet. Dabei wird im Ein-Node in den Nutzdaten der Wert `true` (Ausgang Ein), im Aus-Node entsprechend `false` (Ausgang Aus), definiert (Abbildung 8.3).

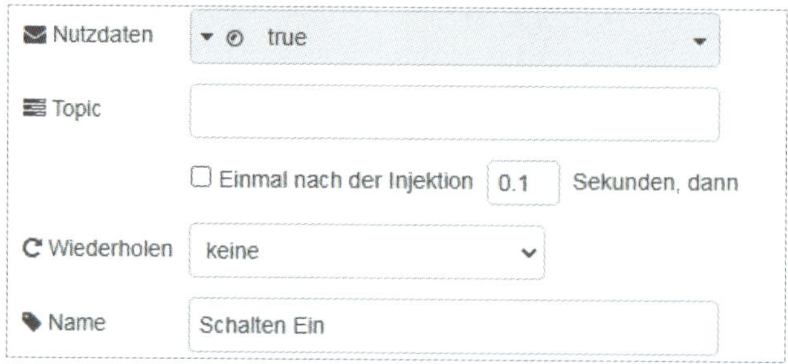

Abb. 8.3: Node-Red: Inject-Node für Ein- und Ausschalten

Im Ausgangs-Node muss der jeweilige digitale Ausgang gewählt werden. Im Beispiel wird GPIO27 an Pin 13 der Stiftleiste verwendet. Zusätzlich muss die Art des Ausgangs (Digitalausgang oder PWM) angegeben werden. Am Ende der Konfiguration wird definiert, welchen digitalen Zustand der Ausgang bei Start (Initialisierung) annimmt (Abbildung 8.4).

Pin

3.3V Power - 1	2 - 5V Power
SDA1 - GPIO02 - 3	4 - 5V Power
SCL1 - GPIO03 - 5	6 - Ground
GPIO04 - 7	8 - GPIO14 - TxD
Ground - 9	10 - GPIO15 - RxD
GPIO17 - 11	12 - GPIO18
GPIO27 - 13	14 - Ground
GPIO22 - 15	16 - GPIO23
3.3V Power - 17	18 - GPIO24
MOSI - GPIO10 - 19	20 - Ground
MISO - GPIO09 - 21	22 - GPIO25
SCLK - GPIO11 - 23	24 - GPIO8 - CE0
Ground - 25	26 - GPIO7 - CE1
SD - 27	28 - SC
GPIO05 - 29	30 - Ground
GPIO06 - 31	32 - GPIO12
GPIO13 - 33	34 - Ground
GPIO19 - 35	36 - GPIO16
GPIO26 - 37	38 - GPIO20
Ground - 39	40 - GPIO21

Type: Digital output

Initialise pin state?

initial level of pin - low (0)

Abb. 8.4: Node-Red: GPIO-Node – Ausgang wählen

Wird nun eine Leuchtdiode mit Vorwiderstand an den GPIO27 angeschlossen, kann mit den Ein- und Ausschalt-Nodes die LED eingeschaltet beziehungsweise ausgeschaltet werden (Abbildung 8.5).

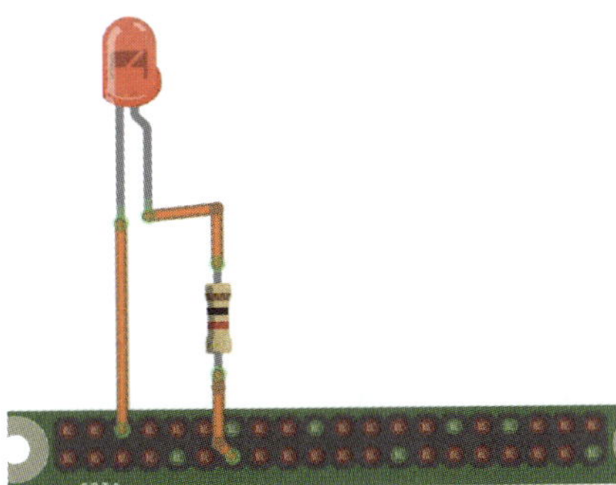

Abb. 8.5: Node-Red: LED an Ausgang von Raspberry Pi anschließen

Die Ansteuerung des Ausgangs des Raspberry Pi kann aber auch über einen MQTT-Topic realisiert werden. Dazu erweitert man den Flow mit einem MQTT-Node (`mqtt in`) gemäß Abbildung 8.6.

Als Topic-Name wird `OutputTopic/Rpi` gewählt.

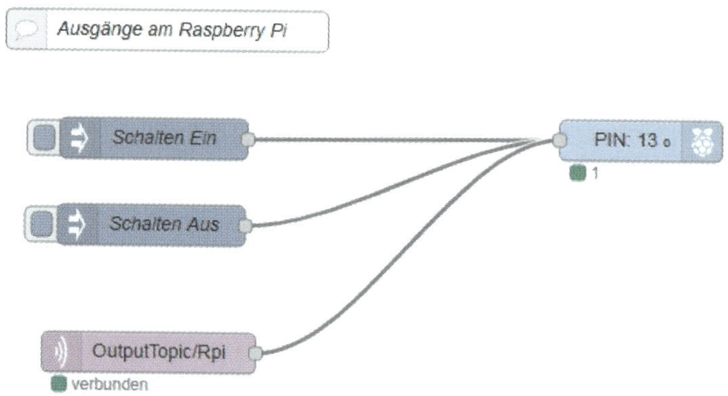

Abb. 8.6: Node-Red: Raspberry-Pi-Ausgang mit MQTT-Node steuern

Über das Terminal auf dem Raspberry Pi kann nun ein Wert 0 oder 1 auf den oben definierten Topic `OutputTopic/Rpi` publiziert werden (Abbildung 8.7).

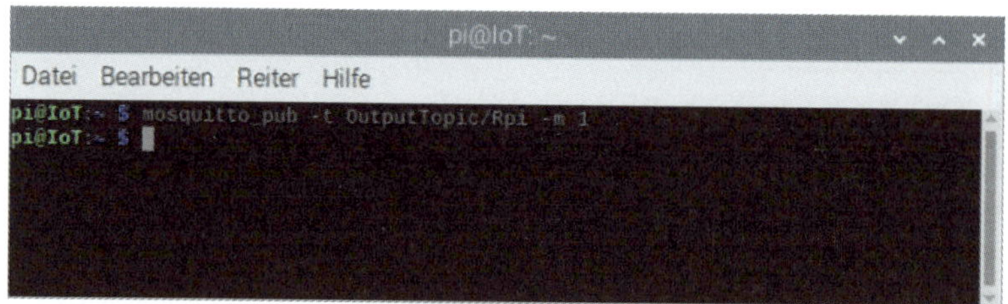

Abb. 8.7: Node-Red: MQTT-Topic steuert Ausgang von Raspberry Pi.

Mit der Ausgangssteuerung über MQTT haben Sie eine Basis für eigene Anwendungen.

Ausgang am Arduino schalten

Das Arduino-Board ist die erste Wahl, wenn es um Sensor- und Interface-Anwendungen geht. Dank der vielen Ein- und Ausgänge und der verschiedenen Arduino-Bauformen finden Sie für fast jeden Fall die geeignete Lösung.

Im Praxisbeispiel aus Abschnitt 6.7 wurde ein Arduino als Sensor-Board realisiert, das über die serielle Schnittstelle Daten an das Raspberry Pi sendet. Mit Node-Red wurde dann der serielle String eingelesen und verarbeitet.

Für das Einlesen von Eingängen und das Schalten von Ausgängen auf dem Arduino via Node-Red muss auf dem Arduino-Board kein anwendungsspezifisches Programm geladen werden. Auf das Arduino-Board wird ein spezieller Kommunikations-Sketch `firmata` geladen. Mit Firmata kann man eine Host-gesteuerte Arduino-Anwendung realisieren. Der Host ist in unserem Fall der Raspberry Pi.

Die Firmata-Bibliothek ist in der Arduino-Entwicklungsumgebung bereits installiert. Für unseren Fall wird der Sketch `StandardFirmata` installiert (Abbildung 8.8).

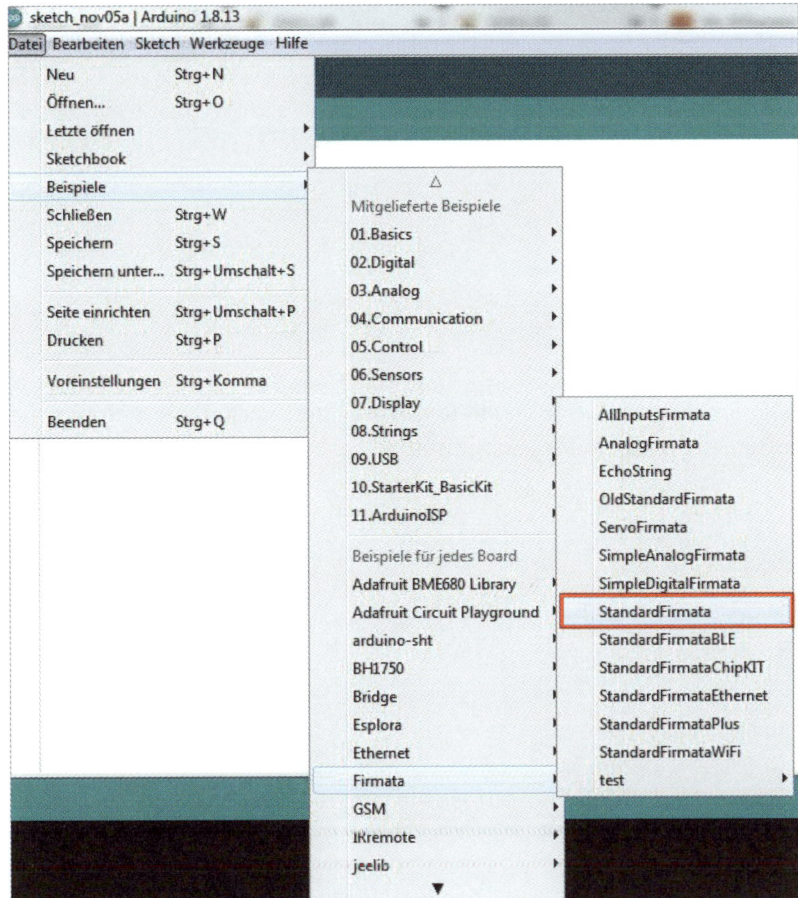

Abb. 8.8: Arduino – Firmata-Bibliothek

Nach dem Hochladen der Standard-Firmata auf das Arduino-Board ist dieses für den Einsatz bereit.

In Node-Red muss in der Palette-Verwaltung eine Arduino-spezifische Node-Palette installiert werden. Diese finden Sie durch eine Suche nach »arduino«. Die Palette heißt `node-red-node-arduino` (Abbildung 8.9).

Abb. 8.9: Node-Red: Arduino-Node installieren

Nach der Installation finden Sie in Node-Red unter den verfügbaren Nodes die soeben installierten Arduino-Nodes (Abbildung 8.10).

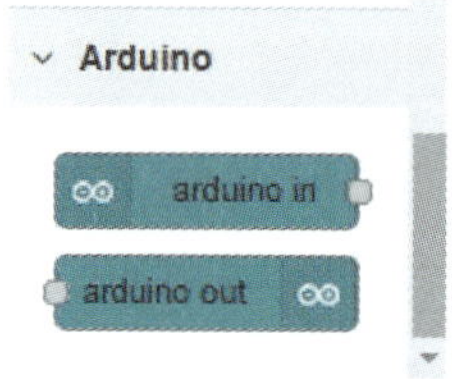

Abb. 8.10: Node-Red: Arduino-Nodes

Nun ziehen wir den Node `arduino out` sowie einen Inject-Node in den Flow-Bereich von Node-Red (Abbildung 8.11).

Abb. 8.11: Node-Red: Arduino Pin

Damit das Arduino-Board angesteuert werden kann, muss es zuerst über ein USB-Kabel mit dem Raspberry Pi verbunden werden.

In Node-Red klicken Sie auf den Pin-Node aus Abbildung 8.11 und wählen die Option zum Hinzufügen eines neuen Arduino-Boards (Abbildung 8.12).

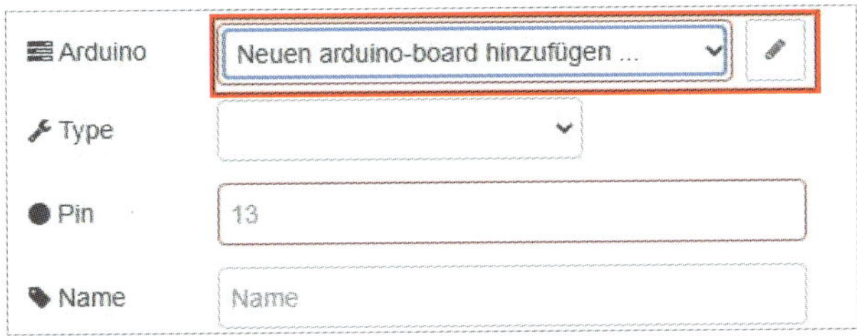

Abb. 8.12: Node-Red: neues Arduino-Board hinzufügen

Mit dem Schreibstift kann nun die Schnittstelle, mit der das Arduino-Board mit dem Raspberry Pi verbunden ist, ausgewählt werden. Im Beispiel ist das der Port `/dev/ttyACM0` (Abbildung 8.13).

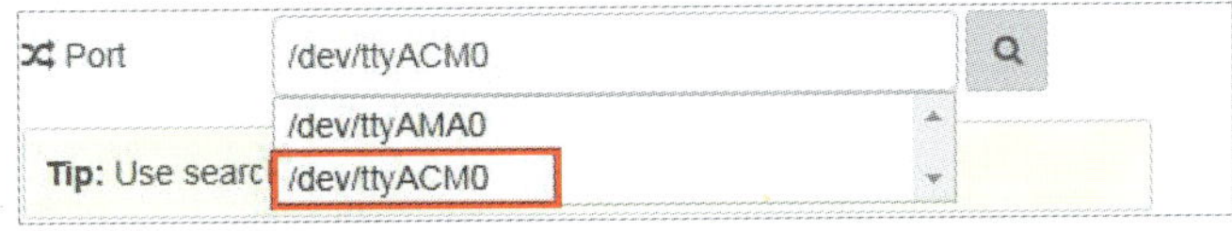

Abb. 8.13: Node-Red: Arduino-Port auswählen

Nach dem Hinzufügen ist der Port ausgewählt.

Nun können die Details des zu verwendenden Pins definiert werden. Als Typ wählen wir Pin 13 als digitalen Ausgang (`Digital (0/1)`) und vergeben den Namen `LED-Out` (Abbildung 8.14).

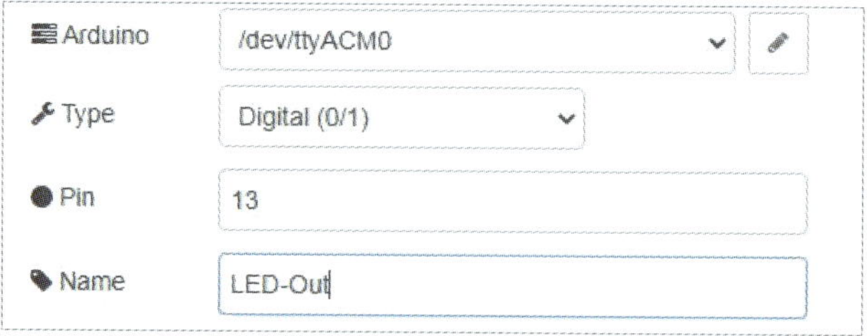

Abb. 8.14: Node-Red: Arduino-Pin definieren

Mit Fertigstellen der Konfiguration und dem Speichern des Flows steht dieser zum Test bereit.

Der Pin-Node wird über den Inject-Node angesteuert. Dieser wird als Intervall-Schalter konfiguriert und mit `Blink` bezeichnet (Abbildung 8.15).

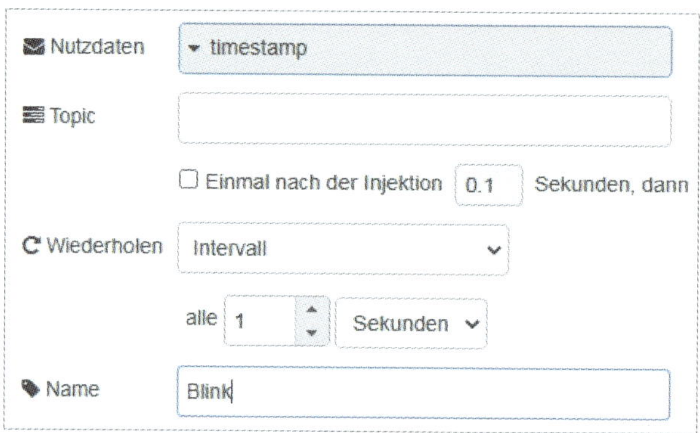

Abb. 8.15: Node-Red: Intervall-Schalter

Damit der Ausgang nun abwechselnd ein- und ausschaltet, muss nach dem Injection-Node ein Toggle-Funktions-Node eingefügt werden (Abbildung 8.16).

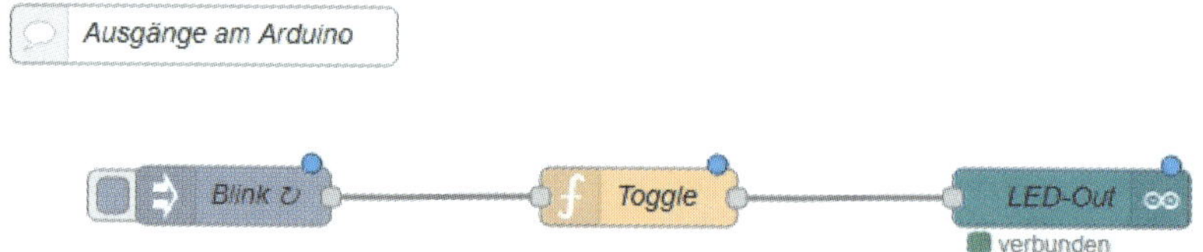

Abb. 8.16: Node-Red: Blink-Flow

Im Funktions-Node `Toggle` wird der Wert in den Nutzdaten jeweils invertiert, von `true` auf `false` (`smarthome_kap8_funktion_toggle_ausgaenge.txt`):

```
context.level = !context.level || false;
msg.payload = context.level;
return msg;
```

Nach dem Speichern beginnt die Onboard-LED auf dem Arduino Uno im Sekundentakt zu blinken.

Anstatt einer Blink-Funktion kann der Arduino-Pin auch über einzelne Befehlseingaben geschaltet werden. In Abbildung 8.17 werden zwei Injection-Nodes für das Ein- und das Ausschalten eingesetzt.

Abb. 8.17: Node-Red: LED schalten mit 2 Injection-Nodes

Je nach Anwendungsfall können die einzelnen Ausgänge des Arduino auch als Analog-Ausgang (PWM) oder als Servo-Ausgang verwendet werden (Abbildung 8.18).

Mit der Auswahl STRING kann gemäß Dokumentation ein String-Wert an den Arduino gesendet werden.

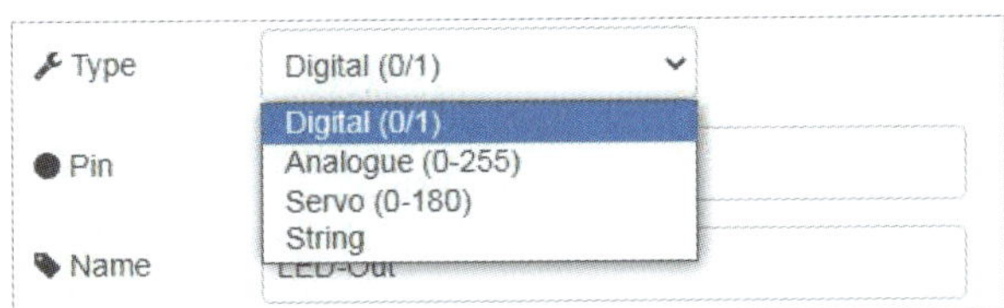

Abb. 8.18: Node-Red: Arduino-Pin-Typ

8.2 Praxisbeispiel: Fernbedienung für Fernseher

In jedem Haushalt wird für die Bedienung des Fernsehers, des DVD-Players oder Radios eine separate Fernsteuerung verwendet. Gerade im ungünstigsten Moment sind die Batterien leer oder die Fernsteuerung fällt auf den Boden und funktioniert nicht mehr.au

Eine universelle Fernsteuerung, die über das Tablet, den PC oder das Smartphone bedient wird, ist die ultimative Lösung.

Statt über physische Tasten werden die Tasteneingaben über ein Node-Red-Dashboard eingegeben (Abbildung 8.19).

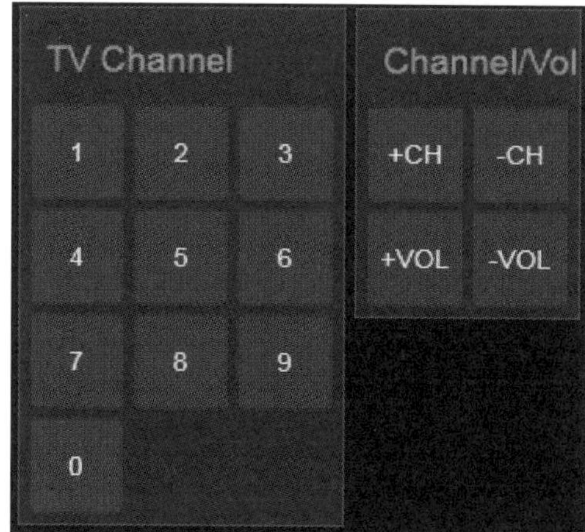

Abb. 8.19: Node-Red: Fernbedienung für Fernseher

Stückliste (IR-Sender)

- 1 Wemos D1 Mini
- 1 Steckbrett
- 3 Infrarot-LED (LED1, LED2, LED3)
- 3 Transistor NPN (beispielsweise BC237 oder BC546)
- 3 Widerstände 100 Ohm (R4, R5, R6)
- 3 Widerstände 1 kOhm (R1, R2, R3)
- Drahtbrücken

Prinzip und Technik

Konventionelle Fernsteuerungen für Multimedia-Geräte senden bei Tastendruck ein Infrarot-Signal (IR) an das jeweilige Gerät. Je nach Gerätetyp und Hersteller wird ein eigenes Protokoll zur Datenübertragung verwendet.

In diesem Praxisbeispiel werden die Codes für die einzelnen Tastendrucke einmalig ermittelt und dann via Node-Red an ein zentrales ESP8266-Modul, wir verwenden einen kompakten Wemos D1 Mini, gesendet. Das Wemos-Modul, auf dem Tasmota installiert ist, sendet dann die Signale an eine Verstärkerstufe mit einer Infrarot-Sendediode. In Node-Red steht dazu eine eigene Sende-Funktion für IR-Sender zur Verfügung.

Das fertige IR-Sendemodul meiner Lösung ist in Abbildung 8.20 dargestellt.

Abb. 8.20: IR-Sendemodul mit Wemos D1 Mini

Die Transistor-Stufe mit der Infrarot-Diode ist in Abbildung 8.21 dargestellt. Die Ansteuerung der drei parallel geschalteten Transistor-Stufen erfolgt über den Pin D5 des Wemos D1 Mini.

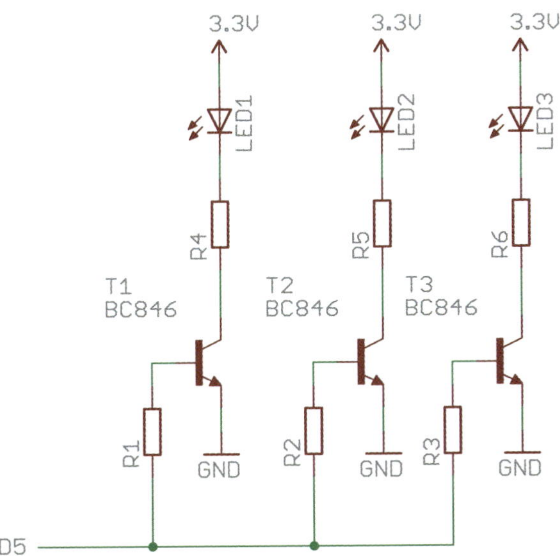

Abb. 8.21: Infrarot-Sendestufe

Die Sendestufe mit den Infrarot-Dioden können Sie nun auf ein kleines Protoshield für Wemos auflöten. Ich habe verschiedene Platinen-Varianten realisiert (Abbildung 8.22).

Abb. 8.22: IR-Sendemodule mit Wemos D1 Mini

Tasmota installieren

Wie bereits erwähnt, läuft auf dem verwendeten Wemos-Modul die bereits bekannte Firmware Tasmota. Die Installation und Konfiguration von Tasmota wird in Kapitel 3 im Detail beschrieben.

Tasmota-Konfiguration

Zusätzlich zur üblichen Konfiguration von Tasmota muss für dieses Praxisbeispiel der Ausgang für die Sendestufe konfiguriert werden.

Auf der Startseite von Tasmota wählen Sie CONFIGURATION|CONFIGURE MODULE. Auf dem Bildschirm (Abbildung 8.23) konfigurieren Sie den GPIO14 (auch unter D5 aufrufbar) mit der Funktion `Irsend (8)`.

Alle Tasteneingaben auf die Node-Red-Oberfläche werden nun an einen IR-Send-Topic publiziert. Die Topic-Informationen gelangen anschließend an den IR-Sende-Ausgang (D5) und über die IR-Diode als Infrarot-Signal an das Fernsehgerät.

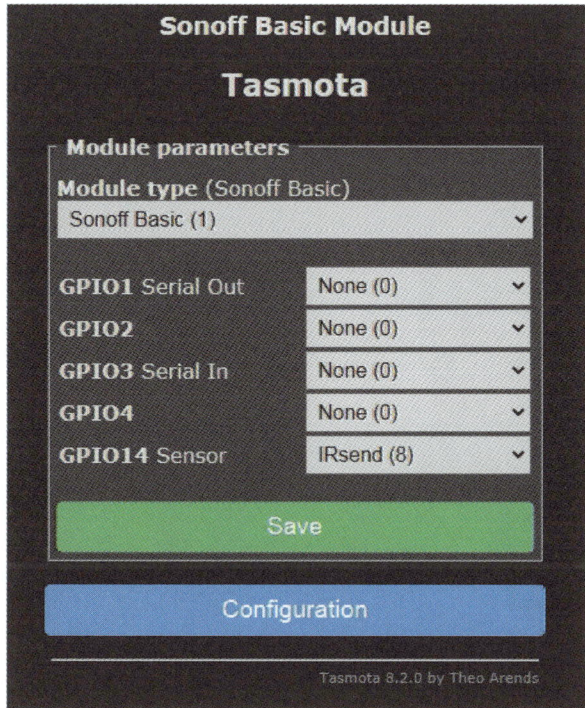

Abb. 8.23: Tasmota – Konfiguration Infrarot senden

IR-Signal

Die Tasten-Codes, die von jeder einzelnen Taste der physischen Fernbedienung ausgehen, müssen für jede Taste ermittelt werden.

Die einfachste Lösung ist die Verwendung des bereits installierten Wemos-Moduls. Für den IR-Signal-Empfang muss temporär ein IR-Empfänger an das Wemos-Modul angeschlossen werden.

In der nachfolgenden Stückliste sind die nötigen Bauteile aufgelistet.

Stückliste (IR-Empfänger)

- 1 Wemos D1 Mini
- 1 Steckbrett
- 1 Infrarot-Empfänger 38 kHz (Typ TSOP4838 oder Empfänger aus IR-Kit)
- Drahtbrücken

In Abbildung 8.24 ist der Steckbrett-Aufbau für die temporäre IR-Empfänger-Schaltung abgebildet. Je nach verwendetem Infrarot-Empfänger ist die Anschlussbelegung unterschiedlich.

Abb. 8.24: IR-Empfänger – Steckbrett-Aufbau

Nun kann das Wemos-Board mit einer Stromversorgung verbunden werden. Über die IP-Adresse kann die Tasmota-Installation aufgerufen werden. Im Konfigurationsmenü wird nun noch der Infrarot-Empfänger für D4 (GPIO2) aktiviert (Abbildung 8.25).

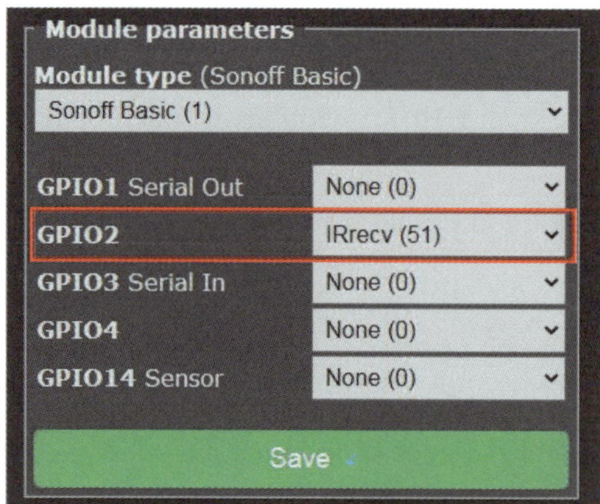

Abb. 8.25: Tasmota – Konfiguration IR-Empfänger

Nach dem Speichern kann über die Tasmota-Konsole der Datenempfang des IR-Empfängers überprüft werden.

Bei Klick auf die einzelnen Zahlentasten der physischen Fernbedienung erscheinen die jeweiligen IR-Codes (Abbildung 8.26).

Abb. 8.26: Tasmota – Empfang von IR-Daten

Im Detail sieht dann eine einzelne empfangene Zeile wie folgt aus:

```
21:26:19 MQT: tomate/tomate/RESULT = {"Time":"2020-10-28T21:26:19",
"IrReceived":{"Protocol":"NEC","Bits":32,"Data":"0x00FD708F"}}
```

Der String `IrReceived` ist der Code für die jeweilige Taste:

```
{"Protocol":"NEC","Bits":32,"Data":"0x00FD708F"}
```

Diese Codes müssen für alle verwendeten Tasten ermittelt und notiert werden.

Flow in Node-Red

Der Datenflow in Node-Red besteht aus den Tasten für die einzelnen Ziffern (0 bis 9) und einem MQTT-Topic als Ausgabe (Abbildung 8.27).

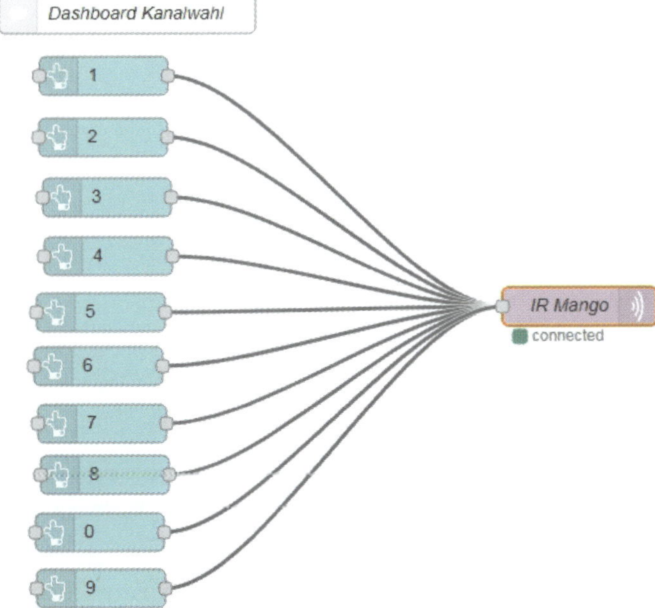

Abb. 8.27: Node-Red: Flow für Fernsteuerung Tastenfeld

Der MQTT-Topic ist ein speziell von Tasmota definierter Topic für den IR-Versand und lautet bei meinem Beispiel:

`cmnd/mango/IRSend`

`Mango` ist der Topic-Name, der bei der Tasmota-Konfiguration eingetragen wird.

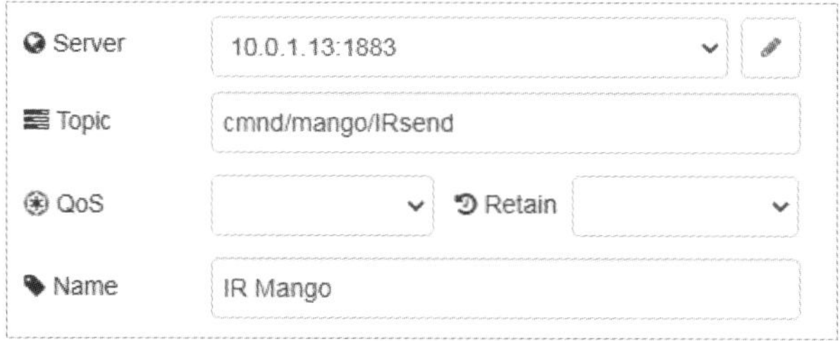

Abb. 8.28: Node-Red: Topic für IR-Versand

In den einzelnen Tasten-Nodes wird jeweils der zugehörige IR-Code als Payload eingetragen (Abbildung 8.29). Die Tastencodes wurden im vorherigen Abschnitt ermittelt.

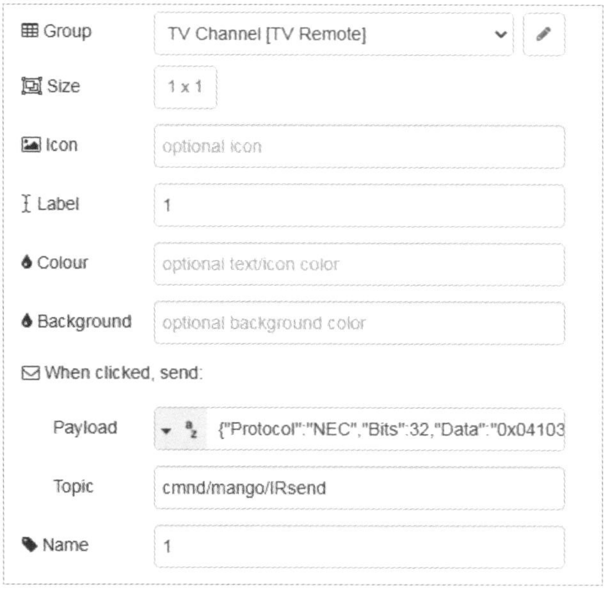

Abb. 8.29: Node-Red – IR-Code für Tasteneingabe

Das IR-Sendemodul der Fernbedienung wird nun im Wohnzimmer an einem geeigneten Platz, optimalerweise mit guter Sichtverbindung zum Fernsehgerät, platziert und über ein USB-Netzgerät mit Strom versorgt.

8.3 Praxisbeispiel: Drahtlose Klingel

Mit dem Betätigen der Türklingel meldet der Paketzusteller eine neue Paket-Lieferung. In den meisten Wohnungen oder Häusern befindet sich die Glocke zur Türklingel in der Nähe des Eingangs.

Leider hört man dann aber das Klingeln nicht, wenn man sich im Büro im Dachgeschoss oder in der Werkstatt im Keller aufhält.

Die naheliegende Lösung ist die Erweiterung der bestehenden Klingel durch eine Zusatzschaltung zur Erfassung und Weitermeldung des Klingelsignals.

Leider fehlt bei diesen Erweiterungsschaltungen der Platz für die Elektronik oder die gesamte Klingelanwendung ist im Mauerwerk verbaut. Der Aufwand für diese Erweiterungen lohnt sich dann aber meist nicht oder die Frau des Hauses hat keinen Gefallen an der »Bastellösung«.

Mittlerweile gibt es bei vielen Elektronikhändlern kompakte, batteriebetriebene, drahtlose Klingellösungen für wenige Euro oder Dollar (Abbildung 8.30).

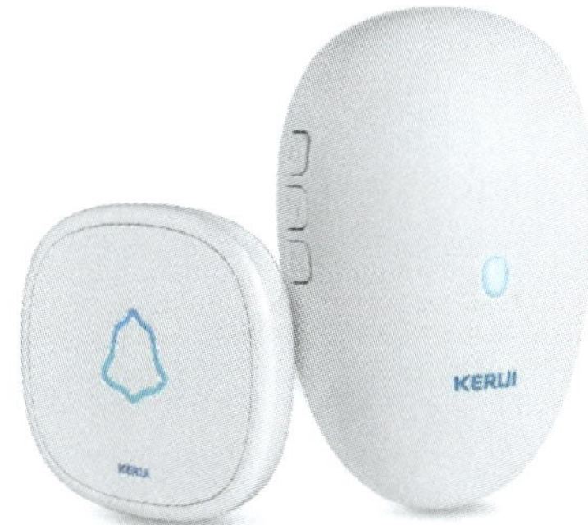

Abb. 8.30: Drahtlose Klingellösung (Bild: Aliexpress)

Diese Klingellösungen beinhalten einen batteriebetriebenen Klingelknopf und eine Klingel für den Steckdosenbetrieb. Das Signal des Klingelknopfs wird dabei über drahtlose Übertragung im 433-MHz-Bereich an die Klingel gesendet.

Somit ist es naheliegend, dass das gesendete Signal erfasst und im Smarthome-System weiterverarbeitet wird.

Ein Blick in die Konsole der RF Bridge aus dem vorherigen Kapitel zeigt beim Klingeln eine Aktivität:

```
18:27:30 MQT: tele/rfbridge2/RESULT = {"Time":"2020-11-03T18:27:30",
"RfReceived":{"Sync":8730,"Low":310,"High":860,"Data":"621882","RfKey":
"None"}}
```

Das Klingelknopf-Signal liefert den Datenwert `621882`, also die Identifikation des Klingelknopfs, den Sie auswerten und weiterverarbeiten können.

Mit einem Regeleintrag (Rule) in Tasmota können Sie diesen Wert einfach erfassen und auf einen Topic `RFBridge2/tuerklingel1` publizieren.

```
rule1 on rfreceived#Data=621882 do publish RFBridge2/tuerklingel1 Ging-Gong endon
```

Die Regel meldet bei Türklingeln den String »Ging-Gong«.

In Node-Red wird der Topic abonniert und auf einem Debug-Node ausgegeben (Abbildung 8.31).

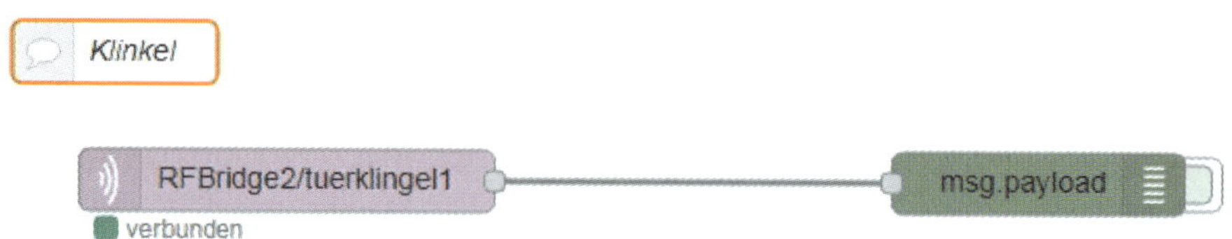

Abb. 8.31: Node-Red: Türklingel-Signal ausgeben

Mit jedem Klingeln wird die in der Regel definierte Meldung ausgegeben (Abbildung 8.32).

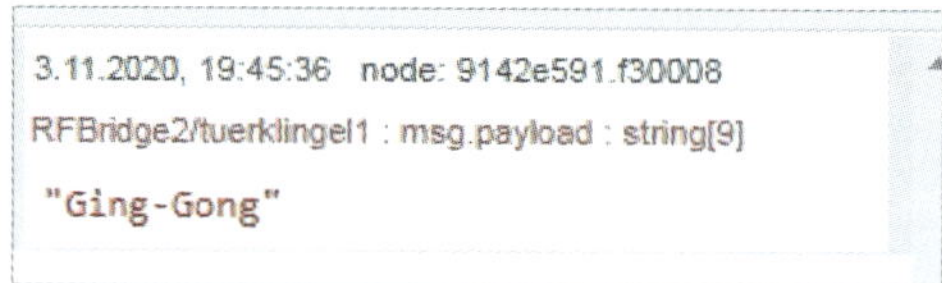

Abb. 8.32: Node-Red: Klingel-Meldung

Neben einer Textmeldung kann auch ein Statussignal, beispielsweise 0 und 1, ausgegeben werden. Dazu wird ein Trigger-Node mit einem Signal von drei Sekunden ausgegeben. Damit könnten Sie beispielsweise einen Ausgang des Rapsberry Pi oder einen Sonoff-Switch ansteuern (Abbildung 8.33).

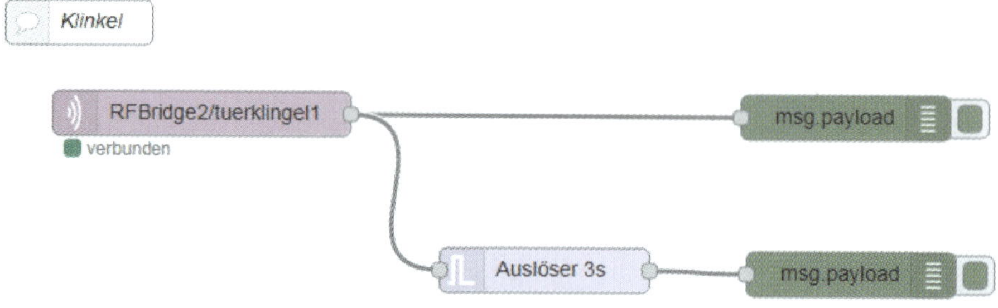

Abb. 8.33: Node-Red: Klingelsignal weiterverarbeiten

Zur optischen Anzeige wird nun noch das Signal ins Dashboard gebracht und mit verschiedenen Anzeigen dargestellt (Abbildung 8.34).

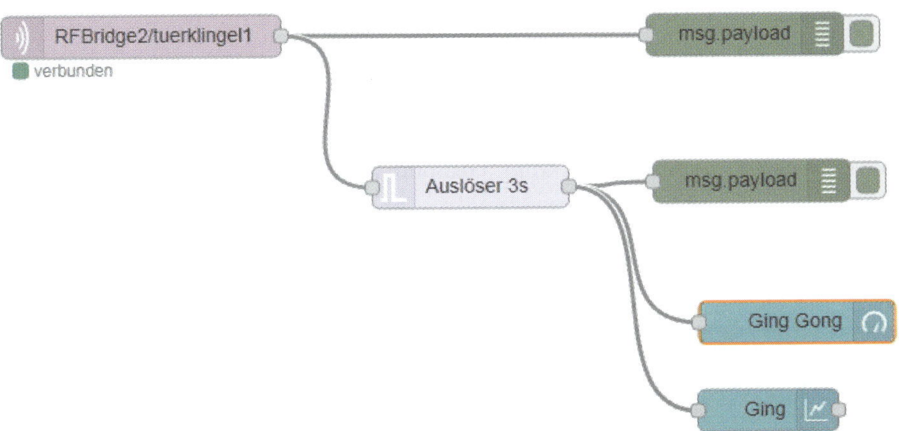

Abb. 8.34: Node-Red: Klingelsignal auf Dashboard

Im Dashboard kann anschließend der Status der Klingel dargestellt werden (Abbildung 8.35).

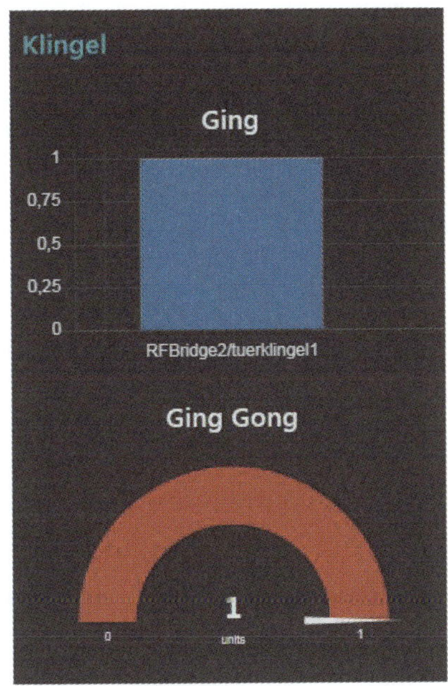

Abb. 8.35: Node-Red: Klingelsignal auf Dashboard

8.4 Praxisbeispiel: 8-Kanal-Analog/Digital-Wandler über MQTT

Im Gegensatz zum Arduino Uno besitzt das ESP8266-Modul Wemos D1 Mini nur einen einzigen analogen Eingang.

Für Analogmessungen von mehreren Signalen muss ein externer Analog/Digital-Wandler eingesetzt werden. Für die Wemos-Module gibt es bisher kein passendes Analog/Digital-Shield, das man direkt auf den Wemos D1 Mini stecken kann.

Ich habe darum ein eigenes Analog-Shield entwickelt. In Abbildung 8.36 ist die Leiterplatte abgebildet.

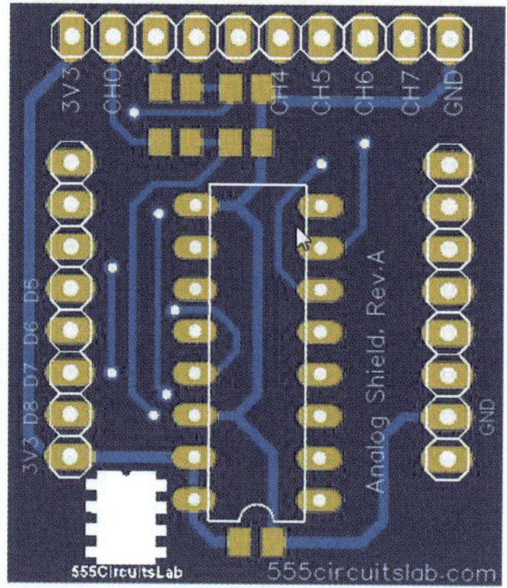

Abb. 8.36: Analog-Shield für Wemos D1 Mini

Auf der kleinen Leiterplatte ist ein Analog/Digital-Wandler vom Typ `MCB3008` im Einsatz.

Der MCP3008 ist ein 8-Kanal-Digital/Analog-Wandler mit einer Auflösung von 10 Bit. Der Baustein ist im DIP-16-Gehäuse bei vielen Lieferanten verfügbar.

`https://www.reichelt.com/ch/de/10-bit-serieller-a-d-wandler-8-kanal-2-7v-spi-dip-16-mcp3008-i-p-p280371.html`

Zusätzlich gibt es Gehäuse-Varianten für SMD (Oberflächenmontage).

Der MCP3008 wird über den SPI-Bus angesteuert und kann mit 2,7 bis 5,5 V betrieben werden. In Abbildung 8.37 ist die Anschlussbelegung des Bausteins abgebildet.

CH0 1 | 16 VDD
CH1 2 | 15 VREF
CH2 3 | 14 AGND
CH3 4 | 13 CLK
CH4 5 | 12 DOUT
CH5 6 | 11 DIN
CH6 7 | 10 CS/SHDN
CH7 8 | 9 DGND
MCP3008

Abb. 8.37: MCP3008 – Anschlussbelegung

Der Betrieb des Analog/Digital-Wandlers erfordert neben der SPI-Kommunikation keine weitere externe Beschaltung. Dadurch passt der Wandler-Baustein auch auf die recht kompakte Leiterplatte des Analog-Shields. In Abbildung 8.38 ist die Schaltung des Shields dargestellt.

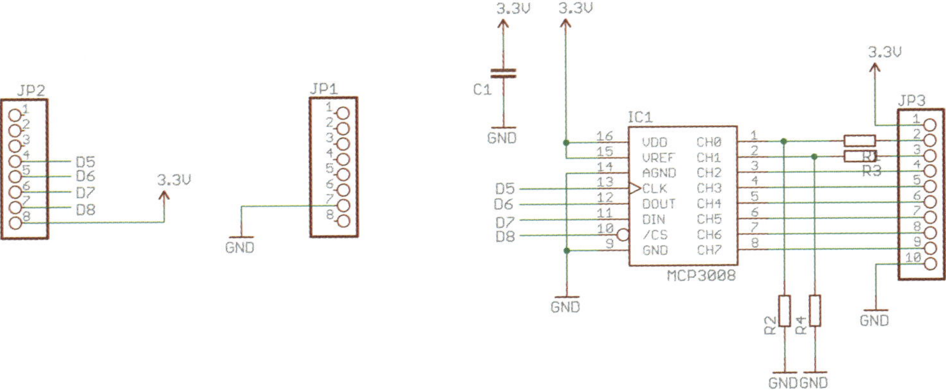

Abb. 8.38: Analog-Shield: Schaltung

Die beiden Stiftleisten J1 und J2 sind die Verbindung zum Wemos D1 Mini. Über J3 werden die analogen Mess-Signale auf den MCP3008 geführt. Für Kanal 0 und 1 ist jeweils ein Spannungsteiler vorgesehen, damit auch größere Spannungen als die Betriebsspannung, in diesem Fall 3,3 V gemessen werden können.

Das fertige Shield ist in Abbildung 8.39 abgebildet.

Die Leiterplattendaten des Shields stehen auf der Projektseite zum Buch zum Download bereit.

Für Testzwecke können Sie die Analog/Digital-Wandler-Schaltung auch auf ein Steckbrett aufbauen.

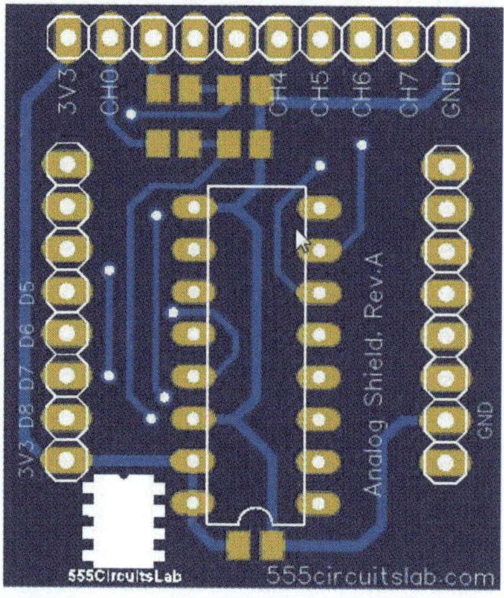

Abb. 8.39: Analog-Shield für Wemos D1 Mini

Stückliste (Analog/Digital-Wandler)

- 1 Wemos D1 Mini
- 1 Steckbrett
- 1 IC MCP3008, Gehäuse DIP-16 (IC1)
- 1 Keramikkondensator 100nF (C1)
- Drahtbrücken

Abbildung 8.40 zeigt den Steckbrett-Aufbau für den Analog/Digital-Wandler mit MCP3008.

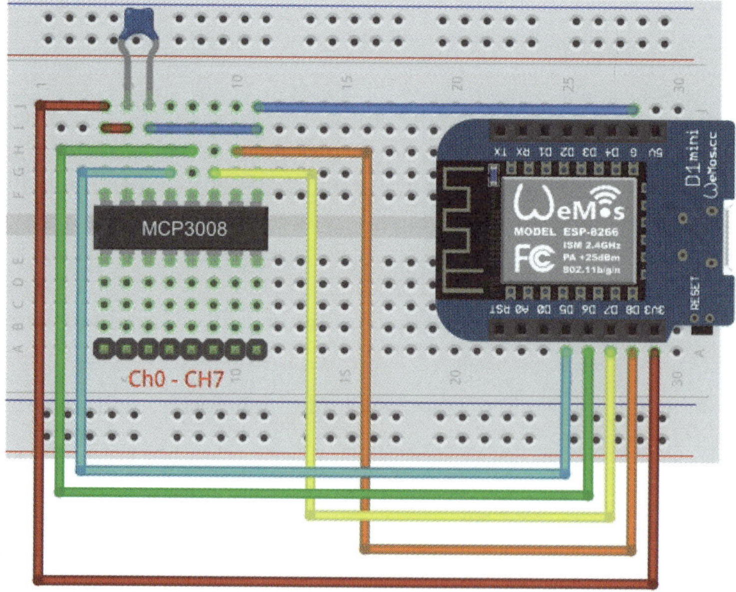

Abb. 8.40: Analog/Digital-Wandler mit MCP3008

Programmierung

Die Ansteuerung des MCP3008 mittels Programmcode kann durch eine Bibliothek vereinfacht werden. In diesem Praxisbeispiel wird die MCP3008-Bibliothek des GitHub-Users nodesign verwendet.

https://github.com/nodesign/MCP3008

Diese Bibliothek kann von GitHub geladen und als ZIP-Datei in die Entwicklungsumgebung eingebunden werden.

Im Bibliotheksverwalter der Arduino-Entwicklungsumgebung stehen weitere MCP3008-Bibliotheken zur Verfügung.

Im Beispiel einer einfachen Messung wird wie gewohnt die notwenige Bibliothek geladen (smarthome_kap8_mcp3008.ino):

```
#include <MCP3008.h>
```

Anschließend werden die vier Pins für die SPI-Kommunikation deklariert:

```
// Pins
#define CS_PIN D8
#define CLOCK_PIN D5
#define MOSI_PIN D7
#define MISO_PIN D6
```

Nun wird ein MCP3008-Objekt instanziiert:

```
MCP3008 adc(CLOCK_PIN, MOSI_PIN, MISO_PIN, CS_PIN);
```

Im Setup wird die serielle Schnittstelle initialisiert:

```
void setup()
{
  // Serieller Port
  Serial.begin(9600);
}
```

Im Hauptprogramm wird der gewünschte Messkanal des MCP3008 eingelesen und der Messwert in der Variablen val gespeichert. Anschließend wird der Messwert auf die serielle Schnittstelle ausgegeben. Nach einer Sekunde Wartezeit beginnt der nächste Messvorgang:

```
void loop()
{
  // Kanal 0 einlesen (Pin 1)
  int val = adc.readADC(0);
  Serial.println(val);
  delay(1000);
}
```

Die weiteren Kanäle des MCP3008 können auf die gleiche Art abgefragt werden. In der Anweisung der Messung wird entsprechend der gewünschte Kanal 0–7 eingetragen:

```
int val=adc.readADC(Kanal-Nummer);
```

Je nach Anwendungsfall kann der eingelesene Wert über ein Mapping in einen realen Messwert umgewandelt werden:

```
float valU = (3300* val)/1023.0;
```

Messwerte an Node-Red senden

Die Weiterleitung der acht Messwerte erfolgt über den bekannten MQTT-Client. Dabei können Sie die Messwerte pro Kanal an einzelne Topics senden oder Sie fassen die Messwerte in einem String zusammen.

Im nachfolgenden Beispiel werden beide Arten genutzt.

Das Publizieren der Messwerte via MQTT-Client erfolgt auf die gleiche Weise wie im Praxisbeispiel aus Abschnitt 5.6. Einzig die Datenerfassung und das Erstellen des Messwertestrings im Hauptprogramm sind eine Besonderheit (`smarthome_kap8_mqtt_esp8266_8kanal_adc.ino`).

Im Hauptprogramm wird nach dem Verbindungsaufbau und nach Ablauf der Timerzeit von zehn Sekunden ein neuer Messvorgang zur Abfrage der acht Kanäle des MCP3008 gestartet. Die einzelnen Messwerte werden in separaten Variablen gespeichert:

```
void loop()
{
  if (!client.connected()) {
    reconnect();
  }
  client.loop();
```

```
unsigned long now = millis();
if (now - lastMsg > 10000) {
  lastMsg = now;
  // ADC von MCP3008 einlesen
  int val1 = adc.readADC(0);
  int val2 = adc.readADC(1);
  int val3 = adc.readADC(2);
  int val4 = adc.readADC(3);
  int val5 = adc.readADC(4);
  int val6 = adc.readADC(5);
  int val7 = adc.readADC(6);
  int val8 = adc.readADC(7);
```

Anschließend startet der Publikationsschritt für den Kanal 1, also Topic 1. Hierzu wird der Messwert von Kanal 1 in der Stringvariablen `msg` gespeichert. Nach einer seriellen Ausgabe wird der Messwert in `msg` an den Topic `mcp3008/Sensor1` publiziert:

```
  // Topic 1 publizieren
  dtostrf (val1,1,0,msg);
  Serial.print("Nachricht publizieren: ");
  Serial.println(msg);
  client.publish("mcp3008/Sensor1", msg);
```

Der gleiche Schritt erfolgt nun für den Messkanal 2 beziehungsweise Topic 2:

```
  // Topic 2 publizieren
  dtostrf (val2,1,0,msg);
  Serial.print("Nachricht publizieren: ");
  Serial.println(msg);
  client.publish("mcp3008/Sensor2", msg);
```

Die Kanäle 3–8 werden in einem String zusammengefasst und an den Topic `mcp3008/Sensor3to8` publiziert. Jeder Messwert wird an den String `msg` angehängt und mit einem Komma getrennt:

```
  // Topic 3 bis 8 publizieren
  dtostrf (val3,1,0,msg);
  strcat(msg,",");
  dtostrf (val4,1,0,fstr);
```

```
        strcat(msg,fstr);
        strcat(msg,",");
        dtostrf (val5,1,0,fstr);
        strcat(msg,fstr);
        strcat(msg,",");
        dtostrf (val6,1,0,fstr);
        strcat(msg,fstr);
        strcat(msg,",");
        dtostrf (val7,1,0,fstr);
        strcat(msg,fstr);
        strcat(msg,",");
        dtostrf (val8,1,0,fstr);
        strcat(msg,fstr);
        Serial.println(msg);
        client.publish("mcp3008/Sensor3to8", msg);
    }
}
```

Im seriellen Monitor können Sie die MQTT-Publikation überwachen. Die ersten beiden Nachrichten sind die Kanäle 1 und 2, anschließend kommt der zusammengefasste Publikationsvorgang der Kanäle 3 bis 8 (Abbildung 8.41).

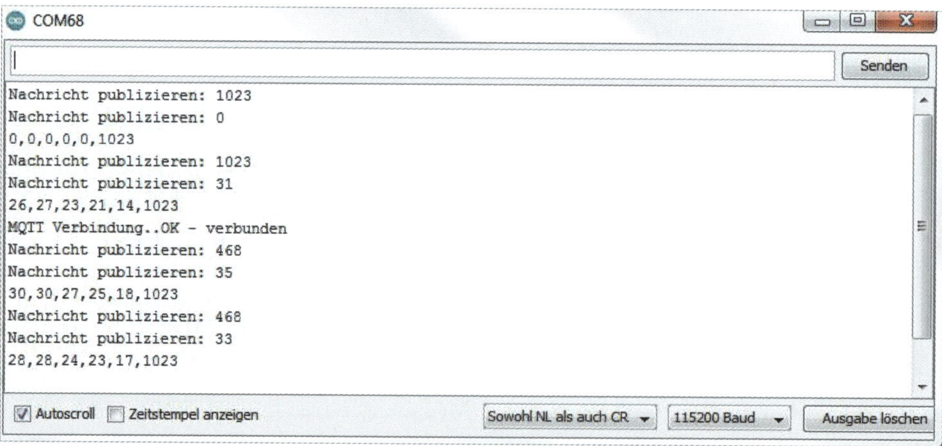

Abb. 8.41: MQTT-Client sendet Messwerte von MCP3008.

Empfang der Messwerte in Node-Red

In Node-Red werden nun die drei Topics, auf die soeben publiziert wurde, erstellt und auf einen Debug-Node ausgegeben (Abbildung 8.42).

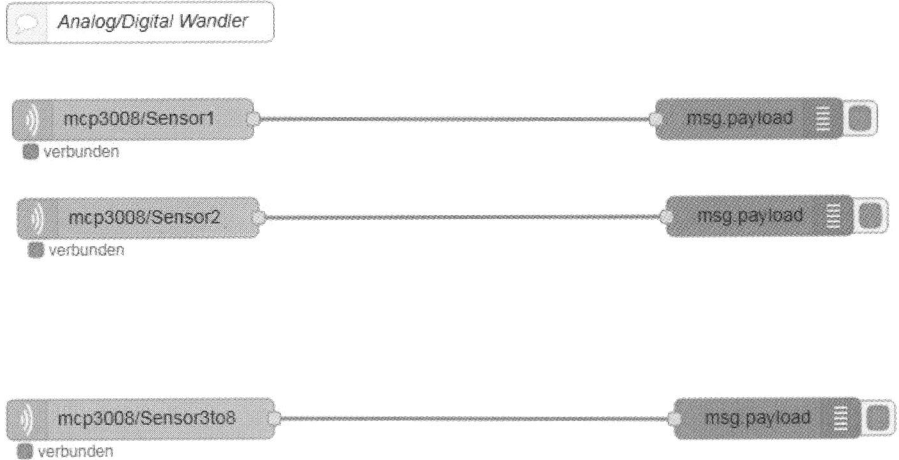

Abb. 8.42: Node-Red: Daten empfangen von MCP3008

Im Debug-Fenster können nun die empfangenen Messwerte der drei Topics überprüft werden (Abbildung 8.43).

```
13.11.2020, 15:08:07   node: 9ce1c232.e4cae
mcp3008/Sensor1 : msg.payload : string[3]
"468"

13.11.2020, 15:08:07   node: 2c584925.5a7c56
mcp3008/Sensor2 : msg.payload : string[2]
"12"

13.11.2020, 15:08:07   node: 5b2bba8e.ceeff4
mcp3008/Sensor3to8 : msg.payload : string[16]
"10,11,9,8,4,1023"
```

Abb. 8.43: Node-Red: Empfang der Sensordaten

Im nachfolgenden Abschnitt werden die Daten nun visualisiert.

Darstellung der Messwerte

Die empfangenen Sensordaten können direkt mit einem Chart-Node ergänzt werden, um im Dashboard visualisiert zu werden (Abbildung 8.44).

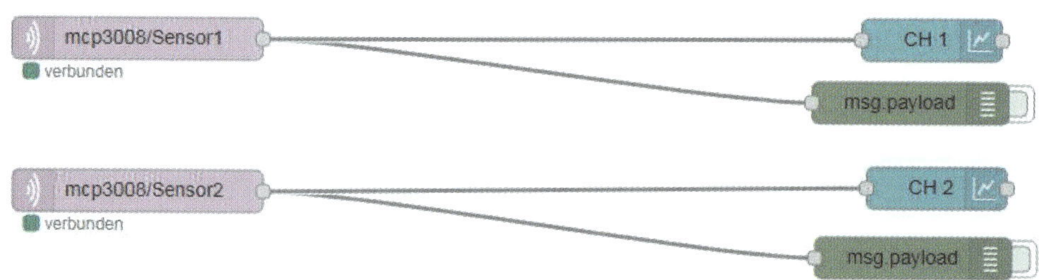

Abb. 8.44: Node-Red: Visualisierung Analog-Daten

Der Topic mit den Kanälen 3–8 muss zuerst in die einzelnen Werte aufgeteilt werden (Abbildung 8.45).

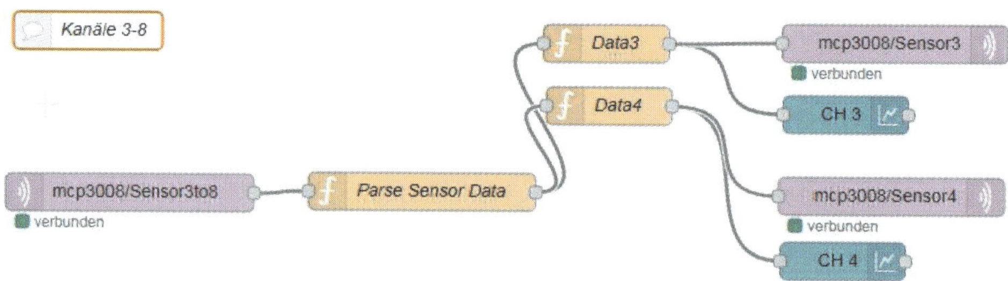

Abb. 8.45: Node-Red: Topic mit Sensordaten

Im ersten Funktions-Node (`Parse Sensor Data`) werden die einzelnen Werte mit `split()` aufgeteilt und in ein Array gespeichert (`smarthome_kap8_funktion_adc_parse.txt`).

Anschließend werden die Sensordaten im Array in einzelnen Variablen für die Weiterverarbeitung gespeichert:

```
//Datenformat "Data3,Data4..."
var tokens = msg.payload;
var array = tokens.split(",");

// Datenfelder
var data3=array[0];
var data4=array[1];
var data5=array[2];
var data6=array[3];
var data7=array[4];
var data8=array[5];
```

Zum Schluss werden die Werte einzelner Variablen der Nutzlast-Variablen `msg` zugewiesen und zurückgegeben:

```
// Datenrückgabe
msg.data3 = data3;
msg.data4 = data4;
return [msg];
```

In einer weiteren Funktion (`Data3`, `Data4` etc.) wird jeder Datenwert eines Kanales in die Nutzlast-Variable `msg.payload` gespeichert. Dies erleichtert die Weiterverarbeitung der Daten:

```
var data3=msg.data3;
msg.payload=data3;
return msg;
```

Die so extrahierten Daten des Topic-Strings können nun auf einzelne Charts und auf einen Kanal-Topic ausgegeben werden.

Auf dem Dashboard können Sie die einzelnen Sensordaten übersichtlich darstellen. Abbildung 8.46 zeigt die Daten der Kanäle 1 bis 4. Im Beispiel werden die absoluten Werte des Analog/Digital-Wandlers angezeigt. Bei Bedarf können die Werte im Funktions-Node in eine Spannung umgewandelt werden.

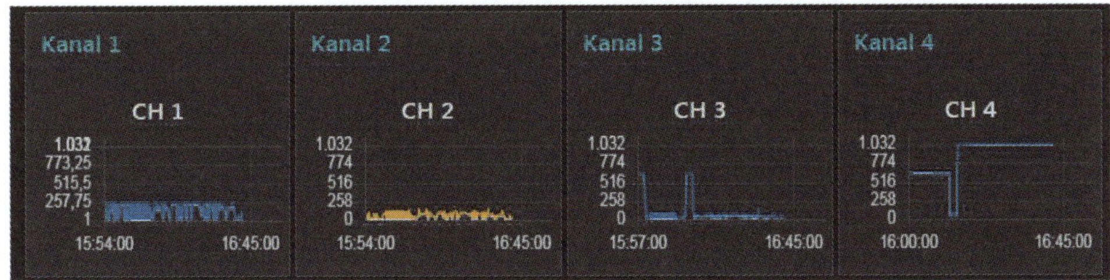

Abb. 8.46: Node-Red: Sensordaten der einzelnen Kanäle

Falls Sie alle Messwerte in einem Chart darstellen möchten, verbinden Sie alle Datenquellen mit einem einzelnen Chart (Abbildung 8.47).

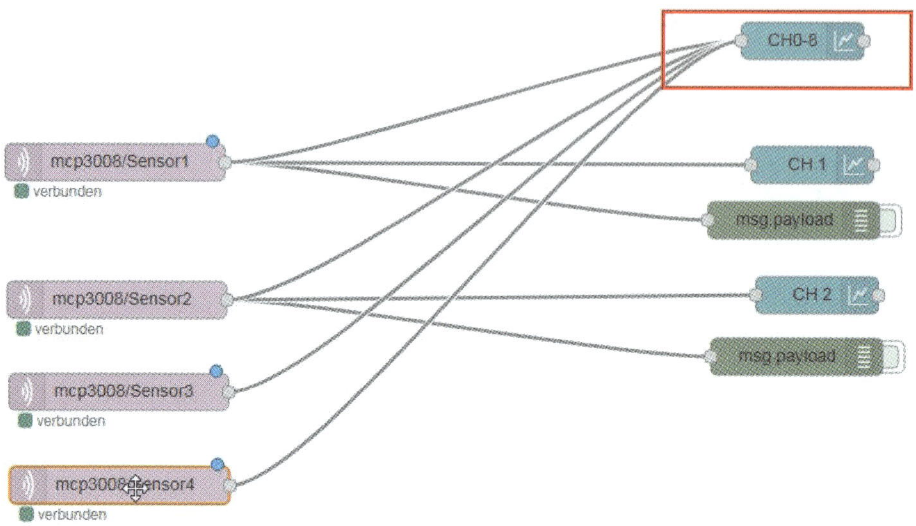

Abb. 8.47: Node-Red: Chart mit mehreren Kanälen (rot markiert)

Auf dem Dashboard werden dann alle angehängten Messkanäle im gleichen Chart dargestellt (Abbildung 8.48).

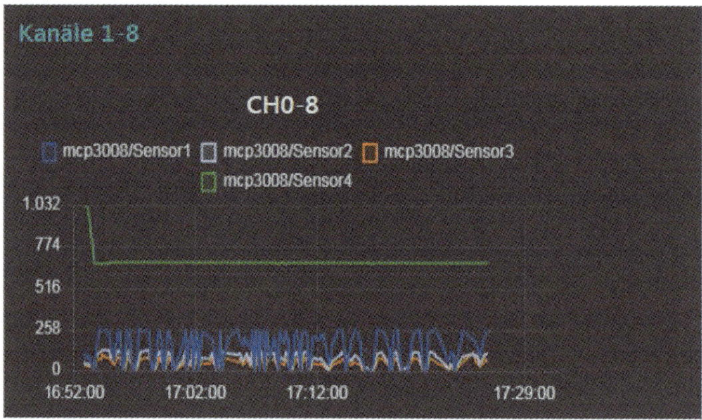

Abb. 8.48: Node-Red: Anzeige mehrerer Kanäle im gleichen Chart

In den Eigenschaften des Chart-Nodes wird die Legende aktiviert (rot markiert) und die Farben für die einzelnen Kanäle können nach Bedarf angepasst werden. Die Farben für die Kanäle 1 bis 3 sind in Abbildung 8.49 angegeben.

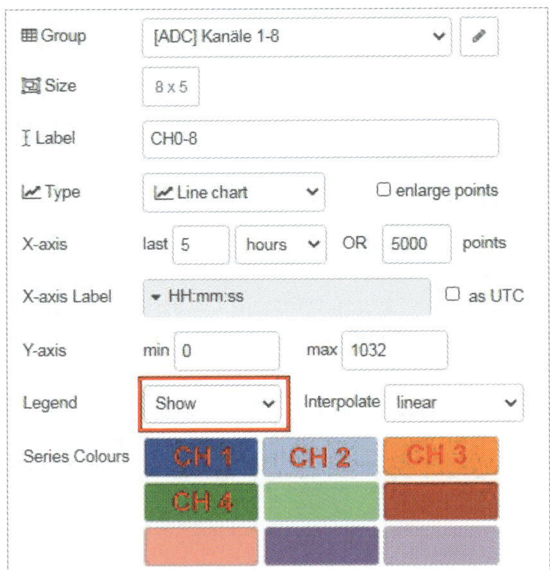

Abb. 8.49: Node-Red: Konfiguration Chart-Node

Mit diesem Analog/Digital-Wandler-Modul haben Sie eine kompakte Lösung für die Spannungsmessung von Kleinsignalen im Smarthome.

Ideen für Erweiterungen

- Zusätzliches Shield mit Schraubklemmen und Spannungsteiler
- Mehrkanaliger Temperaturlogger
- Allgemeiner Datenlogger

8.5 Praxisbeispiel: Briefkastenwächter

Der Briefkastenwächter ist ein praktisches Hilfsmittel zur Überwachung des Briefkastens. Sobald der Briefträger die Zeitung oder einen Brief in den Briefkasten legt, erkennt dies die Überwachungsschaltung und meldet es dem Empfänger im Haus oder in der Wohnung.

Das Prinzip ist recht einfach. Eine Lichtschranke sendet laufend ein Infrarot-Signal vom Sender zum Empfänger. Der Sender ist dabei an der Oberkante im Brieffach montiert, der Empfänger an der Unterkante. Sobald die Zeitung oder ein Brief in den Briefkasten gesteckt wird, wird der Lichtstrahl unterbrochen und der Empfänger empfängt kein Signal mehr. Diese Zustandsänderung wird nun mittels eines Arduino-Boards ausgewertet und mittels 433-MHz-Sendemodul drahtlos versendet.

Die Lichtschranke im Briefkasten wird mit der bekannten Infrarot-Fernsteuerbibliothek `IRremote` von Ken Shirriff realisiert.

`http://www.righto.com/2009/08/multi-protocol-infrared-remote-library.html`

Diese Bibliothek wird normalerweise für Fernsteuer-Anwendungen mit Arduino verwendet. Sie eignet sich aber auch als Lichtschranke mit Sender und Empfänger, indem man ein Infrarot-Signal versendet und dieses über den IR-Empfänger wieder einliest.

Schaltung

Die Lichtschrankenschaltung des Briefkastenwächters benötigt nur wenige Komponenten. In Abbildung 8.50 ist die Grundschaltung ohne 433-MHz-Sender abgebildet.

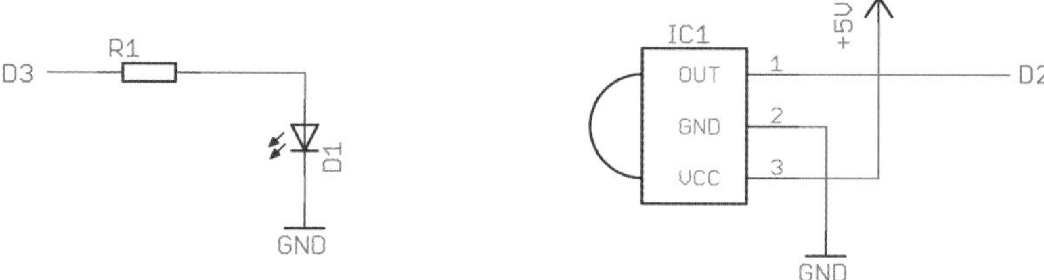

Abb. 8.50: Briefkastenwächter

Über eine Infrarot-Diode (D1) wird ein unsichtbares Infrarot-Signal verschickt. Die Ansteuerung erfolgt über den digitalen Ausgang D3 des Arduino.

Der Empfänger (IC1) wird mit einem Infrarot-Empfängermodul für den 38-kHz-Bereich realisiert. Am Ausgang des Empfängers steht ein digitales Signal zur Verfügung, das direkt an das Arduino-Board angeschlossen werden kann. Im Beispiel wird das Signal an Pin D2 angeschlossen.

Stückliste (Briefkastenwächter)

- 1 Arduino Uno
- 1 Steckbrett
- 1 Infrarot-Diode
- 1 Infrarot-LED (D1)
- 1 433-MHz-Sendemodul
- 1 Infrarot-Empfänger 38 kHz (IC1, Typ TSOP4838 oder Empfänger aus IR-Kit)
- 1 Widerstand 4,7 kOhm (R1)
- Drahtbrücken

Abbildung 8.51 zeigt den Steckbrett-Aufbau für den Briefkastenwächter.

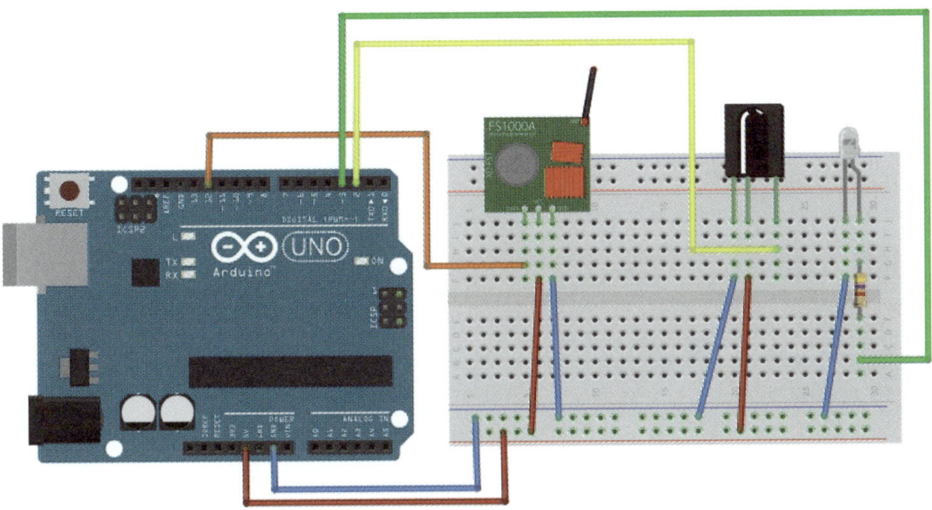

Abb. 8.51: Briefkastenwächter – Steckbrett-Aufbau

Nach Einschalten der Anwendung versendet die Infrarot-LED regelmäßig ein Signal, das vom Infrarot-Empfänger empfangen wird. Am Ausgang des IR-Empfängers ist nun ein digitales Signal verfügbar, das vom Arduino-Board an Pin D2 eingelesen wird.

Die Zustände sind wie folgt – `Low` oder `0` bei Signal-Empfang, `High` oder `1` bei unterbrochenem Lichtstrahl.

Das Empfangssignal wird jede Sekunde vom Arduino-Board eingelesen. Bei einer Unterbrechung des Lichtsignals, also Post im Briefkasten, startet ein Zähler, der die nächsten zehn Sekunden ein `High` einlesen muss. Nach diesen zehn Sekunden wird eine Meldung auf die serielle Schnittstelle sowie eine Nachricht über den 433-MHz-Sender ausgegeben. Als Sensorwert wird ein Wert von 555 versendet.

Solange die Post noch im Briefkasten ist, zählt der Zähler weiter und gibt nach 600 Sekunden eine Erinnerung als Wert 666 aus. Die Erinnerung wird nun im gleichen Rhythmus ausgeben, bis der Briefkasten wieder geleert wird. Nach Leeren des Briefkastens empfängt der Infrarot-Empfänger wieder ein Infrarot-Lichtsignal und das Arduino-Board ein 0 am Eingang D2. Das Signal nach dem Leeren ist ein Statuswert von 444.

Einbau im Briefkasten

Die beiden Lichtsensoren des Briefkastenwächters, die IR-LED und der IR-Empfänger, werden im Briefkasten am Boden und an der Oberkante montiert.

Für die stabile Montage der beiden Sensoren habe ich zwei Montage-Teile entwickelt. Diese können mit dem 3D-Drucker gedruckt werden. In die Montage-Teile werden die Infrarot-Leuchtdiode und der Empfänger platziert. Die Sensoren werden anschließend im Innenraum des Briefkastens wie in Abbildung 8.52 montiert. Die Anschlussleitungen der Sensoren werden in meinem Briefkastenmodell an den Rand und dann nach außen geführt. Das Arduino-Board, verpackt in einem Kunststoffgehäuse, ist an der Unterseite von meinem »amerikanischen« Briefkasten platziert.

Abb. 8.52: Briefkastenwächter – Montage der Sensoren im Briefkasten

Das Arduino-Board ist an der Unterseite des Briefkastens in einem kleinen Gehäuse untergebracht.

Die Spannungsversorgung kann über ein USB-Netzteil, eine Solarzelle oder ein Akku-Paket realisiert werden.

Code des Briefkastenwächters

Im Programmcode werden zuerst die notwendigen Bibliotheken geladen (`smarthome_kap8_briefkasten_rf433.ino`):

```
#include <IRremote.h>
#include <RH_ASK.h>
#include <SPI.h>
```

Anschließend werden die nötigen Pins für die Sensoren und die Datenübertragung definiert. Die IR-LED wird an Pin D3 angeschlossen, der IR-Empfänger an D2. Der 433-MHz-Sender wird über Pin D12 angesteuert:

```
// IR-Pins
#define PIN_IR 3
#define PIN_DETECT 2

// RF-Pins
// Sender:    D12
```

Der RF-Node, also dieses Sendermodul, bekommt die ID 55:

```
// Node-ID - Briefkasten
#define myNodeID 55
```

Für die RF- und Infrarot-Datenübertragung werden ein RF-Objekt und ein IR-Objekt instanziiert:

```
// RF-Objekt
RH_ASK driver;

// IR-Objekt
IRsend irsend;
```

Nun werden verschiedene Zählervariablen deklariert:

```
int status=0;
double statuscount=0;
int statuscount2=0;
int sendcount=0;
int statusvorher=0;
int TimerErinnerung=600;
```

Die RF-Datenübertragung sendet ein Datenpaket als Struktur mit mehreren Sensorwerten:

```
// Datenpaket als Struktur
typedef struct {
  int nodeID;          // Sensor-Node-ID
  int val1;            // Sensor 1
```

```
  int supplyV;           // Versorgungsspannung
  int val2;              // Sensor 2
  int val3;              // Sensor 3
 } Payload;
Payload rf433tx;
```

Im Setup werden die serielle Schnittstelle und die IR-Lichtschranke gestartet. Anschließend erfolgt der Start der 433-MHz-Kommunikation:

```
void setup()
{
  Serial.begin(9600);
  //pinMode(PIN_DETECT, INPUT);
  pinMode(PIN_DETECT, INPUT_PULLUP);
  irsend.enableIROut(38);
  irsend.mark(20);
  Serial.println("Briefkastenwächter...");
  // Start RF-Kommunikation
  if (!driver.init())
  {
    Serial.println("Fehler beim Initialisieren....");
    }
}
```

Im Hauptprogramm wird bei jedem Programmdurchlauf der Infrarot-Empfänger abgefragt. Bei Signalempfang, also keine Post im Briefkasten, wird ein Low-Signal empfangen, bei Signalunterbrechung ein High. Dieser Wert wird in der Variablen `status` gespeichert:

```
void loop()
{
  // IR-Empfänger abfragen
  status=digitalRead(PIN_DETECT);
  // 1: Signal unterbrochen
  // 0: Signal vorhanden
  Serial.print("Status:");
  Serial.println(status);
```

Ist Post im Briefkasten, hat der Status einen Wert 1. Der Statuszähler `statuscount` wird um 1 erhöht. Die Variable `statuscount2` zählt die Low-Signale, da zwischendurch infolge Lichteinfalls ein Signalempfang erkannt wird, obwohl Post im Kasten ist.

```
if (status == 1){
  // Kein Signal - unterbrochen
  statuscount=statuscount+1;
  statuscount2=0;
 }
```

Falls keine Post im Briefkasten ist, wurde vom IR-Empfänger ein Signal empfangen und der Status ist `Low`.

Mit der Variablen `statusvorher` kann geprüft werden, ob beim letzten Programmdurchgang noch Post im Kasten (`statusvorher=1`) war und zwischenzeitlich herausgenommen wurde. In diesem Fall wird ein Wert 444 per RF-Modul versendet:

```
else
 {
  // Signal vorhanden
  statuscount2=statuscount2+1;
  // falls soeben geleert
  if (statusvorher == 1){
    Serial.println("Briefkasten wieder leer");
    statusvorher=0;
    rf433tx.val1 = 444;
    // Node ID
    rf433tx.nodeID=myNodeID;
    // Daten senden
    driver.send((uint8_t*)&rf433tx, sizeof rf433tx);
    driver.waitPacketSent();
  }
 }
```

Nach einer Ausgabe der Zählerstände auf die serielle Schnittstelle

```
Serial.print("Timer:");
 Serial.println(statuscount);
 //Serial.print("StatusCount2:");
 //Serial.println(statuscount2);
```

wird der Low-Signal-Zähler bei 3 wieder zurückgesetzt. Dies ist der Fall, wenn drei Messdurchgänge mit einem Status Low erfolgt sind.

```
if (statuscount2 == 3) {
 //Serial.print("StatusCount2:");
 //Serial.println(statuscount2);
 statuscount=0;
 statuscount2=0;
 sendcount=0;
}
```

Nach zehn Durchgängen, bei denen Post erkannt wurde, ist der Zähler auf 10. Dies ist der Zeitpunkt für die korrekte Erkennung, dass Post vorhanden ist.

Der Zähler sendcount zählt die bereits ausgeführten Mitteilungen über den Posteingang. Bei 0 wurde die Mitteilung noch nie versendet und ein Wert 555 (Post ist da) wird versendet.

```
if (statuscount == 10 && sendcount == 0) {
 // Mitteilung senden
 // Sensorwerte speichern
 // 555: Daten im Kasten
 // 666: Erinnerung
 rf433tx.val1 = 555;
 // Node ID
 rf433tx.nodeID=myNodeID;
 // Daten senden
 driver.send((uint8_t*)&rf433tx, sizeof rf433tx);
 driver.waitPacketSent();
 Serial.println("Brief im Kasten..");
 SendStatus();
 statuscount=0;
 sendcount=sendcount+1;
 statusvorher=1;
}
```

Damit nicht bei jedem Programmdurchgang eine weitere Erinnerungsmeldung versendet wird, muss eine bestimmte Anzahl Messdurchgänge erfolgen, bis eine nächste Erinnerung verschickt wird. Diese Anzahl ist in der Variablen TimerErinnerung gespeichert. Der Wert ist mit 600 definiert. Das heißt konkret, dass alle 600 Programmdurchgänge mit Posterkennung eine Erinnerung versendet wird.

Da ein Programmdurchlauf inklusive Wartezeit am Ende rund eine Sekunde dauert, bedeutet der Wert 600 entsprechend 600 Sekunden. Eine Erinnerungsmeldung, dass Post vorhanden ist, wird also alle zehn Minuten versendet. Der gesendete Status-Wert ist dabei 666:

```
    // Erinnerungsmeldung
    if (statuscount == TimerErinnerung && sendcount == 1) {
     // Mitteilung senden
     rf433tx.val1 = 666;
     // Node ID
     rf433tx.nodeID=myNodeID;
     // Daten senden
     driver.send((uint8_t*)&rf433tx, sizeof rf433tx);
     driver.waitPacketSent();
     Serial.println("Erinnerung: Brief im Kasten..");
     SendStatus();
     statuscount=0;
     sendcount=1;
     statusvorher=1;
    }
    // Sleep und Warten
    delay(1000);
}
```

In der Funktion `SendStatus()` wird eine Erfolgsmeldung nach Statusversand ausgegeben:

```
void SendStatus()
{
  // Statusmeldung senden
  Serial.println("Status versendet");
}
```

Zur Inbetriebnahme und bei der Fehlersuche lohnt sich jeweils ein Blick in den seriellen Monitor.

Abbildung 8.53 zeigt den Zählerstand und die jeweilige Ausgabe der Statusmitteilungen.

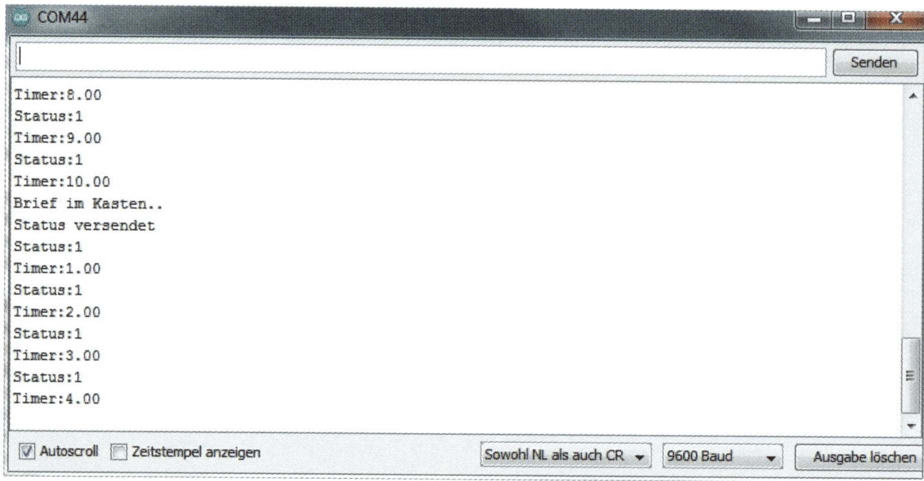

Abb. 8.53: Briefkastenwächter – Ausgabe des Status im seriellen Monitor

Empfänger

Als Empfänger kann der 433-MHz-Empfänger aus Abschnitt 7.6 verwendet werden.

Der Empfänger ist ein separates Arduino-Board, das über ein USB-Kabel am Raspberrry Pi angeschlossen ist und die vom Briefkastenwächter empfangenen Daten an den Raspberry Pi weiterleitet.

Auswertung mit Node-Red

In Node-Red wird nun das vom Empfänger-Board ausgegebene serielle Signal über die seriellen Nodes eingelesen, geparst und ausgegeben (Abbildung 8.54).

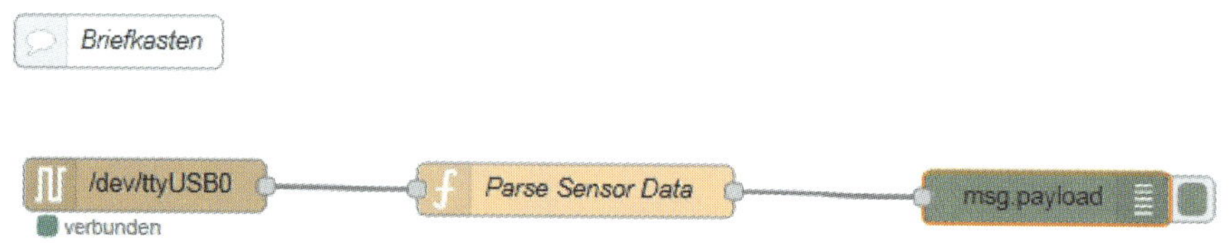

Abb. 8.54: Node-Red: Briefkastenwächter

Im Funktions-Node wird der serielle String wieder aufgeteilt (`smarthome_kap8_funktion_briefkasten_parse.txt`):

```
//Datenformat "Dnodeid,data!"
var tokens = msg.payload;
var array = tokens.split(",");
// Datenfelder
var nodeid=array[0];
```

```
nodeid= nodeid.substr(1,2);
var sensorval=array[1];
var sensorlength=sensorval.length;
sensorval=sensorval.substr(0,sensorlength);
// Datenrückgabe
msg.nodeid=nodeid;
msg.sensorval=sensorval;
msg.payload=tokens;
return msg;
```

In der Nachricht stehen anschließend die Node-ID und der Statuswert (444, 555 oder 666) als Rückgabewert zur Verfügung.

Der serielle Nachrichten-String kann über den Debug-Node angezeigt werden (Abbildung 8.55).

28.11.2020, 10:59:56 node: a088657f.27f858
msg.payload : string[15]
"D55,555,0,0,0!↵"
28.11.2020, 11:00:26 node: a088657f.27f858
msg.payload : string[15]
"D55,666,0,0,0!↵"

Abb. 8.55: Node-Red: Statuswerte im Debug-Fenster

Die ausgegebenen Statuswerte als Zahl können nun noch als Text angezeigt werden. Gleichzeitig wird der Statuswert auf den MQTT-Topic Briefkasten/Status ausgegeben (Abbildung 8.56).

Im Funktions-Node `Briefkasten` werden die Statuswerte in einen Text umgewandelt (`smarthome_kap8_funktion_briefkasten.txt`):

```
//Daten
var NodeID=msg.nodeid;
var NodeSensorVal=msg.sensorval;
var NodeInfo="";

if (NodeID==55 && NodeSensorVal==555){
    NodeInfo="Post eingetroffen";
}

if (NodeID==55 && NodeSensorVal==666){
    NodeInfo="Erinnerung - Post eingetroffen";
```

```
}

if (NodeID==55 && NodeSensorVal==444){
    NodeInfo="Briefkasten soeben geleert";
}

msg.payload=NodeInfo;

return msg;
```

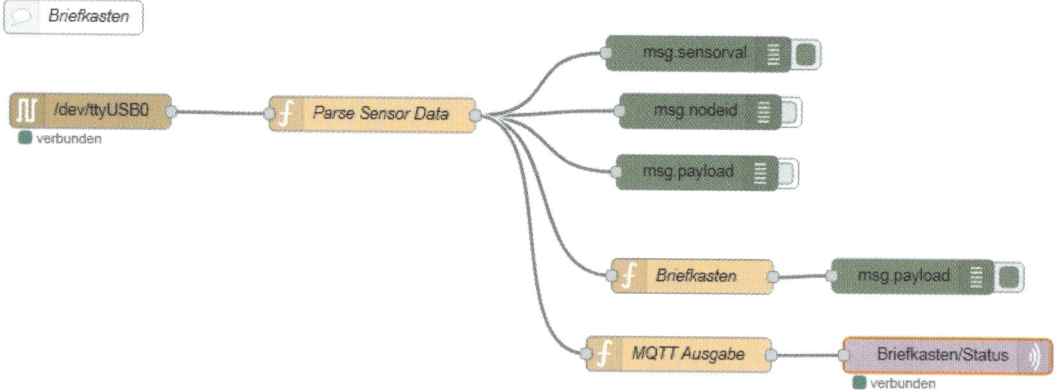

Abb. 8.56: Node-Red: Ausgabe Statuswerte

Im Debug-Fenster ist die gesamte Kommunikation sichtbar (Abbildung 8.57).

Abb. 8.57: Node-Red: Statusausgabe des Briefkastenwächters

Minimal-Aufbau für Experten

Erfahrene Anwender können diese Lichtschranken-Schaltung auch in einen miniaturisierten Arduino mit einem ATtiny-Kontroller packen, um Platz zu sparen sowie den Stromverbrauch zu minimieren.

Kapitel 9

Smarthome-Plattformen

Eine Smarthome- oder Heimautomations-Anwendung bildet die Zentrale einer smarten Lösung im Intranet. Diese Anwendungen können meist Daten empfangen, darstellen und auswerten. Viele dieser Anwendungen sind als Webanwendung realisiert und können auf einem Raspberry Pi ausgeführt werden.

In diesem Kapitel werden die Anwendungen Home Assistant und openHAB vorgestellt.

9.1 Home Assistant

`https://www.home-assistant.io/`

Home Assistant, eine webbasierte Anwendung für die Hausautomation, ist ein Open-Source-Projekt und wird von einer großen Community laufend erweitert und ausgebaut.

Die Anwendung kann auf verschiedenen Plattformen betrieben werden. Entsprechend ist auch eine Version für Raspberry Pi verfügbar.

Mit Home Assistant können Sie eine Plattform aufbauen, um Sensordaten, Zustände von Aktoren und von vielen weiteren Modulen zentral zu verwalten.

Abbildung 9.1 (siehe Seite 288) zeigt die Startseite von Home Assistant auf meinem Raspberry Pi. Das Dashboard visualisiert Sensordaten der im Haus verteilten Sensoren sowie Schaltmöglichkeiten für verschiedene Lichtquellen. Auch kann über die Oberfläche ein Alarmierungssystem aktiviert werden.

In das Home-Assistant-System können verschiedene Module und Produkte von vielen Herstellern integriert werden. Die Integration neuer Module wie auch die Verwaltung und Konfiguration erfolgt dabei über den Webbrowser.

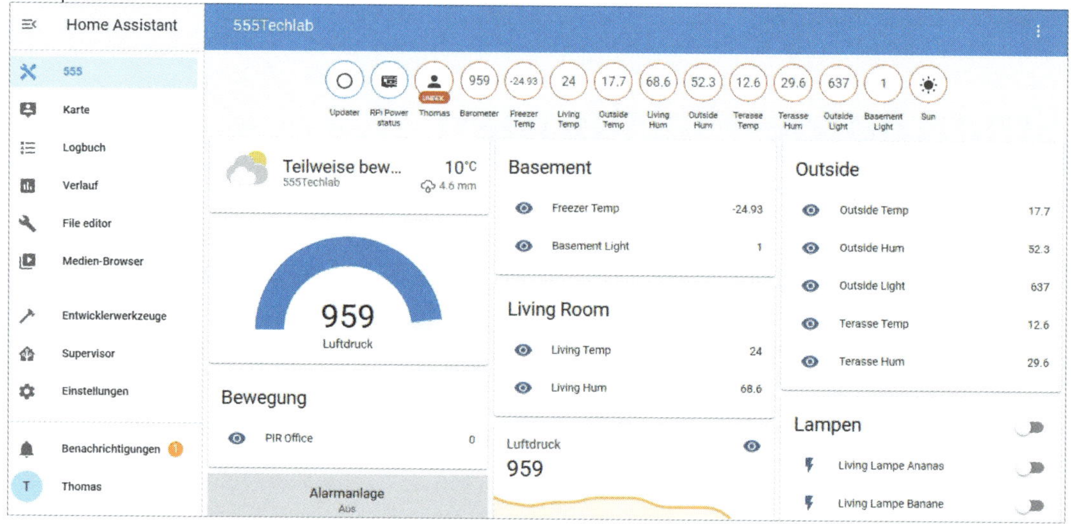

Abb. 9.1: Home Assistant – Dashboard

Stückliste (Home-Assistant-System)

- 1 Raspberry Pi
- 1 Netzteil für Raspberry Pi
- 1 Ethernet-Kabel
- 1 SD-Karte 16 GB

Installation

Die Installation und der anschließende Betrieb von Home Assistant erfolgt auf einem separaten Raspberry Pi.

1. Download HA-Image von der Home-Assistant-Website
   `https://www.home-assistant.io/hassio/installation/`
2. SD-Karte flashen mit der Anwendung Etcher
3. Raspberry Pi mit dem Netzteil und dem lokalen Netzwerk verbinden
4. Raspberry Pi mit Home Assistant – Image startet.
5. Im Router im lokalen Netzwerk wird nun das neue Raspberry Pi lokalisiert, um die IP-Adresse zu lokalisieren
6. Im Browser Startseite der Home-Assistant-Installation eingeben
   `http://IP-des-Raspberry:8123`

7. Auf dem Bildschirm erscheint die Startseite und der Hinweis, dass Home Assistant vorbereitet wird.

8. Das Vorbereiten der Konfiguration kann etliche Minuten dauern. Nun muss ein Benutzer-Account für den Zugriff erstellt werden.

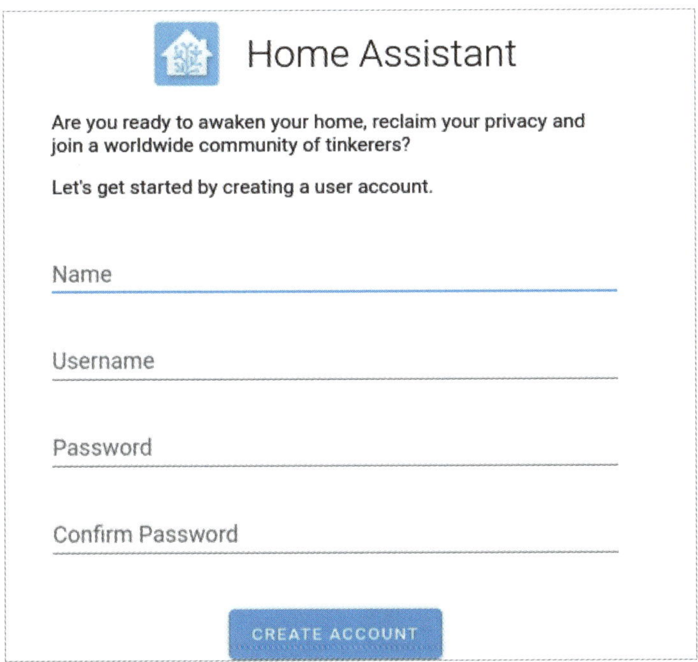

9. Nach der Eingabe der Zeitzone, der Höhe über Meer und der Einheit (in unserem Fall metrisch) wird die Startseite angezeigt. Gratulation, die Installation war erfolgreich.

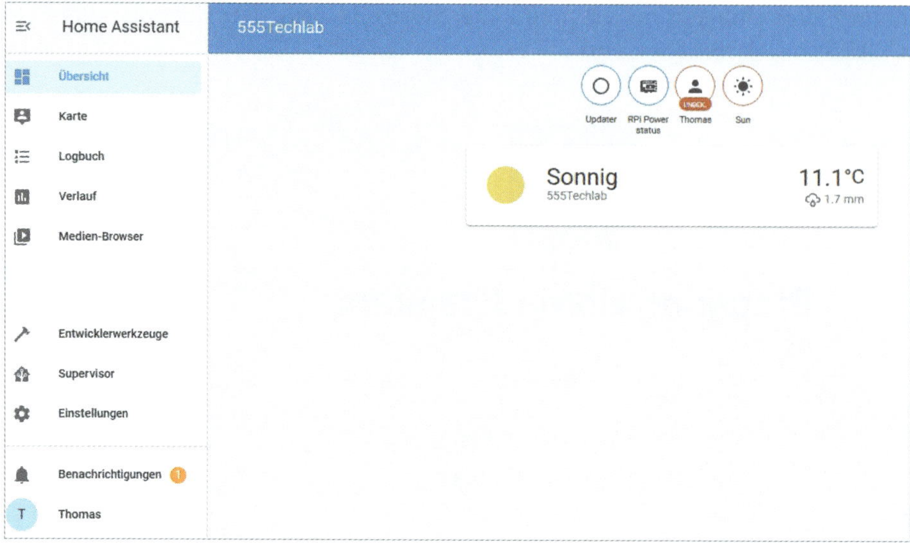

10. Als nächster Schritt wird nun ein Online-Editor für die Anpassung der Konfiguration installiert.
11. Hauptmenü SUPERVISOR|ADD-ON STORE
12. Anwendung FILE EDITOR anwählen

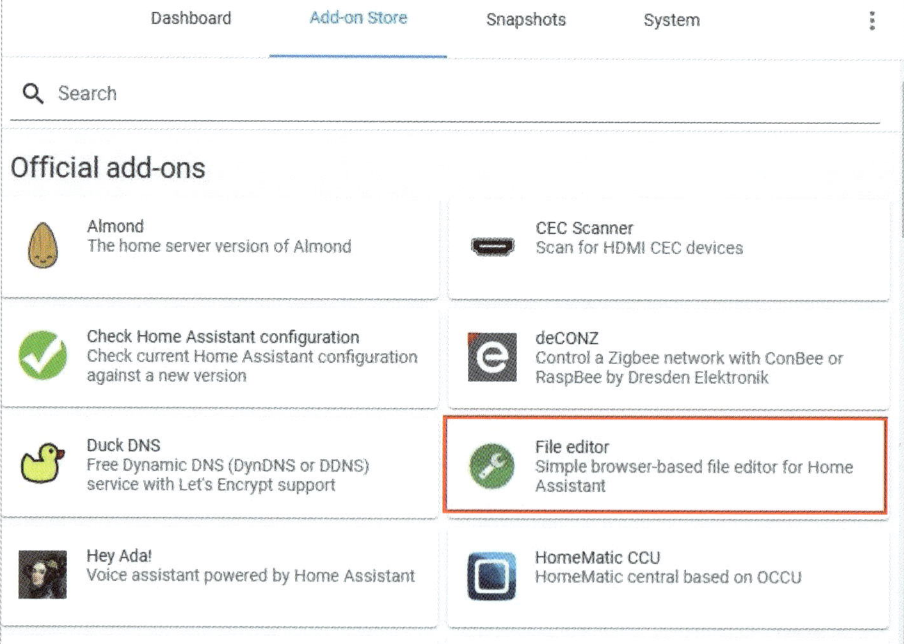

13. File-Editor installieren mit INSTALL

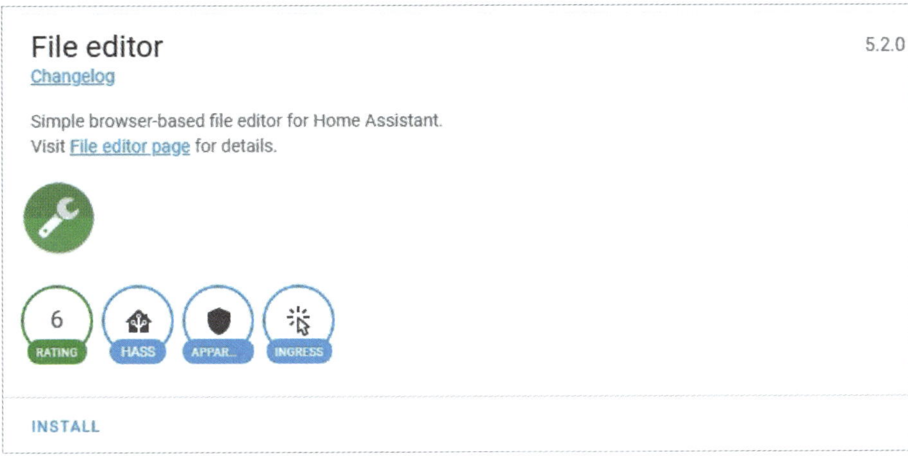

14. Start des File-Editors über das Supervisor-Menü und die beiden rot markierten Optionen aktivieren

15. Nun kann der Editor über OPEN WEB UI gestartet werden.

16. Über das Ordner-Icon kommen Sie in den Ordner `config`.

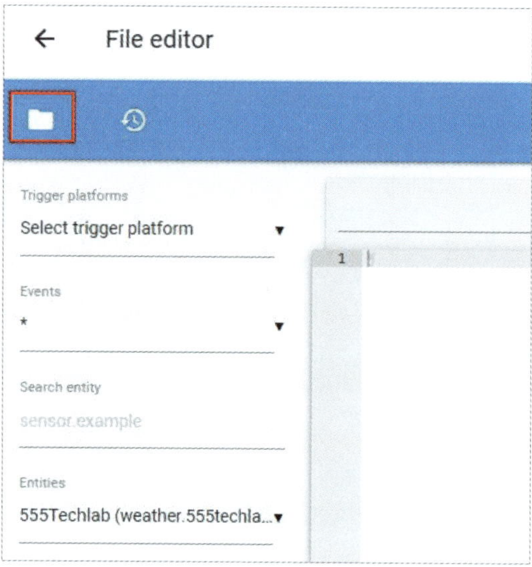

17. Im Config-Order befindet sich die Konfigurations-Datei `configuration.yaml`.

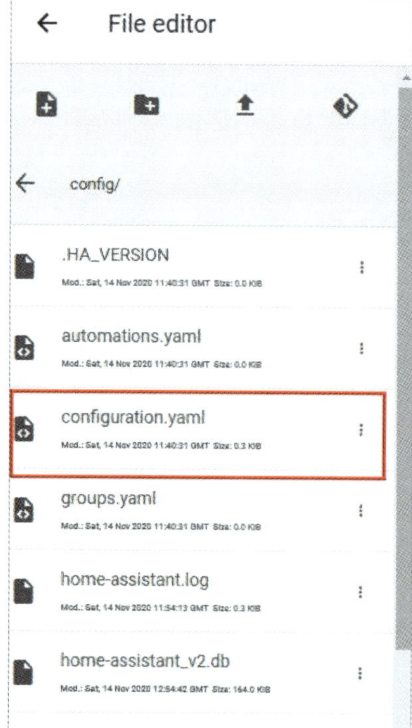

18. Mit Klick auf CONFIGURATION.YAML öffnet sich die Datei im rechten Fenster.

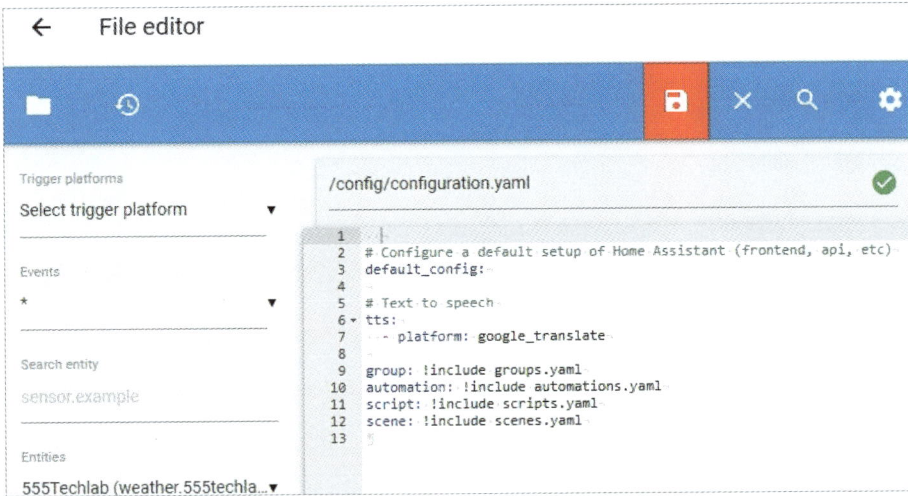

19. Über das Speichern-Icon können Sie nun Anpassungen an der Konfigurations-Datei speichern. Diese sind aber noch nicht aktiv, da Sie diese zuerst überprüfen und durch Neustart von Home Assistant aktivieren müssen.
20. Die Option zur Überprüfung der Konfiguration-Datei muss noch aktiviert werden. Dazu müssen Sie im Profil des eingeloggten Benutzers den erweiterten Modus einschalten.

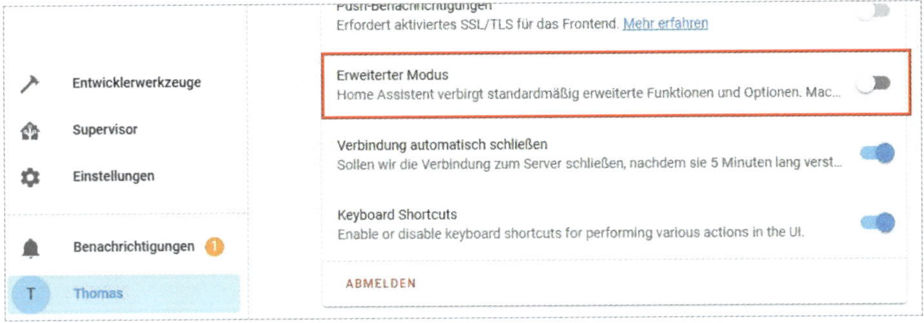

21. Nun können Sie die Konfigurationsdatei über das Hauptmenü starten.

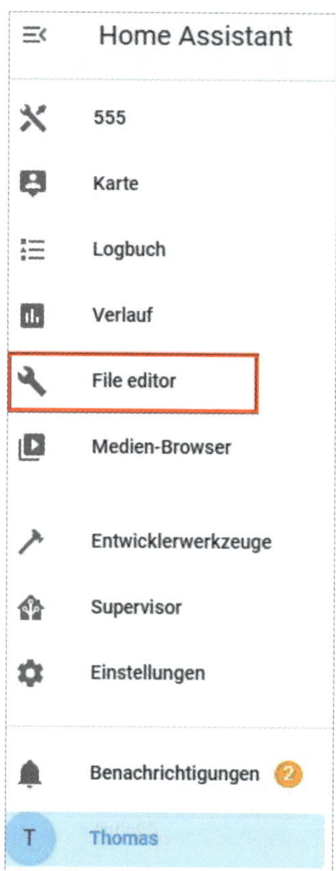

22. Im Konfigurations-File wird nun an oberster Position der MQTT-Server eingetragen und gespeichert.

/config/configuration.yaml

```
# MQTT Broker
mqtt:
  broker: 10.0.1.13

# Configure a default setup of Home Assistant (frontend, api, etc)
default_config:

# Text to speech
tts:
  - platform: google_translate

group: !include groups.yaml
automation: !include automations.yaml
script: !include scripts.yaml
scene: !include scenes.yaml

```

23. Jetzt wird die Konfiguration überprüft, EINSTELLUNGEN|SERVERSTEUERUNG.

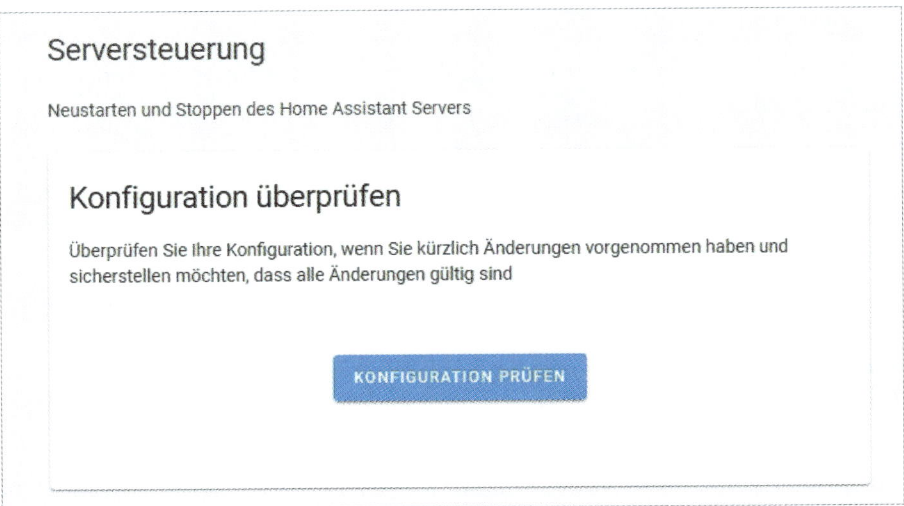

24. Konfiguration prüfen
25. Bei erfolgreicher Konfiguration erscheint eine Erfolgsmeldung.

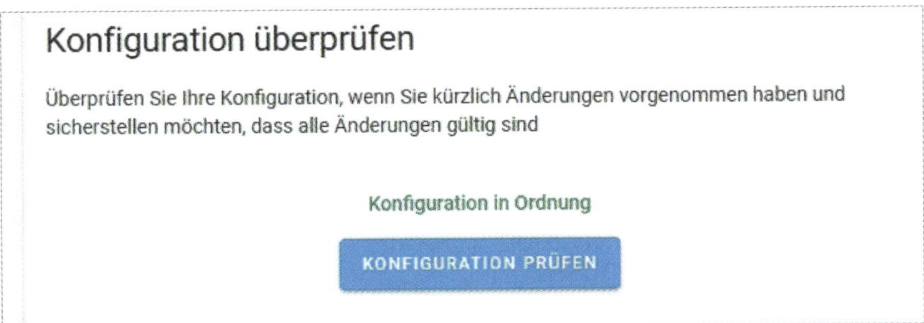

26. Anschließend muss Home Assistant neu gestartet werden.

27. Nach wenigen Sekunden steht die Anwendung wieder zur Verfügung und die Grundinstallation ist abgeschlossen.

Module und Sensoren integrieren

Module und Sensoren können nun über die Konfigurationsdatei in das System integriert werden.

Als ersten Sensor werden wir den MQTT-Topic `SensorTopic` als Sensor ins System integrieren.

Im Konfig-File wird unterhalb des MQTT-Brokers der MQTT-Topic eingefügt und mit »Licht Sensor« bezeichnet. Den Lichtsensor haben wir in Kapitel 5 erstellt.

```
# MQTT Broker
mqtt:
  broker: 10.0.1.13
sensor:
  - platform: mqtt
    state_topic: "SensorTopic"
    name: "Licht Sensor"
```

Nach der Prüfung der Konfiguration und dem Neustart von Home Assistant erscheint in der Icon-Liste der neu erstellte Sensor.

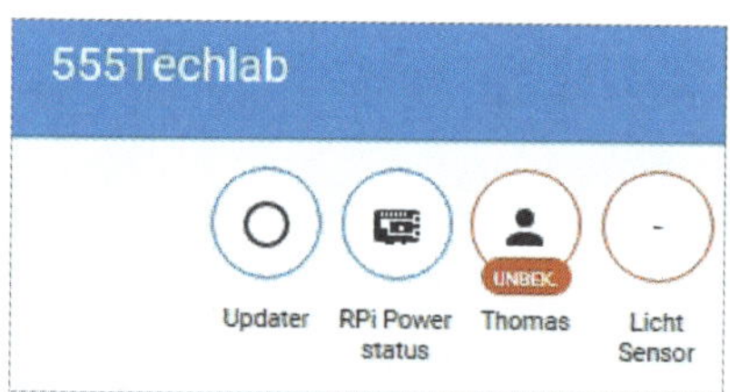

Abb. 9.2: Home Assistant: neuer Sensor (Licht Sensor)

Dank des bereits aufgesetzten MQTT-Brokers können Sie einfach mittels MQTT-Topics Sensoren und Module in Home Assistant integrieren.

Auf die gleiche Art können Sie auch ein Tasmota-Modul integrieren. Dazu kopieren Sie folgende Zeilen in die Konfigurations-Datei. Mein Tasmota-Modul heißt »Ananas«. Ein solcher Schalter ist ein Switch, der in diesem Fall über die MQTT-Plattform Daten sendet.

```
switch:
  - platform: mqtt
    name: "Lampe Ananas"
    state_topic: "stat/ananas/POWER"
    command_topic: "cmnd/ananas/POWER"
```

```
    qos: 1
    payload_on: "ON"
    payload_off: "OFF"
    retain: true
```

Auf der Website von Home Assistant finden Sie umfangreiche Dokumentationen für die Konfiguration und Integration von Geräten ins System:

`https://www.home-assistant.io/docs/configuration/devices/`

Dashboard

`https://www.home-assistant.io/lovelace/`

Mit dem Dashboard (Benutzeroberfläche) steht Ihnen eine optisch ansprechende Oberfläche für die Darstellung der einzelnen Daten zur Verfügung.

Der Begriff »Lovelace« meint die Dashboards von Home Assistant.

Das Standard-Benutzeroberfläche-Dashboard können Sie über die drei Punkte in der oberen, rechten Bildschirmecke bearbeiten (Abbildung 9.3).

Abb. 9.3: Home Assistant – Dashboard bearbeiten

Beim ersten Aufruf der Konfiguration kommt ein Hinweis, dass die Benutzeroberfläche vom System verwaltet wird. Wie im Hinweistext zu lesen ist, werden dabei automatisch neue Entitäten (also Sensoren und Geräte) eingefügt.

Um die Benutzeroberfläche selbst zu verwalten, was zu empfehlen ist, müssen Sie dies mit Klick auf KONTROLLE ÜBERNEHMEN bestätigen (Abbildung 9.4).

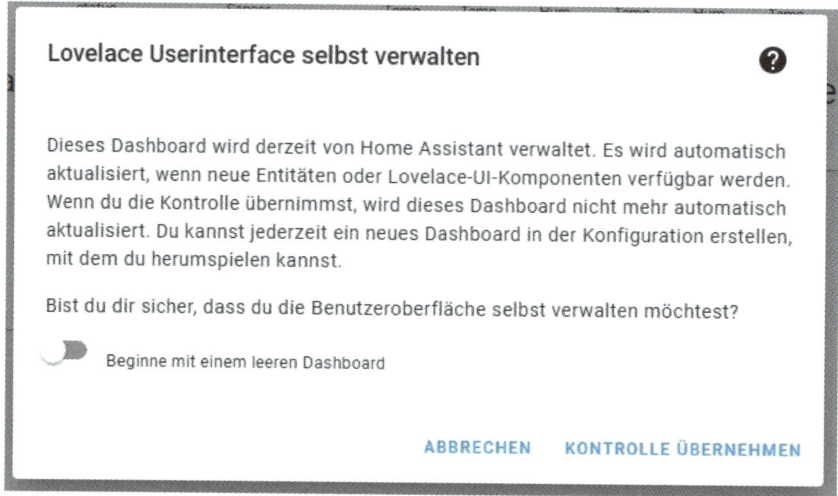

Abb. 9.4: Home Assistant – Benutzeroberfläche selbst verwalten

Mit dem Bestätigen gelangt man in den Konfigurations-Modus (Abbildung 9.5).

Abb. 9.5: Home Assistant – Konfiguration-Dashboard

Unterhalb der Icons mit den einzelnen Entitäten finden Sie einzelne kleine Blöcke, sogenannte Karten. Das sind die Bereiche, in die Sie einzelne Sensorwerte oder Gruppen einfügen können. Wenn Sie mit der Maus über den Bildschirm fahren, werden die einzelnen Karten mit einem blauen Rand markiert (Abbildung 9.6).

Abb. 9.6: Home Assistant

Jede Karte kann bearbeitet oder vom Dashboard entfernt werden.

Mit dem großen orange +-Button können Sie neue Karten hinzufügen.

Dabei öffnet sich ein Fenster mit einer Auswahl an möglichen Karten (Abbildung 9.7).

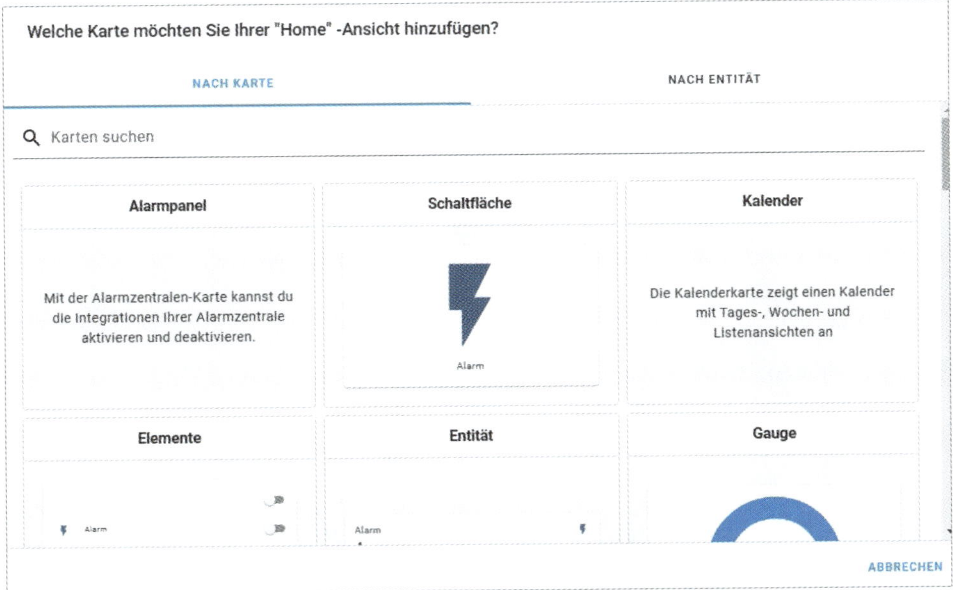

Abb. 9.7: Home Assistant – Karte hinzufügen

Je nach Art des Sensors oder der Datenquelle verwendet man eine unterschiedliche Karte.

Für den Lichtsensor nimmt man idealerweise ein Zeigerinstrument (Gauge) oder eine Sensor-Karte.

Nach der Auswahl muss die gewählte Karte konfiguriert werden. Für das Zeigerinstrument muss der gewünschte Sensor (Entität), in diesem Fall mit der ID `sensor.licht_sensor`, ausgewählt werden. Weitere Angaben sind optional. Für eine optimale Darstellung wird ein Maximumwert von 1000 gewählt (Abbildung 9.8).

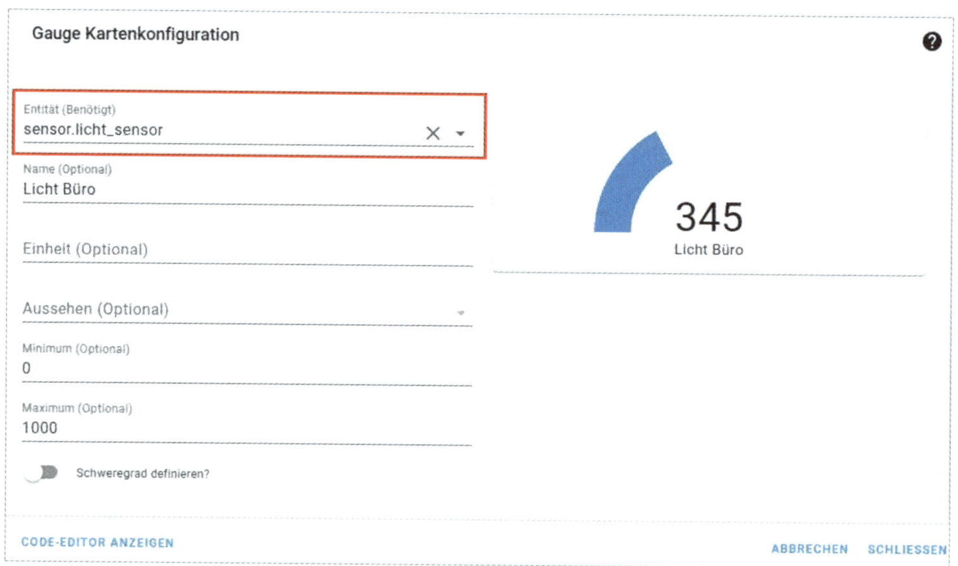

Abb. 9.8: Home Assistant – Karte hinzufügen und konfigurieren

Auf der Startseite wird nun der Lichtsensor mit dem aktuellen Wert dargestellt.

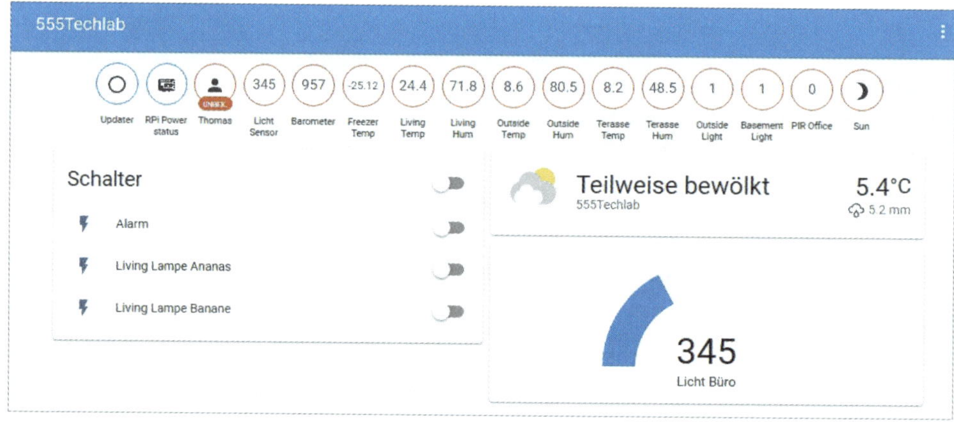

Abb. 9.9: Home Assistant – Darstellung Karte Lichtsensor

Optimierung und Erweiterung

Mit den bisherigen Konfigurationen haben Sie ein funktionsfähiges System.

Home Assistant bietet aber noch eine ganze Menge von Funktionen und Erweiterungen, die auf der Home-Assistant-Website gut dokumentiert sind.

`https://www.home-assistant.io/docs/`

9.2 openHAB

`https://www.openhab.org`

Mit openHAB (open Home Automation Bus) steht dem technikorientierten Smarthome-Nutzer ein weiteres Open-Source-Produkt zur Verfügung, das auf einem Raspberry Pi betrieben werden kann.

Die empfohlene Installationsvariante für Raspberry Pi ist ein vorkonfiguriertes Image, das mittels Flash-Software, beispielsweise Etcher, auf eine SD-Karte geladen wird. In diesem Image sind neben openHAB 2 zusätzliche Anwendungen wie Samba, Graphana oder Mosquitto vorinstalliert.

Die Anwendung openHAB basiert auf Oracle Java und wird auch über den Browser aufgerufen (Abbildung 9.10).

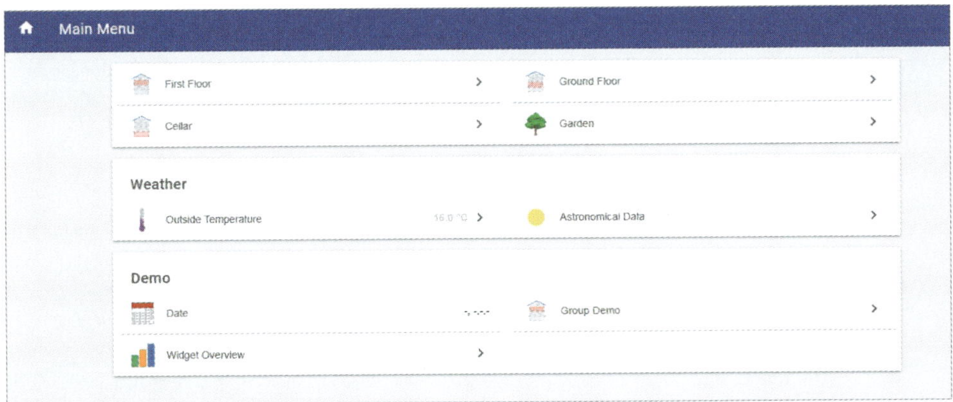

Abb. 9.10: openHAD – Startseite

Wie Home Assistant ist openHAB sehr flexibel in der Integration von Geräten und Modulen. Auch für dieses Produkt stehen umfangreiche Dokumentationen zur Verfügung.

openHAB erfordert einen höheren Einarbeitungs-Aufwand, bietet aber anschließend ein sehr flexibles System.

Kapitel 10

IoT- und Smarthome-Projekte

In diesem Kapitel werden praktische Anwendungen für Sensoren und das Smarthome vorgestellt.

10.1 Aquarium-Timer

Etliche Komponenten wie Lampen oder Heizmodule werden in der Wohnung oder im Haus nicht den ganzen Tag benötigt. Logischerweise werden Lampen nur benötigt, wenn es dunkel wird oder Nacht ist.

Für Lampen gibt es im Haushalt viele praktische Anwendungen.

In vielen Haushalten steht ein Aquarium mit exotischen Fischen. Neben der richtigen Temperatur des Wassers ist vor allem die Beleuchtung ein Thema. Die Beleuchtung sollte, je nach Aquarium, zu gewissen Zeiten ein- oder ausgeschaltet sein. Dazu kann man eine handelsübliche Zeitschaltuhr nehmen.

Etwas intelligenter ist eine »computergesteuerte« Beleuchtungssteuerung via Smarthome-System.

Im Praxisbeispiel wird eine Timer-Funktion von Node-Red für diese Anforderung eingesetzt.

Node-Red-Palette Bigtimer

Der Bigtimer von Peter Scargill (`https://tech.scargill.net`) ist eine universelle Funktion für Node-Red und kann wie gewohnt über die Palette in das System geladen werden.

Dazu ruft man über das Konfigurationsmenü, oben rechts in Node-Red, die Palettenverwaltung auf und sucht dann nach dem Begriff `bigtimer` (Abbildung 10.1).

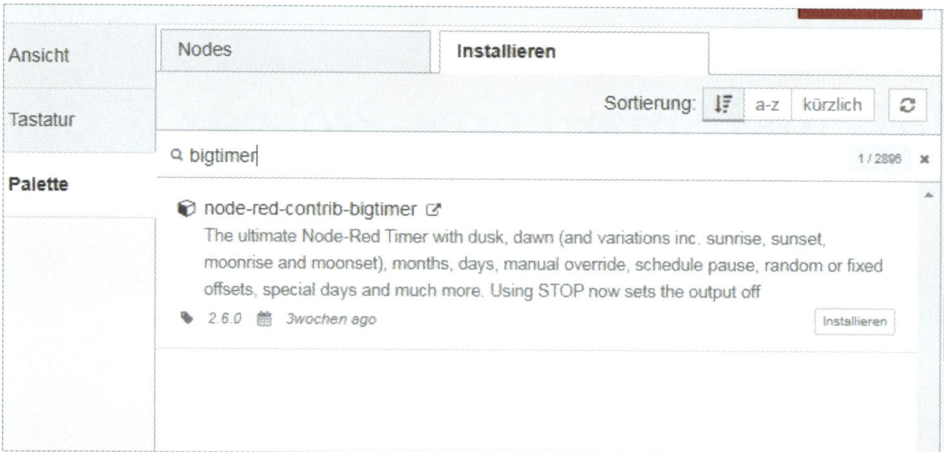

Abb. 10.1: Node-Red-Palette: Bigtimer

Nach erfolgreicher Suche kann die Bigtimer-Palette installiert werden.

Anschließend finden Sie in der linken Spalte von Node-Red einen neuen Node mit der Bezeichnung `bigtimer` (Abbildung 10.2). Diese Timer-Funktion beinhaltet einen einzelnen Node, den Sie dann in den Flow-Bereich ziehen können.

Abb. 10.2: Node-Red – Bigtimer

Die Verwendung des Bigtimers im Flow ist recht einfach. Der Bigtimer-Node hat einen Eingang und drei Ausgänge. In Abbildung 10.3 ist ein Grundaufbau abgebildet.

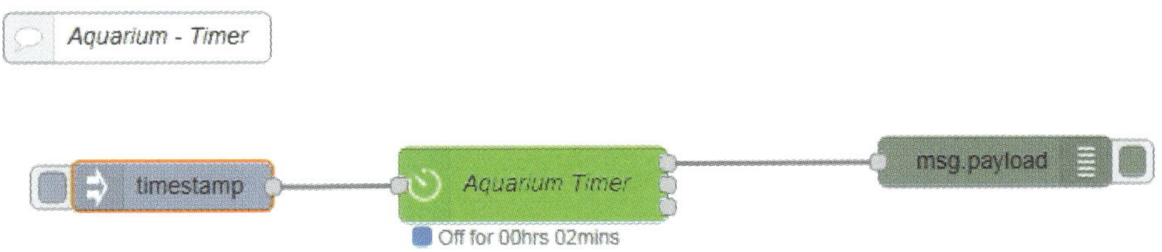

Abb. 10.3: Node-Red – Bigtimer-Flow

Mit dem Inject-Node können Sie den Timer-Node beeinflussen und die Resultate des Timers werden an die Ausgänge geführt.

In der Praxis können Sie mehrere Inject-Nodes für einzelne Funktionen verwenden. In Abbildung 10.4 sind das die Funktionen `on`, `off` und `auto`.

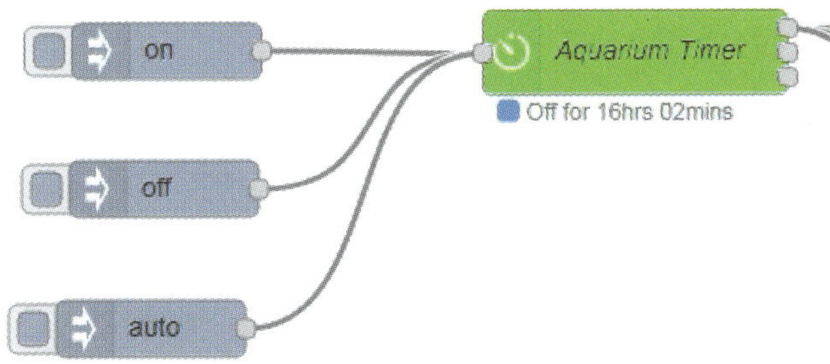

Abb. 10.4: Node-Red: Bigtimer – Eingänge

Mit den einzelnen Funktionen steuern Sie den Timer-Node:

on: manuell einschalten

off: manuell ausschalten

auto: automatischer Betrieb.

Im einzelnen Inject-Node verwenden Sie als Nutzdaten einen String und übergeben den jeweiligen Befehl (Abbildung 10.5).

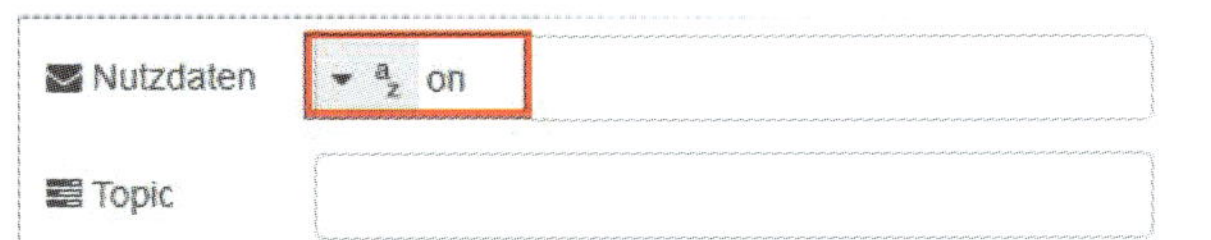

Abb. 10.5: Node-Red: Bigtimer – Eingang

Die drei Ausgänge des Bigtimer-Nodes beinhalten folgende Funktionen (Tabelle 10.1).

Ausgang	Funktion
Ausgang 1	Nachricht (Payload)
Ausgang 2	Werte 0 und 1 (pro Minute)
Ausgang 3	Textnachricht aus Bigtimer-Node

Tabelle 10.1: Node-Red: Bigtimer – Ausgänge mit Funktionen

Konfiguration Bigtimer

Für die Grundfunktionalität des zeitlichen Ein- und Ausschaltens werden die oberen Parameter der Konfiguration benötigt (Abbildung 10.6).

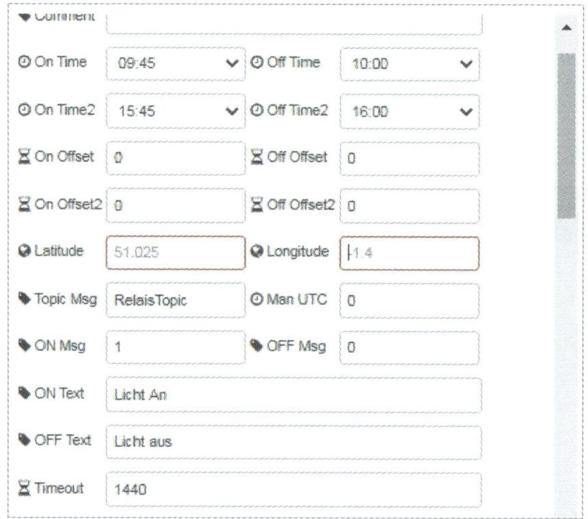

Abb. 10.6: Node-Red – Bigtimer-Konfiguration

Im Beispiel sind zwei Schaltzeiten gesetzt – eingeschaltet zwischen 9:45 und 10:00 Uhr sowie zwischen 15:45 und 16:00 Uhr.

Der Topic des anschließenden Schaltaktors heißt `RelaisTopic`.

Bei Ein wird eine 1, bei Aus eine 0 gesendet.

Die textlichen Ausgaben für das Ein- und Ausschalten sind mit »Licht an« und »Licht aus« definiert.

Test des Timers

Um die einzelnen Funktionen des Timers zu verstehen und zu prüfen, bauen Sie sich idealerweise einen einfachen Flow auf und testen ihn durch Überprüfen der Ausgaben an den einzelnen Ausgängen.

Mit den Inject-Nodes können Sie den Timer manuell steuern.

Aquarium-Timer

Der Aquarium-Timer verwendet die beiden Schaltzeiten-Eingaben und gibt das Resultat an den Ausgang 1 aus.

Am Ausgang 1 selbst wird dann direkt ein Ausgang des Raspberry Pi über den Node `rpi gpio out` angesteuert. Zusätzlich wird ein MQTT-Ausgang mit dem Topic `RelaisTopic` ausgegeben.

In Abbildung 10.7 ist der ganze Fluss des Aquarium-Timers abgebildet.

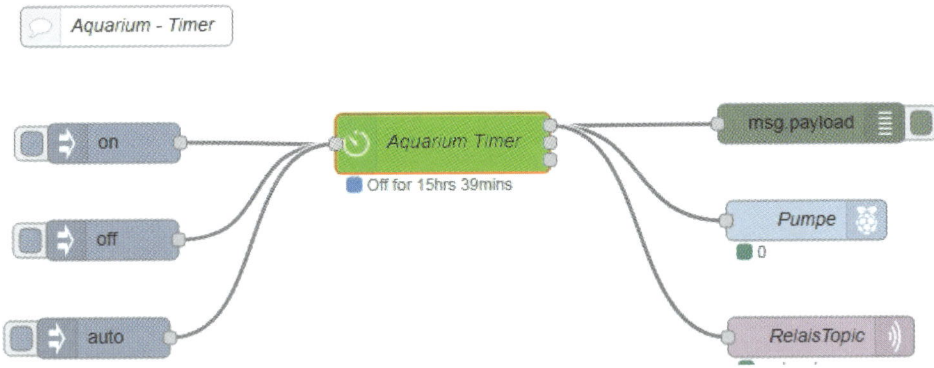

Abb. 10.7: Node-Red: Aquarium-Timer-Flow

Wie im oberen Test der Timer-Funktion kann auch hier der Timer manuell übersteuert werden. Mit Klick auf ON kann der Timer eingeschaltet werden. Der GPIO-Node schaltet auf 1 und im Debug-Fenster sehen Sie den Wert 1 (Abbildung 10.8).

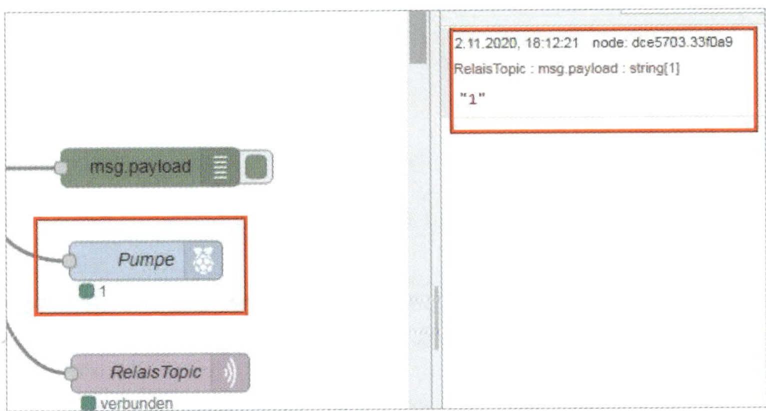

Abb. 10.8: Node-Red: Bigtimer – Ausgang schalten

Zusätzlich wird der Wert im abonnierten Topic `RelaisTopic` auf 1 geschaltet.

Hinweis

Im Beispiel des Aquarium-Timers wird mit dem Node `rpi gpio out` direkt ein Ausgang des Raspberry Pi gesetzt. Dabei kann der gewünschte Pin der 2x20-poligen Schnittstelle des Raspberry Pi durch Klick auf den Node ausgewählt werden.

Im Beispiel wird hier GPIO04 (Pin 7) als Ausgang gesetzt.

10.2 Stromwächter

In der Heimautomation hat man meist viele elektrische Komponenten. Somit ist der Stromverbrauch natürlich ein Thema und will im automatisierten Heim überwacht werden.

Der Stromverbrauch kann auch für eine Automatisierung verwendet werden. Beispielsweise kann basierend auf der Höhe des Stromverbrauchs eine Aktion ausgeführt werden. Im Waschraum lässt sich anhand des Stromverbrauchs der Waschmaschine das Ende des Waschvorganges erkennen.

Die Messung des Stromverbrauchs kann dabei auf verschiedene Arten erfolgen.

Die erste Lösung nutzt die bereits ins Modul integrierte Strommess-Funktion des Sonoff Pow. Die zweite Lösung verwendet einen externen, kontaktlosen Stromsensor für die Messung von Wechselströmen.

10.2.1 Stromwächter mit Sonoff Pow

Der Sonof Pow ist von außen betrachtet ein gewöhnlicher ESP8266-basierter Schalter mit integriertem Relais. Die Funktion des Sonoff Pow ist identisch mit der der Sonoff-Schaltmodule aus dem Praxisbeispiel in Abschnitt 3.12.

Zusätzlich zur Schaltfunktion kann im Sonoff Pow der Laststrom über einen integrierten Stromsensor ermittelt und anschließend ausgewertet werden.

In Abbildung 10.9 ist ein Sonoff Pow abgebildet.

Abb. 10.9: Sonoff Pow (Bild: Aliexpress)

Dank der stabilen Federkraftklemmen können die Anschlussdrähte sauber und sicher und ohne Schrauben angeschlossen werden (Abbildung 10.10).

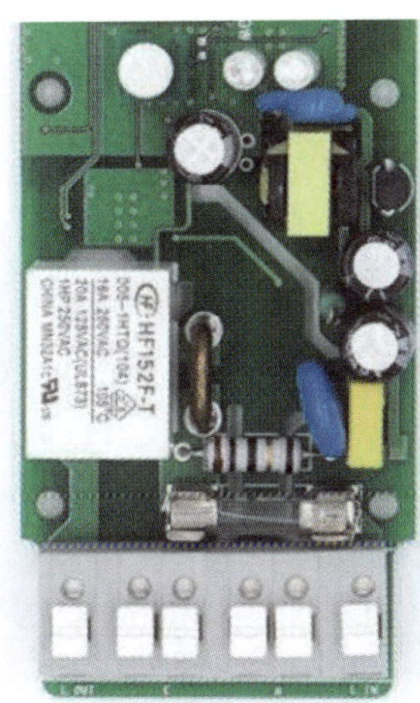

Abb. 10.10: Sonoff Pow – Federkraft-Anschlussklemmen

Programmierung

Auch auf der Leiterplatte des Sonoff Pow befindet sich ein Programmier-Anschluss für das Flashen einer eigenen Firmware wie beispielsweise Tasmota. In Abbildung 10.11 ist die Programmierschnittstelle abgebildet. Der Button an GPIO0 dient zur Aktivierung des Flash-Modus beim Einschalten.

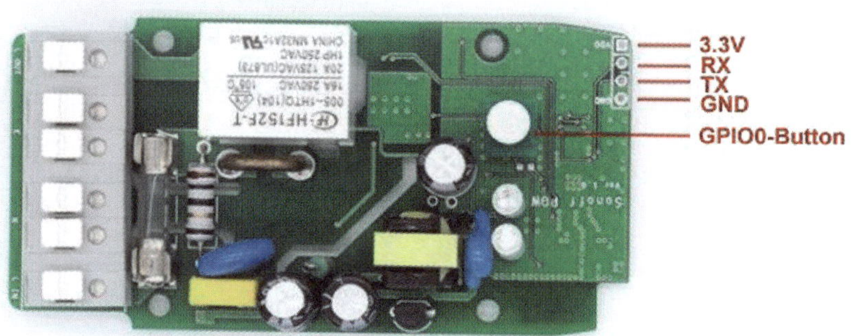

Abb. 10.11: Sonoff Pow – Programmieradapter

Mit einem angeschlossenen USB/Seriell-Wandler und der Software Tasmotizer wird nun der Sonoff Pow mit der Tasmota-Firmware geflasht. Dieser Vorgang wurde im Praxisbeispiel 3.10 im Detail beschrieben.

Nach dem Flashen muss das Sonoff-Modul nun noch als Sonoff Pow konfiguriert werden. Unter CONFIGURATION|CONFIGURE MODULE wird der Typ SONOFF POW (6) ausgewählt (Abbildung 10.12).

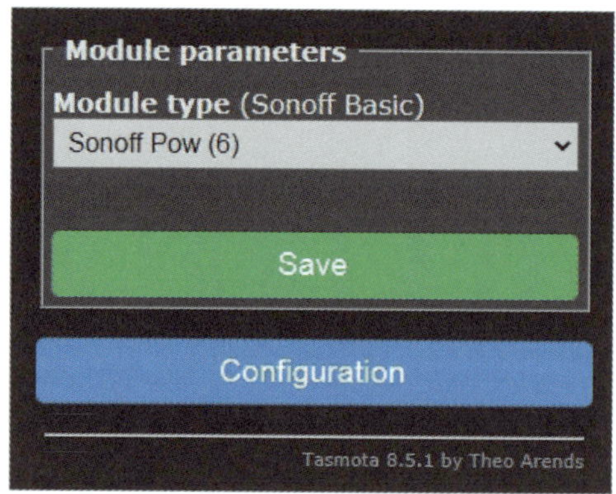

Abb. 10.12: Sonoff Pow – Tasmota-Modul-Konfiguration

Für das Loggen und Ausgeben der Strom- und Leistungsmessung muss das Intervall angepasst werden.

Unter CONFIGURATION|CONFIGURE LOGGING kann das Ausgabeintervall angepasst werden. Wir setzen den Wert auf 30, Standard ist 300 (Abbildung 10.13).

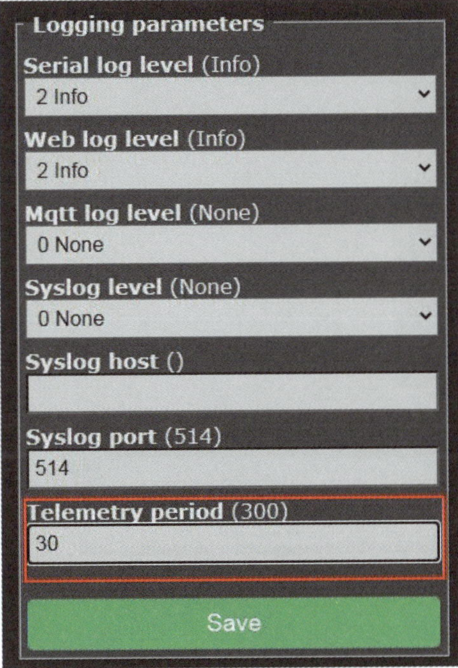

Abb. 10.13: Sonoff Pow – Tasmota, Konfiguration Intervall

Nach dem Speichern kann nun auf der Startseite von Tasmota ein angeschlossener Verbraucher überprüft werden. Im eingeschalteten Zustand werden verschiedene Werte dargestellt.

Betrieb mit Last

Der Anschluss eines Wechselstrom-Verbrauchers, in unserem Beispiel eine Lampe, ist recht einfach. Abbildung 10.14 zeigt die nötige Verdrahtung.

Vorsicht

Beim Anschließen der Drähte darf das Anschlusskabel mit den 230 VAC nicht mit der Steckdose verbunden sein! Falls Sie beim Anschließen unsicher sind, holen Sie sich Unterstützung bei einem Elektro-Fachmann.

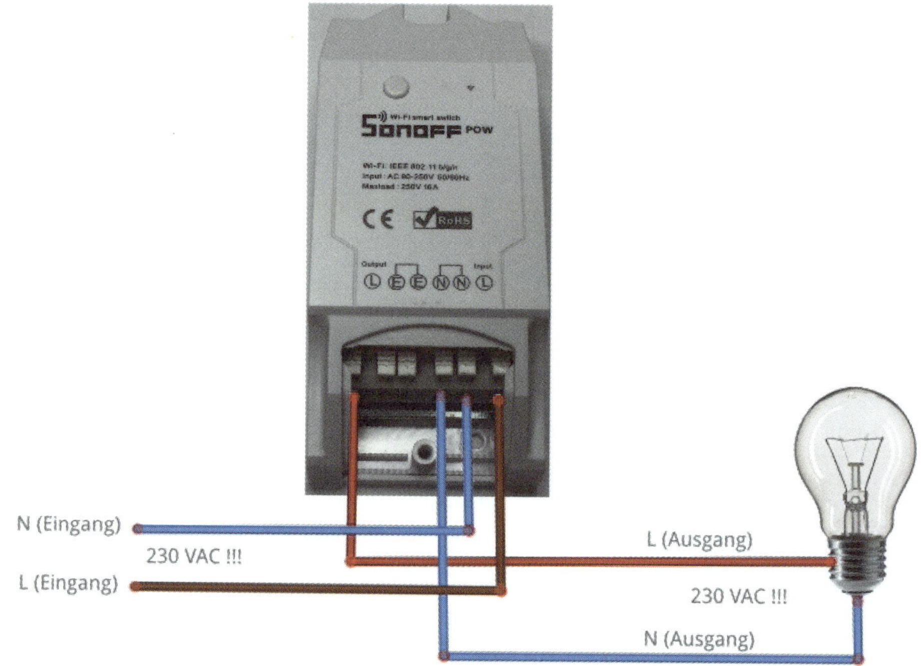

Abb. 10.14: Anschluss von Last an Sonoff Pow

Die angeschlossene Lampe hat eine Leistungsaufnahme von 12 W (Abbildung 10.15).

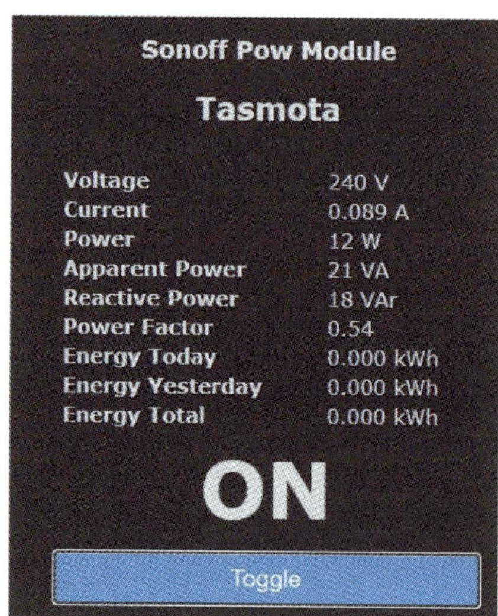

Abb. 10.15: Sonoff Pow – Strom- und Leistungsmessung

In der Konsole von Tasmota können Messwerte abgefragt werden. Alle 30 Sekunden wird ein Datensatz auf den Topic `tele/lemon/SENSOR` geschrieben. Lemon ist dabei der Name des getesteten Tasmota-Moduls

```
19:29:51 MQT: tele/lemon/SENSOR = {"Time":"2020-11-18T19:29:51",
"ENERGY":{"TotalStartTime":"2020-11-17T14:18:29","Total":0.001,
"Yesterday":0.000,"Today":0.001,"Period":0,"Power":12,
"ApparentPower":21,"ReactivePower":17,"Factor":0.56,"Voltage":239,
"Current":0.087}}
```

Alle Parameter, die auch auf der Startseite der Tasmota-Installation dargestellt werden, können nun über den oben genannten Topic abgefragt und weiterverarbeitet werden.

Datenverarbeitung mit Node-Red

Dank der bereits aktiven MQTT-Anbindung kann direkt auf den oben in der Konsole ermittelten Topic zugegriffen werden.

Der MQTT-Node wird mit dem Topic `tele/lemon/SENSOR` verbunden und über einen JSON-Node, der die Daten in ein JavaScript-Objekt umwandelt, auf einen Debug-Node geführt (Abbildung 10.16).

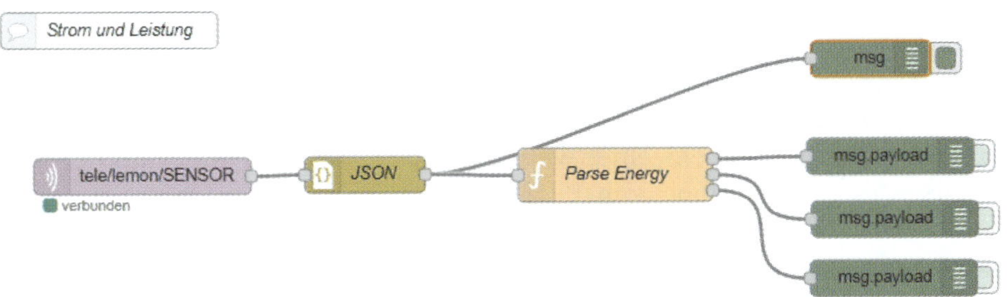

Abb. 10.16: Node-Red – Strommessung mit Sonoff Pow

Im Debug-Fenster können Sie die empfangenen Daten überprüfen (Abbildung 10.17).

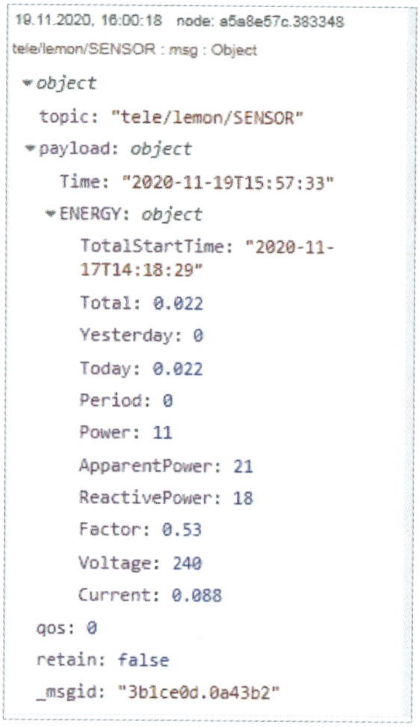

```
19.11.2020, 16:00:18   node: a5a8e57c.383348
tele/lemon/SENSOR : msg : Object
▾object
  topic: "tele/lemon/SENSOR"
 ▾payload: object
    Time: "2020-11-19T15:57:33"
   ▾ENERGY: object
      TotalStartTime: "2020-11-
      17T14:18:29"
      Total: 0.022
      Yesterday: 0
      Today: 0.022
      Period: 0
      Power: 11
      ApparentPower: 21
      ReactivePower: 18
      Factor: 0.53
      Voltage: 240
      Current: 0.088
  qos: 0
  retain: false
  _msgid: "3b1ce0d.0a43b2"
```

Abb. 10.17: Node-Red – Daten in Topic

Die Messwerte für Leistung, Spannung und Strom sind klar ablesbar und können weiterverarbeitet werden.

Für die Weiterverarbeitung wird ein Funktions-Node `Parse Energy` verwendet, der die Daten trennt und auf einzelne Ausgänge führt. Im JavaScript-Code dieses Funktions-Nodes werden drei Nachrichtenvariablen deklariert und anschließend wird jeder Nachricht ein einzelner Wert (`Voltage`, `Current`, `Power`) aus der Nutzlast zugewiesen (`smarthome_kap10_funktion_parse_energy.txt`):

```
var msg1 = {};
var msg2 = {};
var msg3 = {};

msg1.payload = msg.payload.ENERGY.Voltage;
msg1.topic = 'Voltage';
msg2.payload = msg.payload.ENERGY.Current;
msg2.topic = 'Current';
msg3.payload = msg.payload.ENERGY.Power;
msg3.topic = 'Power';

return [msg1, msg2, msg3];
```

Zum Schluss werden die Nachrichten über drei Ausgänge ausgegeben.

Zum Test können die Werte über einen Debug-Node überprüft werden.

Für den praktischen Einsatz können die gewünschten Werte über einen Dashboard-Node auf das Dashboard ausgegeben werden (Abbildung 10.18).

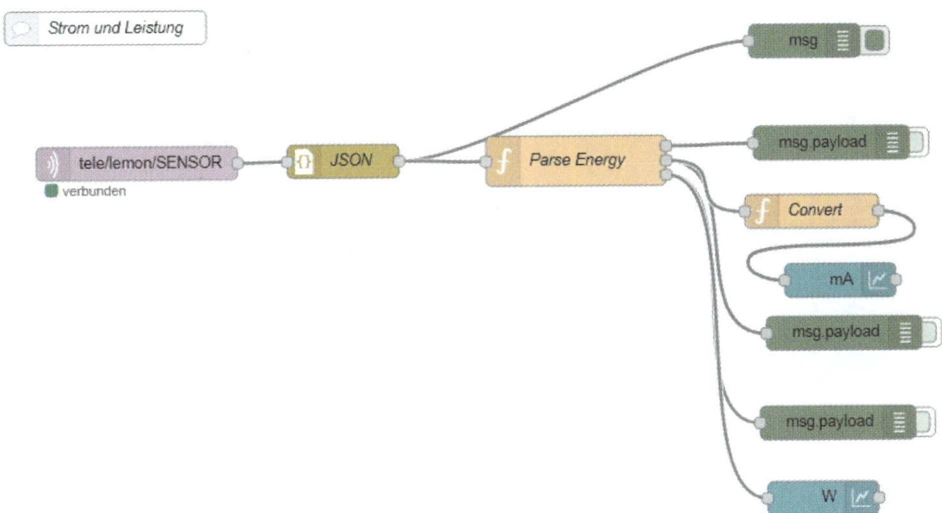

Abb. 10.18: Node-Red – Strom- und Leistungsmessung

Im Beispiel wird der Wert des Stroms, der vom Sonoff-Modul als Ampere-Wert geliefert wird, mittels Konvertierungsfunktion in Milliampere umgewandelt (`smarthome_kap10_funktion_power_convert.txt`):

```
msg.payload = msg.payload *1000;
return [msg];
```

Auf dem Dashboard kann der aktuelle Stromverbrauch (unten) sowie die Leistung P (oben) dargestellt werden (Abbildung 10.19).

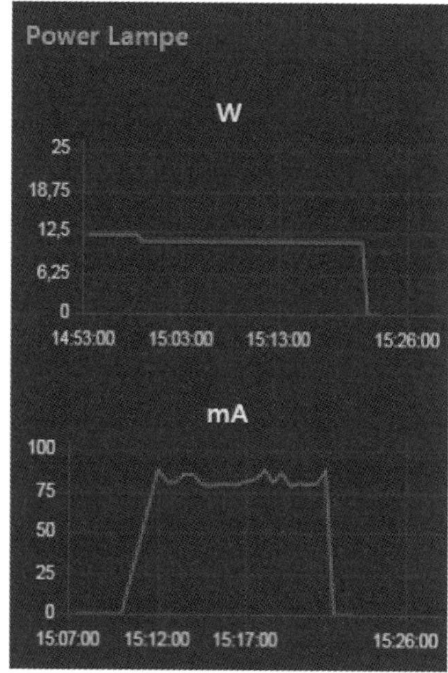

Abb. 10.19: Node-Red – Strom und Leistungsmessung eines Verbrauchers

Diese Strommessung mit dem Sonoff Pow ist recht simpel, da keine externen Module oder Sensoren verwendet werden müssen. Sie können Standard-Komponenten einsetzen.

Ein Nachteil dieser Lösung ist, dass der Stromkreis des Verbrauchers aufgetrennt werden muss. Bei verschiedenen Verbrauchern im Haushalt können die Anschlussleitungen aber aus baulichen Gründen nicht so einfach unterbrochen werden. Eine Waschmaschine, ein Kühlschrank oder ein Herd ist oft fest durch einen Elektriker in der Hausverkabelung verdrahtet.

Beim Einsatz eines Sonoff Pow ist zu beachten, dass nicht zu viel Strom geschaltet wird.

Im nachfolgenden Beispiel muss zur Strommessung kein Stromkreis geöffnet werden. Zum Einsatz kommt ein kontaktloser Stromsensor.

10.2.2 Stromwächter mit Stromsensor

Strommessungen am Wechselstrom-Netz der Wohnung oder des Hauses sollten nur von Fachleuten ausgeführt werden. Um aber trotzdem den Stromverbrauch eines Verbrauchers zu ermitteln, kann ein Stromsensor für kontaktlose Strommessung verwendet werden.

Mit sogenannten Wechselstrom-Messwandlern kann eine sichere und kontaktlose Strommessung eines Wechselstromverbrauchers durchgeführt werden.

Abbildung 10.20 zeigt einen Wechselstrom-Messwandler der Typenreihe SCT-013.

Abb. 10.20: Stromsensor SCT-013-030

Dieser magnetische Sensor misst den Laststrom durch den Verbraucher und wandelt den Laststrom mittels Transformator in einen proportionalen Ausgangsstrom um. Mit einem internen Widerstand wird dieser Strom in eine Spannung umgewandelt, die anschließend von einer angeschlossenen Messschaltung verarbeitet werden kann.

Abbildung 10.21 zeigt die Prinzipschaltung des Messwandlers. Der Laststrom, also der Strom durch den Verbraucher, ist mit `Ip` bezeichnet, die proportionale Spannung am Ausgang mit `Vout`.

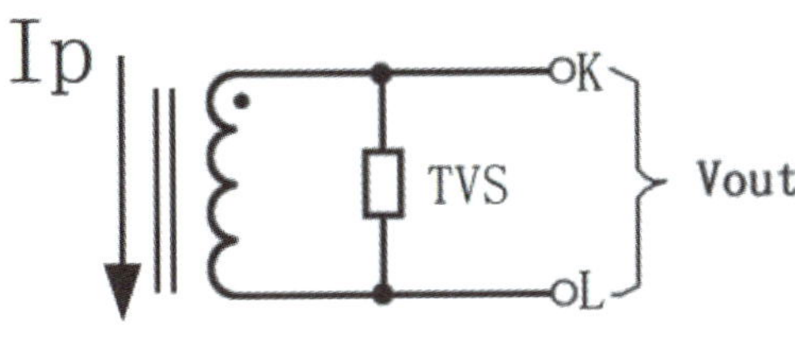

Abb. 10.21: Prinzip des magnetischen Stromsensors (Quelle: Datenblatt SCT-013-030)

Durch den Stromsensor darf nur ein Leiter des Anschlusskabels des Verbrauchers geführt werden (Abbildung 10.22).

Abb. 10.22: SCT-013-Sensor – Strommessung

Die Schaltung für den Stromwächter (Abbildung 10.23) mit dem Stromsensor SCT-013 benötigt einen Kondensator (C1) und die beiden Widerstände (R1 und R2). Das Mess-Signal wird an den analogen Eingang A0 des Wemos D1 Mini geführt. Der Widerstand R3 ist der Stromshunt, der bereits im Sensor integriert ist.

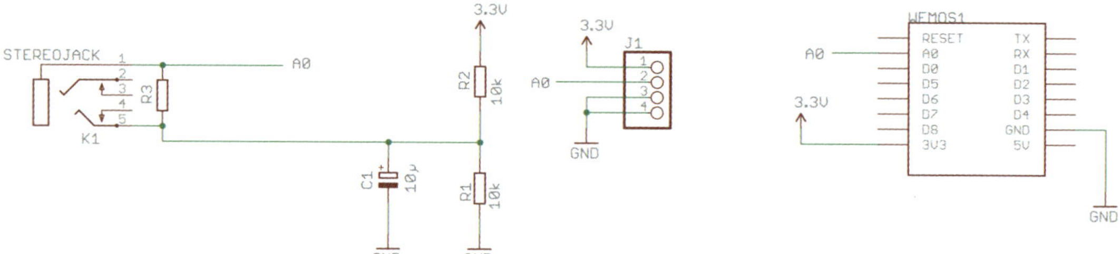

Abb. 10.23: Stromwächter mit Wemos D1 Mini – Schaltplan

Stückliste (Stromwächter)

- 1 Wemos D1 Mini
- 1 Steckbrett oder Energy-Monitor-Board
- 1 Stromsensor SCT-013-030
- 2 Widerstände 10 kOhm (R1, R2)
- 1 Elektrolytkondensator 10 uF/25 V (C1)
- 1 Klinkenbuchse für Printmontage (optional)

Der Stromsensor SCT-013 wird meist mit einem Anschlusskabel mit einem 3,5-mm-Klinkenstecker geliefert.

Für einen stabilen und sicheren Einsatz habe ich Leiterplatten für Anwendungen mit Arduino und Wemos D1 Mini realisiert (Abbildung 10.24).

Abb. 10.24: Leiterplatten für Stromwächter – Projekt Energy-Monitor-Board

Beim Einsatz des Stromsensors auf dem Steckbrett muss der Klinkenstecker am Kabel abgetrennt werden und die beiden Anschlüsse werden direkt mit dem Steckbrett verbunden.

Meine Praxis-Messungen haben gezeigt, dass der SCT-013-Sensor nicht so genaue Messresultate bringt wie die Strom-Messung über den Sonoff Pow. Es empfiehlt sich, einen Sensor mit passendem Messbereich für die geplante Anwendung zu verwenden. Mittlerweile gibt es Typen mit einem Ausgangssignal von 1 Volt bei 5 A Laststrom. Bei vielen Händlern sind Standardtypen des SCT-013 mit 30 A/A verfügbar.

Stromwächter mit MQTT

Der Stromwächter gemäß dem Stromlaufplan aus Abbildung 10.23 misst am Analog-Eingang A0 den Spannungsabfall über dem internen Widerstand.

Der SCT-013-Sensor als Strommesser wurde bekannt, als das Open-Souce-Projekt Openenergymonitor, eine Lösung für die Stromverbrauchs- und Energy-Messung, veröffentlicht wurde.

Aus diesem Projekt stammt die Arduino-Bibliothek `Emonlib`.

`https://github.com/openenergymonitor/EmonLib`

Wie bereits oben erwähnt, wird für die Steckbrett-Schaltung der Klinkenstecker am Sensor abgeschnitten. Die beiden Anschlüsse werden direkt auf dem Steckbrett angeschlossen (Abbildung 10.25).

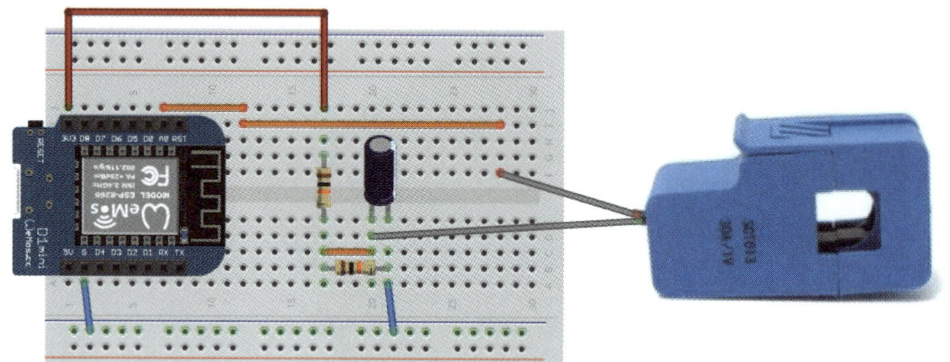

Abb. 10.25: Stromwächter mit Wemos D1 Mini – Steckbrett-Aufbau

Die Stromversorgung der Schaltung erfolgt über den USB-Anschluss des Wemos-Boards.

Das Programm für den Stromwächter mit MQTT-Client basiert auf dem bekannten MQTT-Client aus Praxisbeispiel 5.6.

Einziger Unterschied ist die Messung der Daten aus dem Stromsensor. Dabei werden alle zehn Sekunden der Strom und die Leistung ermittelt und anschließend an den jeweiligen Topic publiziert (`smarthome_kap10_stromwaechter-wemos-mqtt.ino`):

```
#include <ESP8266WiFi.h>
#include <PubSubClient.h>
#include "EmonLib.h"

const char* ssid = "ssid";
const char* password = "meinPasswort";
const char* mqtt_server = "IP_des_MQTT_Brokers";

WiFiClient espClient;
PubSubClient client(espClient);

unsigned long lastMsg = 0;
#define MSG_BUFFER_SIZE (50)
```

```
char msg[MSG_BUFFER_SIZE];
char fstr[10];

// Emonlib
EnergyMonitor emon1;
int PinStrom = 0;

void setup_wifi()
{
  delay(10);
  // Start WiFi-Verbindung
  Serial.println();
  Serial.print("Verbinden zu WiFi... ");
  Serial.println(ssid);

  WiFi.mode(WIFI_STA);
  WiFi.begin(ssid, password);

  while (WiFi.status() != WL_CONNECTED) {
    delay(500);
    Serial.print(".");
  }

  randomSeed(micros());

  Serial.println("");
  Serial.println("WiFi verbunden...");
  Serial.println("IP-Adresse: ");
  Serial.println(WiFi.localIP());
}

void callback(char* topic, byte* payload, unsigned int length) {
  // Daten vom MQTT-Broker
  Serial.print("Nachricht erhalten [");
  Serial.print(topic);
  Serial.print("] ");
  Serial.println();
}

void reconnect() {
```

```
  // Loop
  while (!client.connected()) {
    Serial.print("MQTT-Verbindung..");
    // Client-ID
    String clientId = "ESP8266Client";
    // Attempt to connect
    if (client.connect(clientId.c_str())) {
      Serial.println("OK - verbunden");
    } else {
      Serial.print("ERROR - Fehlgeschlagen, rc=");
      Serial.print(client.state());
      Serial.println("Nächster Versuch in 5 Sek...");
      // 5 Sekunden warten
      delay(5000);
    }
  }
}

void setup()
{
  // Serielle Verbindung
  Serial.begin(115200);
  // WiFi
  setup_wifi();
  // MQTT
  client.setServer(mqtt_server, 1883);
  client.setCallback(callback);
  // Konfiguration Sensor (Analog-Eingang, Kalibrierung)
  // Kalibrierung: Turn Ratio/Burden-Resistor = 1800 / 62 = 29
  emon1.current(PinStrom, 29);
}

void loop()
{
  if (!client.connected()) {
    reconnect();
  }
  client.loop();

  unsigned long now = millis();
```

```
  if (now - lastMsg > 10000) {
    lastMsg = now;
    // Messung Strom
    double Current = emon1.calcIrms(1480);
    // Leistung in Watt
    float power=Current*230;

    // Topic Strom publizieren
    dtostrf (Current,1,0,msg);
    Serial.print("Strom:  ");
    Serial.println(Current);
    client.publish("energy/strom", msg);
    // Topic Leistung publizieren
    dtostrf (power,1,0,msg);
    Serial.print("Power: ");
    Serial.println(power);
    client.publish("energy/power", msg);
      }
}
```

Datenverarbeitung in Node-Red

Mit dem MQTT-Node können nun die beiden Topics `energy/strom` und `energy/power` abonniert und weiterverarbeitet werden (Abbildung 10.26).

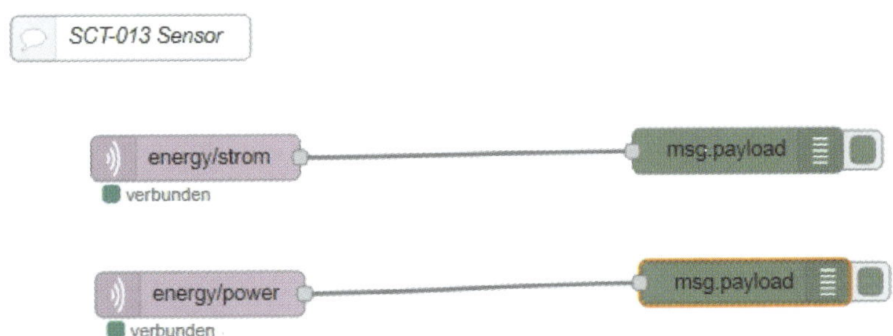

Abb. 10.26: Node-Red – Topics von Wemos-Stromwächter

10.3 Waschmaschinenwächter

Praktische DIY-Lösungen zur Überwachung der Waschmaschine oder des Trockners gibt es viele im Internet. Dabei realisieren findige Bastler Lösungen zur Stromüberwachung, Messung der Rüttelbewegung mit einem Beschleunigungssensor bis hin zur Abfrage von Anzeigen oder dem Display.

Die meisten Waschmaschinen haben eine Anzahl Leuchtdioden zur Anzeige von einzelnen Zuständen. Somit ist es naheliegend, dass man diese Statusanzeigen mit einem lichtempfindlichen Sensor abfragt und weiterverarbeitet (Abbildung 10.27).

Abb. 10.27: Waschmaschine – Abfrage Statusanzeige

Ich habe bei meinem Gerät im Waschraum mehrere Fotowiderstände (LDR) eingesetzt und diese zum Schutz und zur besseren Montage in ein 3D-gedrucktes Gehäuse verpackt (Abbildung 10.28).

Abb. 10.28: LDR-Sensor für Statuserfassung

Da das Statussignal der Waschmaschine anschließend in das Heimautomationssystem über MQTT eingesetzt werden soll, eignet sich für die Signalerfassung und Datenübertragung auch in diesem Fall ein ESP8266-Modul wie der Wemos D1 Mini.

Es kann somit die Stückliste aus Praxisbeispiel 5.6 verwendet werden. Zusätzlich wird noch ein passendes Gehäuse für den Sensor benötigt.

Stückliste (Waschmaschinenwächter)

- 1 ESP8266 oder Wemos D1 Mini
- 1 Steckbrett
- 1 LDR
- 1 Widerstand 10 kOhm
- Gehäuse für LDR (3D-Druck)
- Jumper-Wires

Der Schaltungsaufbau für diese kleine Überwachungsschaltung ist in Abbildung 10.29 dargestellt.

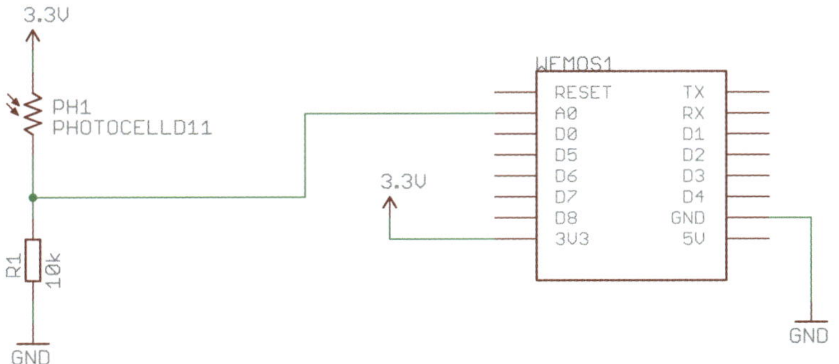

Abb. 10.29: Stromlaufplan Waschmaschinenwächter mit LDR

Zum Test wird die Schaltung auf einem Steckbrett gemäß Abbildung 10.30 aufgebaut.

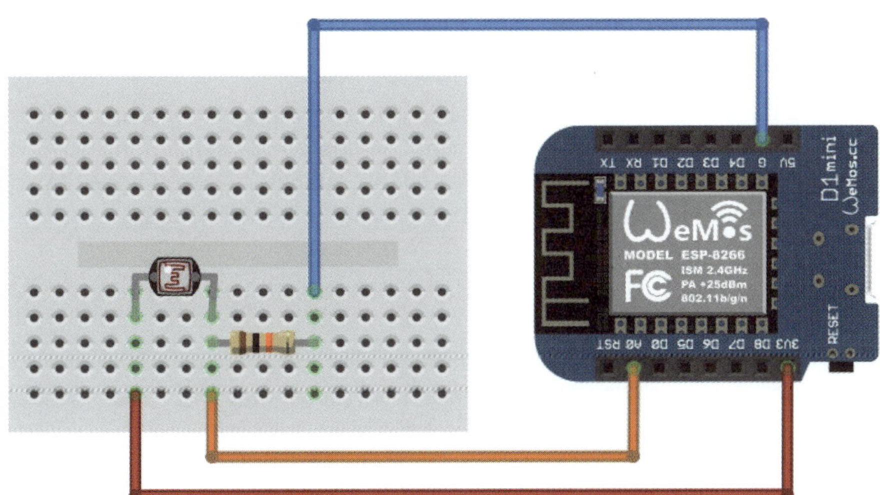

Abb. 10.30: Steckbrett-Aufbau – Waschmaschinenwächter

Für den produktiven Einsatz verwende ich eine kleine Lochrasterplatine oder ein Protoshield, die man auf das Wemos-Board steckt.

Test und Messung

Je nach Anwendungsfall sind die Messwerte, die man bei der Messung des Status-Signals bekommt, unterschiedlich. Es empfiehlt sich also, zuerst die Werte in einem Test zu ermitteln, damit man sichere Schaltschwellen für einzelne Zustände bestimmen kann.

Die Ermittlung des Messwerts ist einfach und kann mit wenigen Zeilen Code umgesetzt werden. Es muss bekanntlich nur die Spannung des Spannungsteilers über den analogen Eingang A0 eingelesen werden:

```
// Messwert von LDR
int valSensor=analogRead(A0);
```

In meinem Testbeispiel wird die Statusanzeige für Start/Stop abgefragt. Die Zustände bedeuten dabei:

LED Ein: Waschvorgang beendet

LED Aus: Waschvorgang in Betrieb

Die dabei ermittelten Messwerte betragen 80 (Aus) und 650 (Ein).

Daten senden via MQTT

In einem Rhythmus von zehn Sekunden wird der angeschlossene Fotowiderstand abgefragt und mittels MQTT-Client-Sketch an den Topic `keller/waschmaschine` publiziert. Auch hier können Sie wieder den schon mehrfach verwendeten Sketch des MQTT-Clients verwenden. Wichtig dabei ist, dass der korrekte Topic für den Status der Waschmaschine angepasst wird.

Nachfolgend das Hauptprogramm des MQTT-Clients für den Waschmaschinenwächter. Der Messvorgang erfolgt alle zehn Sekunden. Anschließend wird der Messwert an den Topic `keller/waschmaschine` publiziert (`smarthome_kap10_mqtt_waschmaschinen_waechter.ino`):

```
void loop()
{
  if (!client.connected()) {
    reconnect();
  }
  client.loop();
```

```
  unsigned long now = millis();
  if (now - lastMsg > 10000) {
    lastMsg = now;
    // Messwert von LDR
    int valSensor=analogRead(A0);
    dtostrf (valSensor,1,0,msg);
    Serial.print("Status Waschmaschine: ");
    Serial.println(msg);
    client.publish("keller/waschmaschine", msg);
  }
}
```

Auswertung mit Node-Red

In Node-Red wird nun der Topic mit dem Status der Waschmaschine abgefragt, dabei wird der gemessene Wert des Fotowiderstands übermittelt (Abbildung 10.31).

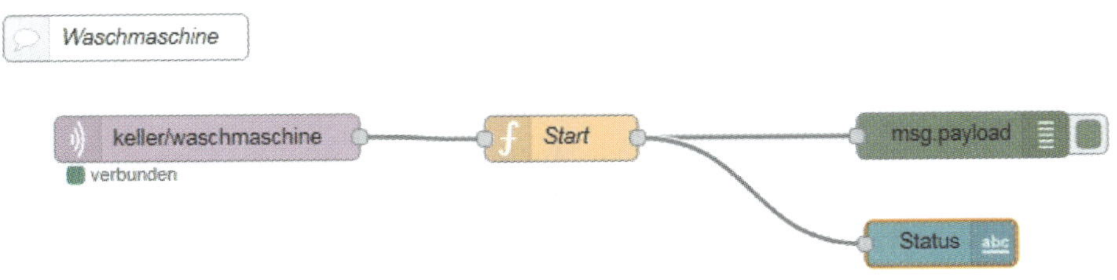

Abb. 10.31: Node-Red – Waschmaschinenwächter

Mit dem Funktions-Node `Start` wird der Sensorwert in einen Status umgewandelt. Dazu wird der Sensorwert abgefragt. Bei einem Sensorwert von kleiner als 100 ist die Maschine gestoppt oder nicht gestartet. Bei einem Sensorwert von größer als 500 ist die Maschine gestartet (`smarthome_kap10_funktion_waschmaschine_start.txt`):

```
var status=msg.payload;
var StatusText="";

if (status < 100){
    StatusText="Maschine Start";
}

if (status >= 500){
```

```
    StatusText="Maschine Stop";
}

msg.payload=StatusText;
return msg;
```

Die Statusmeldung kann nun im Debug-Fenster ausgegeben werden oder im Dashboard als Textnachricht angezeigt werden.

Weitere Optionen wären beispielsweise:

- Status als MQTT-Topic weiterpublizieren
- Nachricht per E-Mail versenden
- Nachricht per Message-Dienst wie Pushover versenden
- Ausgabe auf Display anzeigen

Mehrere Messkanäle

Falls Sie nicht nur eine Statusanzeige auf der Waschmaschine oder dem Trockner überwachen möchten, müssen Sie mehrere Fotowiderstände als Mess-Sensoren verwenden.

Bei mehreren Sensoren benötigen Sie auch mehrere analoge Eingangskanäle. Hierzu eignet sich der bereits im Praxisbeispiel in Abschnitt 8.4 vorgestellte Analog/Digital-Wandler mit mehreren Kanälen.

10.4 Gefrierschrankwächter

Der Gefrierschrankwächter ist ein praktisches Tool, wenn man einen Haushalt mit mehreren Personen hat. Hier kann es vorkommen, dass der Gefrierschrank nicht sauber geschlossen wird. Das Resultat sind dann viele aufgetaute Produkte.

Mit dem Gefrierschrankwächter haben Sie einerseits immer die Temperatur im Innern des Gefrierers im Blick und andererseits können Sie bei zu hohen Temperaturen einen Alarm auslösen.

Aufbau

Im Gefrierschrank herrscht üblicherweise eine Temperatur von ungefähr minus 20 Grad Celsius. Ein entsprechender Sensor für diesen Messbereich wird nun in den Gefrierschrank platziert und mit ganz dünnen Messkabeln versehen.

Außerhalb des Gefrierschranks platziert man ein Arduino-Board, das mit dem Sensor im Gefrierschrank verbunden ist.

Am Arduino-Board ist zusätzlich ein 433-MHz-Sendermodul wie aus Abschnitt 7.6 angeschlossen.

In regelmäßigen Abständen wird nun die Temperatur gemessen. Der Messwert wird anschließend über das RF-Modul verschickt. Der Empfänger aus dem Datenübertragungsprojekt ist über ein USB-Kabel an den zentralen Raspberry Pi angeschlossen. Das Raspberry-Board liest via Node-Red die Daten über die serielle Schnittstelle ein und verarbeitet sie. Im Dashboard kann nun die Temperatur des Gefrierschranks überwacht werden. Der eingelesene Temperaturwert wird zusätzlich als MQTT-Topic bereitgestellt.

Protoshield oder RF433-MHz-Shield

Für den produktiven Betrieb als Gefrierschrankwächter empfiehlt es sich, die externe Schaltung mit dem 433-MHz-Sender beziehungsweise -Empfänger auf einer stabilen Leiterplatte wie einem Protoshield aufzubauen.

Ich habe für meine 433-MHz-Anwendungen ein spezielles RF-Shield entwickelt, das sowohl als Sender als auch als Empfänger eingesetzt werden kann (Abbildung 10.32).

Abb. 10.32: RF-433-MHz-Shield für Arduino

Die Projekt-Daten des Shields sind auf der Website zum Buch im Downloadbereich abrufbar.

Sensor

Mit einem Messbereich von –55 bis +125 Grad Celsius eignet sich der Temperatursensor vom Typ DS18B20 ideal für den Einsatz in diesem Projekt.

Im Elektronik-Handel gibt es diesen Sensor-Typ in einer wasserdichten Ausführung mit Edelstahlgehäuse. Das ist die optimale Variante für den Gefrierschrankwächter (Abbildung 10.33).

Abb. 10.33: DS18B20-Temperatursensor

Der DS18B20 wird über den 1-Wire-Bus angesteuert und benötigt somit nur drei Signalleitungen (Tabelle 10.2).

Signal	Kabelfarbe
+5V	rot
Signal	gelb
GND	schwarz

Tabelle 10.2: DS18B20 – Anschlussbelegung

Für diesen seriellen Bus-Betrieb wird ein zusätzlicher Pull-up-Widerstand von 4,7 kOhm benötigt. Dieser 1-Wire-Bus erlaubt den Betrieb von mehreren Sensoren. Es könnte also zusätzlich noch ein Sensor für die Raumtemperatur eingesetzt werden, ohne dass viel Zusatzaufwand notwendig ist.au

Mess-Modul

Nachfolgend ist die Stückliste für den Gefrierschrankwächter. Für den praktischen Einsatz verwendet man idealerweise ein Protoshield, um die externen Komponenten (Sensor und RF-Modul) zu montieren.

Stückliste (Gefrierschrankwächter)

- 1 Arduino Uno
- 1 Funkmodul 433 MHz (Sender)
- 1 Sensor DS18B20
- 1 Widerstand 4,7 kOhm
- 1 Breadboard, Protoshield (optional) oder RF-433-MHz-Shield (optional)
- Jumper-Wires

Der Schaltungsaufbau dieser Sensor-Lösung auf einem Steckbrett ist in Abbildung 10.34 abgebildet.

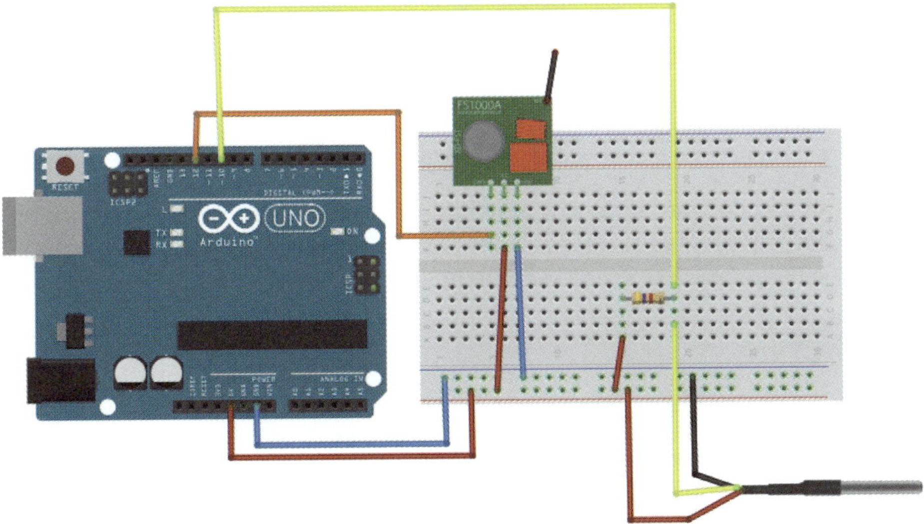

Abb. 10.34: Gefrierschrankwächter – Steckbrett-Aufbau

Code (Sender)

Die Ansteuerung des 1-Wire-Sensors erfolgt über die Bibliothek `OneWire.h`. Falls diese nicht bereits auf dem Rechner installiert ist, können Sie sie aus dem Internet laden.

`https://github.com/PaulStoffregen/OneWire`

Zusätzlich wird eine Sensor-spezifische Bibliothek für die Dallas-Temperatur-Sensoren benötigt. Diese Bibliothek von Miles Burton kann über den Bibliotheksverwalter (Abbildung 10.35) oder über das GitHub-Repository des Entwicklers geladen werden.

`https://github.com/milesburton/Arduino-Temperature-Control-Library`

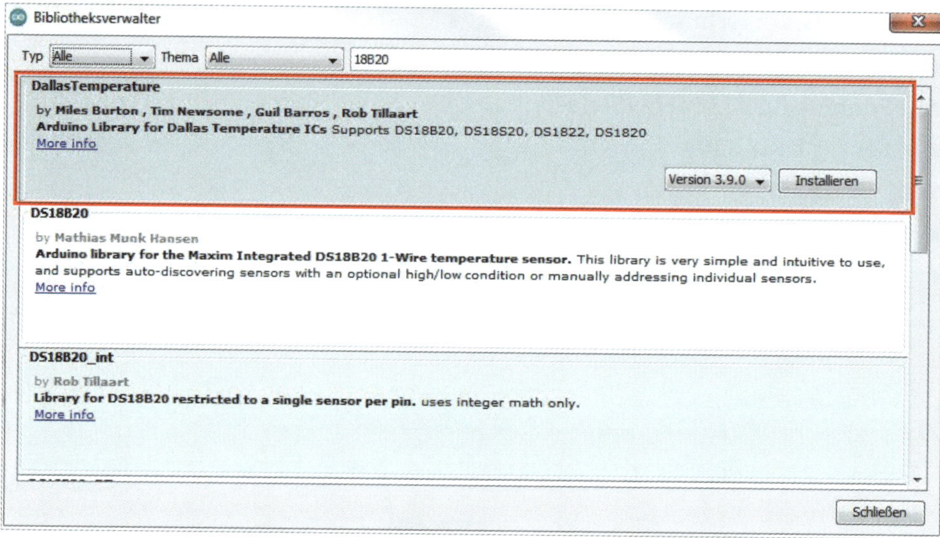

Abb. 10.35: DS18B20-Arduino-Bibliothek

Im Programmcode werden neben den Bibliotheken für die RF-Übertragung die Bibliotheken für die Messung mit dem DS18B20-Sensor geladen (`smarthome_kap10_rf433_gefrierschrank-waechter-sensor.ino`):

```
#include <RH_ASK.h>
#include <SPI.h>
#include <OneWire.h>
#include <DallasTemperature.h>
```

Anschließend erfolgt die Konfiguration für die Funkübertragung. An Pin D12 wird das Funkmodul angeschlossen. Die ID dieses Sensormoduls ist mit 88 definiert. Die Datenstruktur bleibt identisch wie im Praxisbeispiel aus Abschnitt 7.6.

```
// Pins
// Sender:    D12

// Node-ID
#define myNodeID 88

// RF-Objekt
RH_ASK driver;

// Datenpaket als Struktur
typedef struct {
```

```
  int nodeID;         // Sensor-Node-ID
  int val1;           // Sensor 1
  int supplyV;        // Versorgungsspannung
  int val2;           // Sensor 2
  int val3;           // Sensor 3
 } Payload;

Payload rf433tx;
```

Nun werden der Datenpin für die 1-Wire-Kommunikation definiert und die Objekte für den 1-Wire-Bus und den Sensor instanziiert.

```
// 1-Wire-Bus an Pin 10
#define ONE_WIRE_BUS 10

// 1-Wire-Bus instanziieren
OneWire oneWire(ONE_WIRE_BUS);

// Instanziieren des Sensors
DallasTemperature sensors(&oneWire);
```

Im Setup werden die serielle Schnittstelle sowie die Kommunikation mit dem Sensor gestartet:

```
void setup()
{
  // Serielle Schnittstelle
  Serial.begin(9600);
  Serial.println("RF Sensor....");
  // Start der Sensorübertragung
  sensors.begin();
  // Start RF-Kommunikation
  if (!driver.init())
  {
    Serial.println("Fehler beim Initialisieren....");
    }
}
```

Im Hauptprogramm wird der Sensor mit dem `Index 0` abgefragt und der Sensorwert in der Variablen `tempC` gespeichert. Anschließend wird der Messwert mit 100 multipliziert, um eine Zahl ohne Kommastellen zu bekommen. Dieser Wert wird dann in einer Integervariablen `tempCInt` gespeichert.

Dieser Messwert wird in der Variablen `val1` des Daten-Objekts `rf433tx` gespeichert. Alle restlichen Werte dieses Objekts werden mit fixen Werten versehen und in diesem Beispiel nicht benötigt. Der Wert 9999 ist gut erkennbar und soll einen Platzhalter darstellen.

Für eigene Anwendungen können Sie diese restlichen, freien Variablen für eigene Messwerte verwenden.

```
void loop()
{
  // Sensorwert ermitteln
  sensors.requestTemperatures();
  float tempC = sensors.getTempCByIndex(0);
  // Umwandlung
  tempC=tempC * 100;
  int tempCInt=tempC;
  // Sensorwerte speichern
  rf433tx.val1 = tempCInt;
  rf433tx.val2 = 9999;
  rf433tx.val3 = 9999;
  // Wert Versorgungsspannung
  rf433tx.supplyV = 5000;
  // Node ID
  rf433tx.nodeID=myNodeID;
  // Daten senden
  driver.send((uint8_t*)&rf433tx, sizeof rf433tx);
  driver.waitPacketSent();
  Serial.print("OK-Daten gesendet: ");
  Serial.println(tempCInt);
  // warten
  delay(30000);
}
```

Die Messung und Datenübertragung erfolgen alle 30 Sekunden.

433-MHz-Empfänger

Der Empfänger des gesendeten Messwerts ist der RF-Empfänger wie in Abschnitt 7.6. Die Schaltung ist unverändert. Einziger Unterschied ist die Ausgabe der empfangenen Daten. Diese werden in serieller Form als Datenstring im folgenden Format ausgegeben:

`DNode-ID,Sensorwert1,Versorgungsspannung,Sensorwert2,Sensorwert3!`

Der Datenstring beginnt mit einem D und endet mit einem Ausrufezeichen (!).

Der Empfänger wird über ein USB-Kabel am Raspberry Pi angeschlossen.

Stückliste (Empfänger für Gefrierschrankwächter)

- 1 Arduino Uno
- 1 Funkmodul 433 MHz (Empfänger)
- 1 Breadboard, Protoshield (optional) oder RF-433-MHz-Shield (optional)
- Jumper-Wires

In Abbildung 10.36 ist der Steckbrett-Aufbau für den 433-MHz-Empfänger abgebildet.

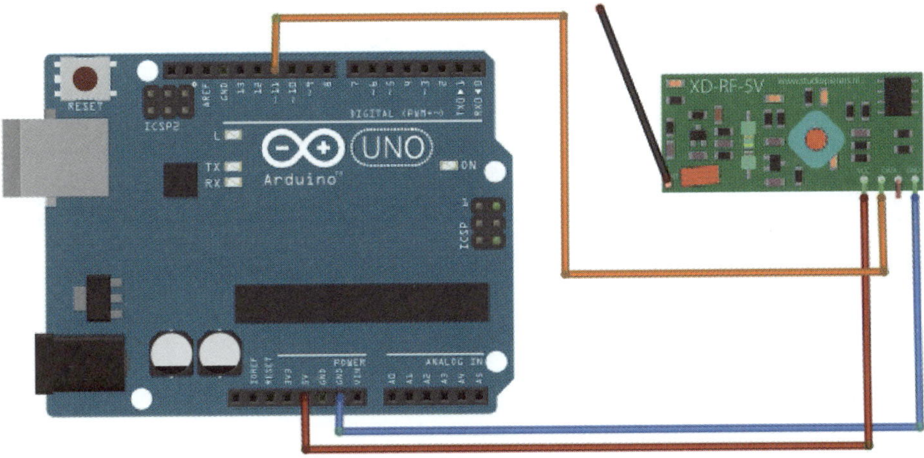

Abb. 10.36: 433-MHz-Empfänger – Steckbrett-Aufbau

Code (Empfänger)

Im Programmcode des 433-MHz-Empfängers aus Abschnitt 7.6 wird die serielle Übertragungsgeschwindigkeit im Setup angepasst (`smarthome_kap10_rf433_empfaenger_serial.ino`):

```
#include <RH_ASK.h>
#include <SPI.h>

// Pins
```

```
// Sender:    D12
// Empfänger: D11

// RF-Objekt
RH_ASK driver;

// Datenpaket als Struktur
 typedef struct txData {
          int nodeID;              // Sensor-Node-ID
          int val1;                // Sensor1
          int supplyV;             // Batterie
          int val2;                // Sensor2
          int val3;                // Sensor3
};

void setup()
{
  // Serielle Schnittstelle
  Serial.begin(115200);
  Serial.println("RF-Receiver...");
  // Start RF-Kommunikation
  if (!driver.init())
  {
    Serial.println("Fehler beim Initialisieren....");
  }
}
```

Im Hauptprogramm ändert sich die Ausgabe der Daten, die als String und durch Kommazeichen getrennt ausgegeben werden:

```
void loop()
{
  // Struktur der empfangenen Daten
  struct txData RxData;
  // Grösse von empfangenen Daten
  uint8_t rxSize = sizeof(RxData);

  if (driver.recv((uint8_t *)&RxData, &rxSize))
  {
    // Ausgabe der empfangenen Daten
    // Format Dxx,xx,xx,xx,xx!
```

```
    Serial.print("D");
    Serial.print(RxData.nodeID);
    Serial.print(",");
    Serial.print(RxData.val1);
    Serial.print(",");
    Serial.print(RxData.supplyV);
    Serial.print(",");
    Serial.print(RxData.val2);
    Serial.print(",");
    Serial.print(RxData.val3);
    Serial.print("!\n");
    }
}
```

Im seriellen Monitor des Empfängers kann nun der Datenempfang überwacht werden (Abbildung 10.37).

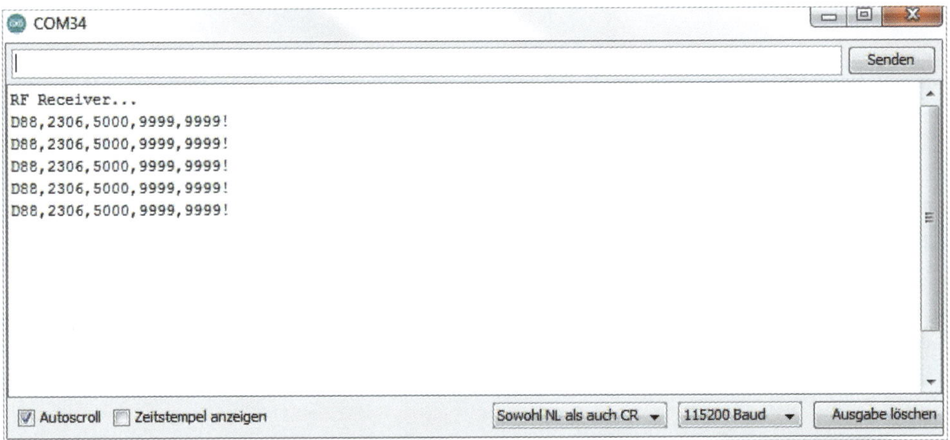

Abb. 10.37: 433-MHz-Empfänger – Empfang Daten

Das Empfängermodul wird über das USB-Kabel am Raspberry Pi angeschlossen und der Datenempfang kann über die Node-Red-Oberfläche weiterverarbeitet werden.

Datenverarbeitung in Node-Red

In der Node-Red-Anwendung wird ein neuer Flow erstellt. Der Datenempfang erfolgt über den `serial in`-Node. Im Funktions-Node werden die einzelnen Datenfelder aus dem Datenstring ermittelt und auf einzelnen Debug-Nodes ausgegeben (Abbildung 10.38).

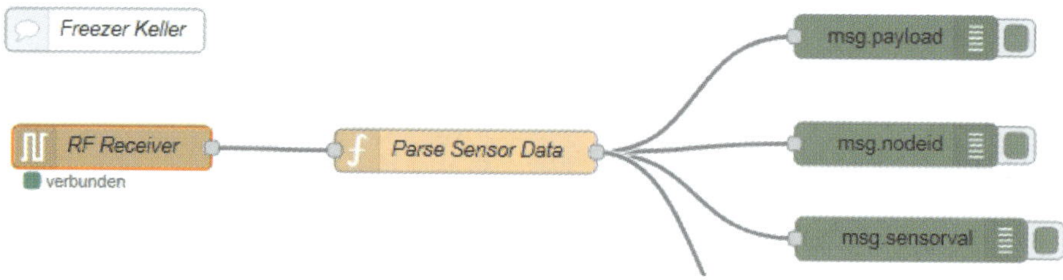

Abb. 10.38: Node-Red – Empfang von 433-MHz-Daten

Im seriellen Node muss der entsprechende serielle Port des Raspberry Pi ausgewählt und die Übertragungsgeschwindigkeit gewählt werden (Abbildung 10.39). Falls Sie bei der Portauswahl nicht sicher sind, stecken Sie das USB-Kabel aus, prüfen Sie die vorhandenen Ports und stecken Sie das Kabel wieder ein. Nach dem Einstecken erscheint auch der Port mit dem angeschlossenen Arduino.

Abb. 10.39: Node-Red – serieller Node

Bei richtiger Auswahl des seriellen Ports und der Übertragungsgeschwindigkeit empfängt man die ersten Sensordaten. In den Nachrichten-Variablen `msg.sensorval` und `msg.nodeid` sind der Temperaturwert sowie die ID des Senders abgespeichert (Abbildung 10.40).

Abb. 10.40: Node-Red – Sensordaten im Debug-Fenster

Im Funktions-Node werden die einzelnen Felder aus dem Datenstring ermittelt. Für den Gefrierschrankwächter werden bekanntlich nicht alle Felder des Datenstrings benötigt. Der Temperaturwert in der Variablen `sensorval` wird zusätzlich noch durch 100 dividiert, um den korrekten Wert in Grad Celsius zu erhalten (`smarthome_kap10_funktion_freezer_parse.txt`):

```
//Datenformat "Dnodeid,data!"
var tokens = msg.payload;
var array = tokens.split(",");
// Datenfelder
var nodeid=array[0];
nodeid= nodeid.substr(1,2);
var sensorval=array[1];
var sensorlength=sensorval.length;
sensorval=sensorval.substr(0,sensorlength);
sensorval=sensorval/100;
// Datenrückgabe
msg.nodeid=nodeid;
msg.sensorval=sensorval;
msg.payload=tokens;
return msg;
```

Die einzelnen Werte werden in den entsprechenden Nachrichten-Variablen gespeichert.

Als Datenausgabe und Visualisierung kann der Temperaturwert auf ein Chart im Dashboard und als MQTT-Topic ausgegeben werden (Abbildung 10.41). Der Funktions-Node vor der Ausgabe kopiert den Temperatur-Wert in die Payload-Variable (`smarthome_kap10_funktion_freezer_temperatur.txt`):

```
//Temperatur
var sensorval=msg.sensorval;
msg.payload=sensorval;
return msg;
```

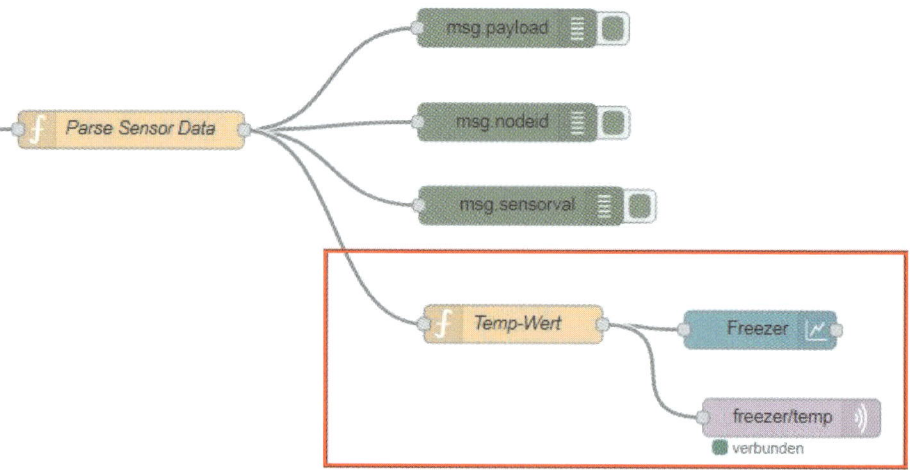

Abb. 10.41: Node-Red – Ausgabe des Temperaturwerts des Gefrierschranks

Mit dem Dashboard-Chart haben Sie den Gefrierschrank im Blick und können bei Abweichung schnell reagieren (Abbildung 10.42).

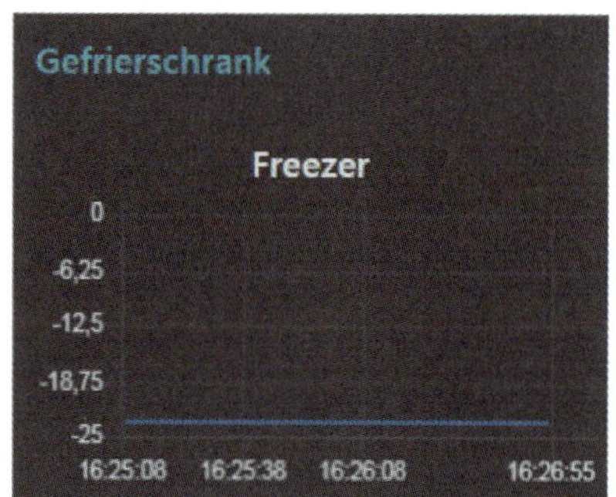

Abb. 10.42: Node-Red – Temperatur des Gefrierschranks

Als Erweiterung kann die Temperatur noch überwacht und bei einer gewissen Schwelle, beispielsweise –15 Grad, ein Alarm als E-Mail oder Message ausgelöst werden.

10.5 RGB-Streifen (Neopixel) steuern

Lichtstreifen mit LEDs sind die moderne Lichtquelle und mittlerweile in vielen Varianten, Längen und Preisen verfügbar. Die Lichtstreifen ermöglichen Beleuchtungen und Muster in allen Farben und können vom Anwender über eine Bedieneinheit gesteuert werden.

Meist bekommt man in einem Set einen LED-Lichtstreifen mit gewisser Länge und entsprechend vielen Leuchtdioden. Zusätzlich sind im Set eine Infrarot-Fernsteuerung und ein Netzteil dabei. In Abbildung 10.43 ist ein Set aus dem OBI-Baumarkt abgebildet.

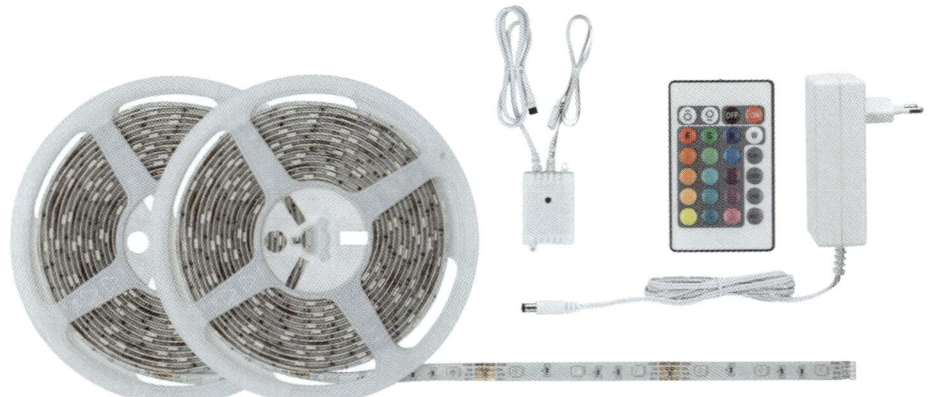

Abb. 10.43: LED-Lichtstreifen-Set mit Fernsteuerung und Netzteil (Bild: OBI)

Technik

Die Leuchtstreifen sind meist flexible Leiterplatten, auf denen die einzelnen Leuchtdioden in gleichmäßigem Abstand aufgelötet sind. Die Ansteuerung der einzelnen Leuchtdioden erfolgt über ein serielles Signal. Bei vielen LED-Streifen sind Standard-RGB-LEDs vom Typ WS28xx montiert.

Die Leuchtdioden in einem Leuchtstreifen können einzeln adressiert und angesteuert werden. Dank der recht einfachen Technik sind diese LED-Streifen auch bei Bastlern und Hobby-Anwendern sehr beliebt.

Für viele Microcontroller-Boards gibt es Bibliotheken, um solche Leuchtstreifen anzusteuern. In Abbildung 10.44 ist ein Leuchtstreifen mit einzelnen Leuchtdioden abgebildet.

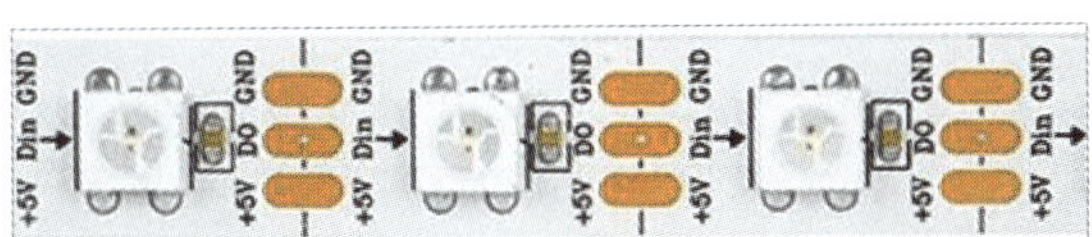

Abb. 10.44: LED-Streifen mit einzelnen Leuchtdioden

Je nach Bedarf kann man einen Leuchtstreifen an den gekennzeichneten Stellen mit einer Schere abschneiden (Abbildung 10.45).

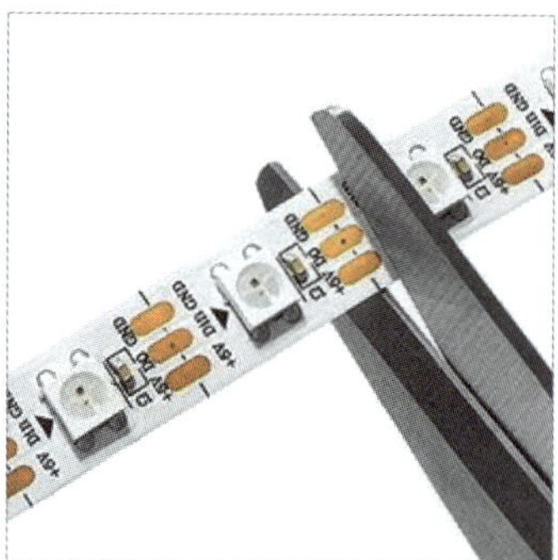

Abb. 10.45: LED-Streifen zuschneiden (Bild: Aliexpress)

Auch gibt es mittlerweile viele Projekte, Leiterplatten und Beispiele mit den Leuchtdioden WS2812. Die Leuchtdioden sind einzeln erhältlich, einfach in der Ansteuerung und können einfach aufgelötet werden.

Ansteuerung mit Wemos D1 Mini

Fertige Lösungen haben den Nachteil, dass sie ohne Umbau nicht in die eigene Smarthome-Umgebung integriert werden können. Der Umbau ist aber recht einfach, da die Ansteuerung des LED-Streifens recht simpel ist.

Mit der Ansteuerung über ein ESP8266-Board, in unserem Beispiel ein Wemos D1 Mini, können Sie eine komplette Integration in die Node-Red-Umgebung realisieren. Auf dem Wemos-Board wird Tasmota eingesetzt und somit kann das kleine Steuerboard über ein Smartphone oder einen PC im Browser aufgerufen werden.

In Abbildung 10.46 ist die grundsätzliche Ansteuerung eines LED-Streifens dargestellt.

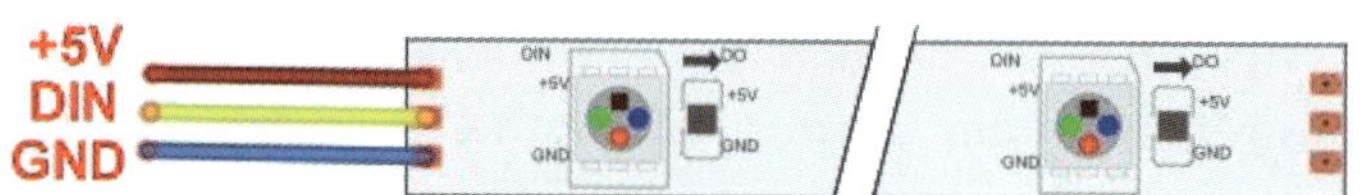

Abb. 10.46: LED-Streifen – Ansteuerung

Die digitale Ansteuerung vom Microcontroller erfolgt über den Eingang `DIN` (gelbe Anschlussleitung). Dazu wird noch eine 5-V-Stromversorgung benötigt (rote und blaue Leitung). Je nach Anzahl der einzelnen Leuchtdioden im Leuchtstreifen muss mit einem höheren Bedarf an Strom gerechnet werden. Pro Leuchtdiode kann ein Strom von 20 mA berechnet werden.

Die Ansteuerungs-Schaltung eines LED-Streifens mit dem Wemos D1 Mini ist in Abbildung 10.47 dargestellt.

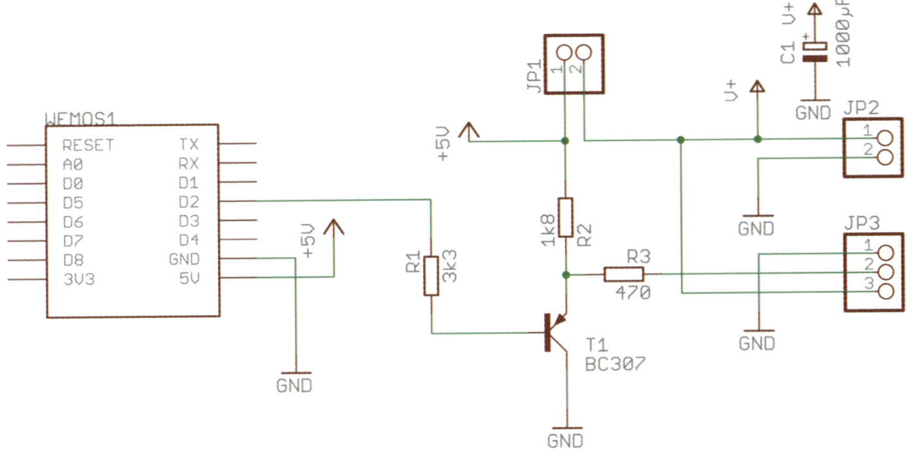

Abb. 10.47: Wemos D1 Mini – Ansteuerung eines LED-Streifens

Das Wemos-Board verwendet den digitalen Ausgang D2 als Ansteuersignal. Die nachfolgende Schaltung mit dem Transistor T1 und den Widerständen R1–R3 dient als Pegelwandler, da das Signal an D2 mit einem 3,3V-Pegel arbeitet. Der Leuchtstreifen selbst wird mit einem 5V-Pegel angesteuert.

Der Stecker JP1 dient als Umschalter für die Spannungsversorgung des LED-Streifens. Bei einer Leuchtdioden-Anzahl bis zehn Stück kann die interne 5V-Versorgung des Wemos-Boards genutzt werden. Dazu verbindet man die Pins 1 und 2 von JP1. Bei einer größeren Anzahl von Leuchtdioden im Leuchtstreifen muss ein externes 5V-Netzteil verwendet und am Stecker JP2 angeschlossen werden. Die Verbindung 1-2 am JP1 muss entfernt werden. Der Elektrolyt-Kondensator C1 dient zur Stabilisierung der Spannungsversorgung.

Am Stecker JP3 wird der Leuchtstreifen angeschlossen.

Stückliste (Leuchtstreifen mit Wemos D1 Mini)

- 1 Wemos D1 Mini
- 1 Steckbrett oder Wemos-Protoshield
- 1 Transistor BC307
- 1 Widerstand 470 Ohm (R3)
- 1 Widerstand 1,8 kOhm (R2)
- 1 Widerstand 3,3 kOhm (R1)
- 1 Elektrolytkondensator 1000 uF/16 V (C1)
- 2 Stiftleisten 2 Pin (JP1, JP2)
- 1 Stiftleiste 3 Pin (JP3)
- Jumper-Wires

Der Steckbrett-Aufbau ist in Abbildung 10.48 abgebildet. Der Aufbau auf dem Steckbrett empfiehlt sich nur für Testzwecke. Für einen produktiven Betrieb sollte die Schaltung fest und stabil auf ein Wemos-Protoshield oder eine Lochraster-Platine aufgebaut werden.

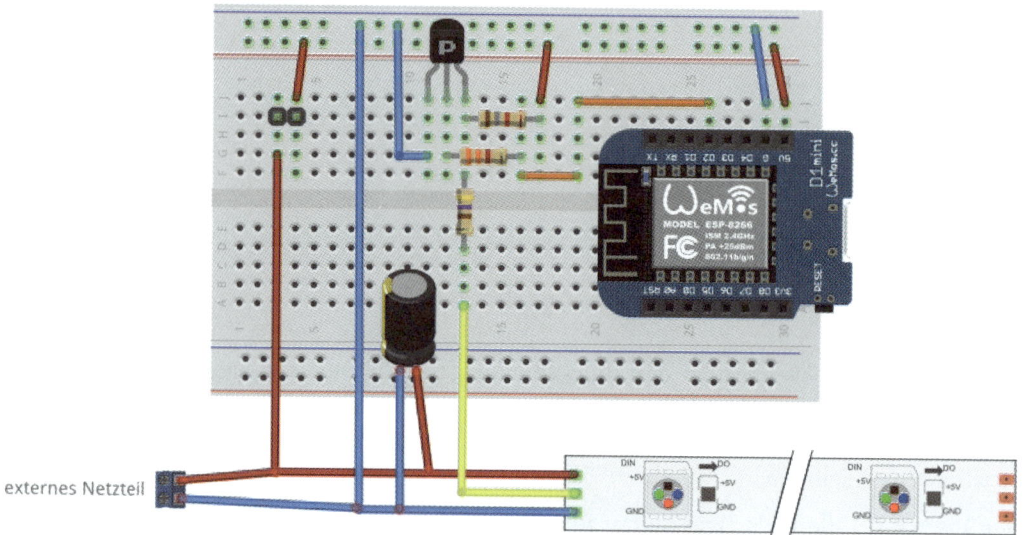

Abb. 10.48: Leuchtstreifen mit Wemos D1 Mini – Steckbrett-Aufbau

Tasmota-Firmware

Auf dem Wemos-Board wird die Firmware Tasmota installiert. Die Installation von Tasmota ist in Abschnitt 3.9 beschrieben.

Nach der Installation wird in der Tasmota-Konfiguration der Modul-Typ auf `Generic (18)` gesetzt und der Pin D2 (GPIO04) wird mit `WS2812 (7)` konfiguriert. Damit weiß das System, dass die Ansteuerung des LED-Streifens über Pin D2 erfolgt (Abbildung 10.49).

Nach dem Speichern der Konfiguration und dem Neustart öffnet sich die Tasmota-Startseite. Neben den Standard-Funktionen auf der Startseite werden Schieberegler für die Farbsteuerung des angeschlossenen LED-Streifens (Abbildung 10.50) angezeigt.

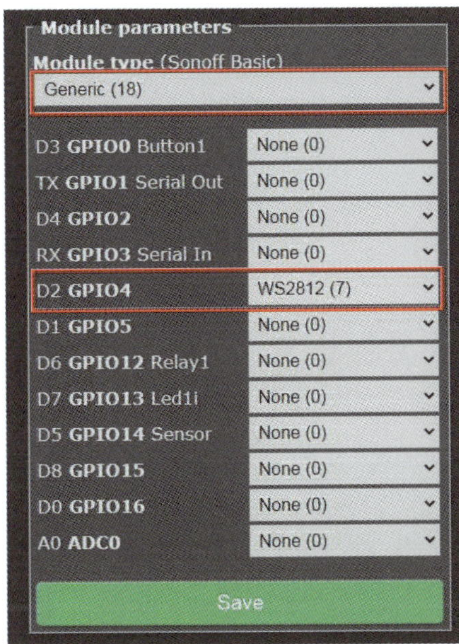

Abb. 10.49: Tasmota – Konfiguration für LED-Streifen

Abb. 10.50: Tasmota – Steuerung eines LED-Streifens

Integration in Node-Red

Für die Integration in Node-Red wird für die Leuchtstreifen-Steuerung mit dem ESP8266-Modul Wemos D1 Mini kein spezieller Node verwendet.

Die Steuerung sowie die Status-Abfrage erfolgt über MQTT.

Dank der Konsolenfunktion in Tasmota können Sie die gesamte Kommunikation und Statusanzeige überprüfen (Abbildung 10.51).

Abb. 10.51: Tasmota – Systemkonsole

Für die Steuerung verwendet man die Kommando-Topics inklusive des jeweiligen Übergabewerts.

Ein- und Ausschalten

```
cmnd/bohne/power on
cmnd/bohne/power off
```

Dimmen

```
cmnd/bohne/dimmer 50
```

Farbwahl

```
cmnd/bohne/color Farbe
```

Der Status wird im Status-Topic zum Abonnieren abgebildet:

```
stat/bohne/RESULT
```

Der Einschaltbefehl in der Konsole (Abbildung 10.52) schaltet den Leuchtstreifen ein.

```
13:12:30 CMD: cmnd/bohne/power on
13:12:30 MQT: stat/bohne/RESULT = {"POWER":"ON"}
13:12:30 MQT: stat/bohne/POWER = ON

cmnd/bohne/power on
```

Abb. 10.52: Tasmota

Die Ansteuerung über die Konsole ist ein gutes Tool zur manuellen Steuerung und Kontrolle des Tasmota-Moduls.

Dank der recht simplen Ansteuerung des Leuchtstreifens via MQTT ist schnell eine Einsteuerung realisiert.

Im ersten Schritt wird in Node-Red ein neuer Flow »RGB« angelegt. Nun wird der Status-Topic `stat/tasmotaname/RESULT` abonniert. Im Beispiel heißt das Tasmota-Modul `bohne` (Abbildung 10.53).

Abb. 10.53: Node-Red: Status von LED-Streifen-Modul abfragen

Die beiden Befehle `on` und `off` für die Ein- und Ausschaltsteuerung des Moduls werden als separate Inject-Nodes realisiert (Abbildung 10.54).

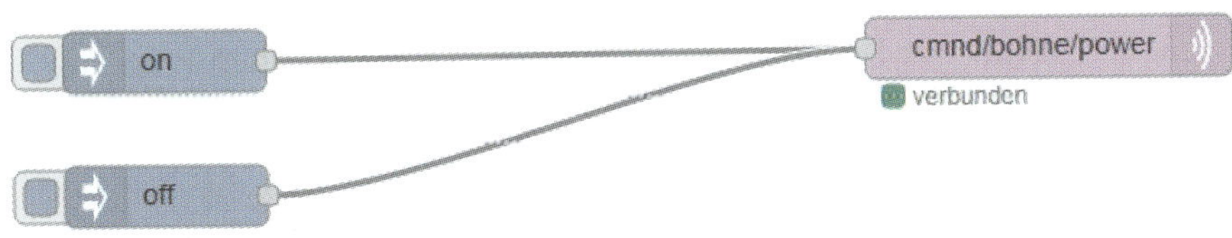

Abb. 10.54: Node-Red: Ein- und Ausschalten von LED-Streifen

Im einzelnen Inject-Node wird nun als Nutzlast der Ein- beziehungsweise Ausschaltbefehl mitgegeben (Abbildung 10.55).

Abb. 10.55: Node-Red: Inject-Node mit Einschaltbefehl

Nach dem Speichern kann der LED-Streifen ein- und ausgeschaltet werden.

Der LED-Streifen sollte einschalten und im Debug-Fenster von Node-Red sind die Schalt-Befehle sichtbar (Abbildung 10.56).

```
8.11.2020, 13:57:37   node: 1b7e373b.6613b9
stat/bohne/RESULT : msg.payload : string[14]
 "{"POWER":"ON"}"
8.11.2020, 13:57:39   node: 1b7e373b.6613b9
stat/bohne/RESULT : msg.payload : string[15]
 "{"POWER":"OFF"}"
```

Abb. 10.56: Node-Red: Status Schaltbefehle

Mit dem nächsten Flow wird die Dimmer-Funktion ergänzt (Abbildung 10.57).

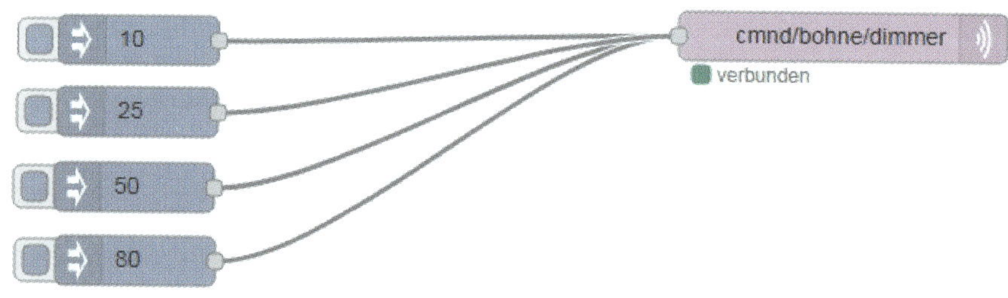

Abb. 10.57: Node-Red: Dimmer-Funktion für LED-Streifen

Der Dimmer wird mit vier Inject-Nodes realisiert und mit einzelnen Prozentwerten erstellt.

Für die Farbsteuerung eignet sich am besten ein Color-Picker, der dann über das Dashboard genutzt werden kann. Auf dem Dashboard wird gleichzeitig auch die Dimmer-Funktion integriert (Abbildung 10.58).

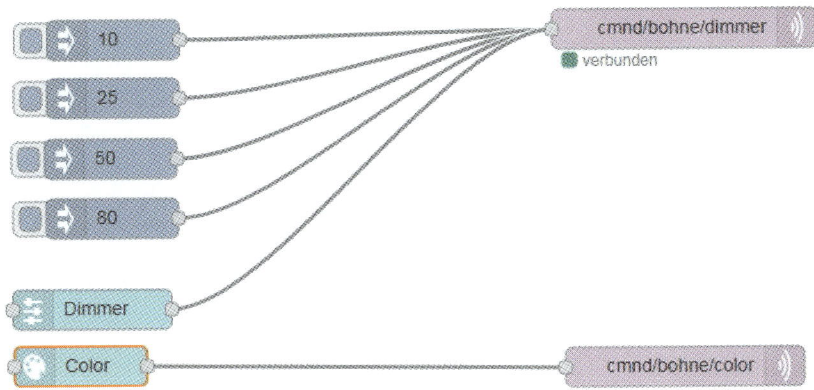

Abb. 10.58: Node-Red – Nodes für Dashboard

Der Dimmer und der Color-Picker werden in einer neuen UI-Gruppe RGB erstellt (Abbildung 10.59).

Abb. 10.59: Node-Red – UI-Gruppe für LED-Steuerung

Der Dimmer-Node für das Dashboard hat einen Wertebereich von 0 bis 100 (Abbildung 10.60).

Group [Light] RGB
Size auto
Label Dimmer
Tooltip optional tooltip
Range min 0 max 100 step 5
Output continuously while sliding

Abb. 10.60: Node-Red – Dimmer-Node für Dashboard

Der Color-Picker erlaubt die Farbauswahl für den LED-Streifen und wird mit dem entsprechenden Node aus der Dashboard-Palette realisiert.

Die Konfiguration können Sie nach Ihren Bedürfnissen anpassen (Abbildung 10.61).

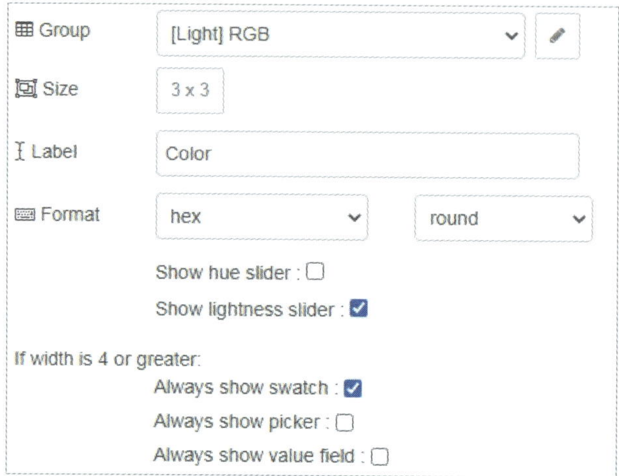

Abb. 10.61: Node-Red – Color-Picker

Als drittes Bedienelement wird noch ein Schalter für das Ein- und Ausschalten des LED-Streifens ergänzt (Abbildung 10.62).

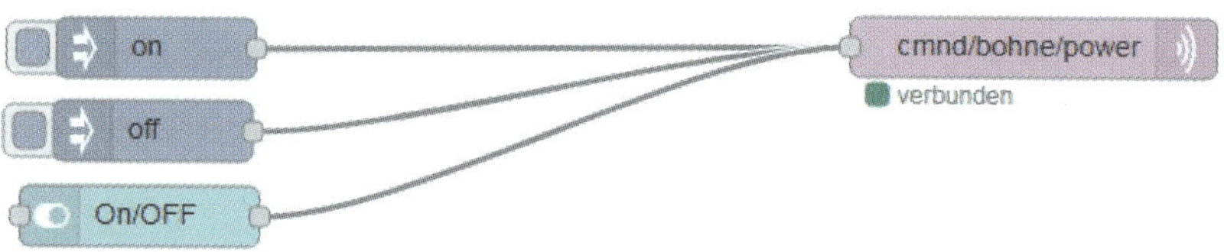

Abb. 10.62: Node-Red – Schalter-Node für LED-Streifen

Der Schalter-Node wird in der gleichen UI-Gruppe RGB platziert. Für die Schaltbefehle werden die Steuerwerte `on` und `off` in der Nutzlast mitgegeben (Abbildung 10.63).

Über das Dashboard kann nun der LED-Streifen gesteuert werden (Abbildung 10.64).

Je nach Anwendungsfall platzieren Sie das kleine Steuerboard inklusive Stromversorgung in einem Gehäuse und verstecken dieses in einer Ecke oder hinter einem Möbelstück.

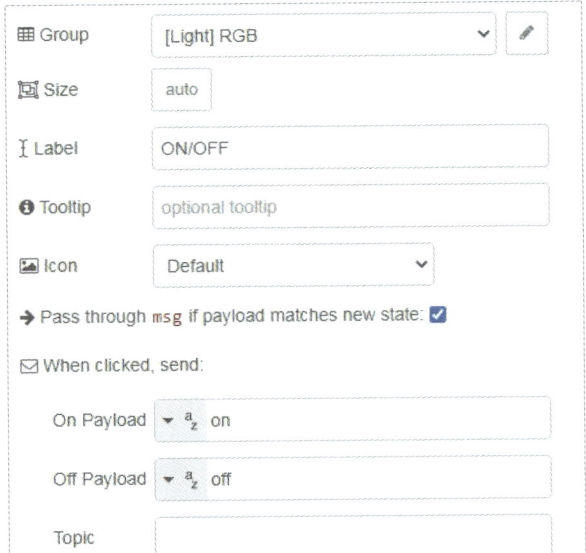

Abb. 10.63: Node-Red – Schalter-Node

Abb. 10.64: Node-Red – Dashboard-Steuerung LED-Streifen

Für eine zeitliche Lichtsteuerung kann die LED-Streifen-Steuerung mit einem Bigtimer-Node ergänzt werden und je nach Tageszeit wird dann eine andere Farbe aktiviert.

Stücklisten

Hier finden sie alle Stücklisten zu den einzelnen Hardware-Projekten. In Klammern ist jeweils die Abschnittsnummer des dazugehörigen Kapitels erwähnt.

Grundausstattung

- 1 Arduino Uno
- 1 Raspberry Pi 3 oder 4
- Netzteil 5 V/mindestens 3 A
- SD-Karte (für Betriebssystem und Datenspeicherung)
- Computer-Maus und Tastatur
- Bildschirm (Computer-Bildschirm oder Fernsehgerät)
- Anschlusskabel für Bildschirm (meist HDMI-Kabel)
- WLAN-Adapter (abhängig vom RPi-Modell)

Temperaturmesser mit NTC und LED (Abschnitt 1.1.5)

- 1 Arduino Uno
- 1 NTC 10 kOhm
- 5 Widerstände 1 kOhm
- 1 Widerstand 10 kOhm
- 5 LED (verschiedenfarbig)
- 1 Steckbrett
- Jumper-Wires

Minimalschaltung Arduino (Abschnitt 1.1.8)

- 1 Microcontroller ATmega328 mit Arduino-Bootloader (IC1)
- 1 Quarz 16 MHz (Q1)
- 1 Widerstand 10 kOhm (R1)
- 2 Kondensatoren 22 pF (C2, C3)
- 2 Kondensatoren 100 nF (C1, C4)
- 1 Reset-Taster (S1)
- 1 Stiftleiste 6-polig (Stecker FTDI)

Webclient mit Arduino (Abschnitt 2.3)

- 1 Arduino Uno
- 1 Ethernet-Shield
- 1 Ethernet-Kabel

Webserver mit Arduino (Abschnitt 2.4)

- 1 Arduino Uno
- 1 Ethernet-Shield
- 1 Ethernet-Kabel

Wemos D1 Mini Blink (Abschnitt 3.4)

- 1 Wemos D1 Mini
- 1 Steckbrett
- 1 Leuchtdiode (Farbe nach Wahl)
- 1 Widerstand 1 kOhm
- Drahtbrücken

Wemos mit Tasmotizer (Abschnitt 3.10)

- 1 Wemos D1 Mini
- 1 USB-Kabel

Tasmota-Schalter (Abschnitt 3.11)

- 1 Wemos D1 Mini
- 1 Breadboard Min
- 1 Widerstand 1 kOhm
- 1 LED rot
- Drahtbrücken

MQTT – Publizieren mit Arduino (Abschnitt 5.2)

- 1 Arduino-Board
- 1 Ethernet-Shield
- 1 Ethernet-Kabel

ESP8266-MQTT-Client (Abschnitt 5.4)

- 1 ESP8266 oder Wemos D1 Mini
- 1 USB-Kabel

MQTT-Client mit LDR (Abschnitt 5.6)

- 1 ESP8266 oder Wemos D1 Mini
- 1 Steckbrett
- 1 LDR
- 1 Widerstand 10 kOhm
- Jumper-Wires

Helligkeitssensor (Abschnitt 6.8)

- 1 Arduino Uno
- 1 BH1750
- 1 Breadboard
- Jumper-Wires

Sensor-Node (Abschnitt 7.1)

- 1 Arduino Uno
- 1 Protoshield (beispielsweise Protonly)
- 1 Set Arduino-Headerleisten oder Stiftleisten

Temperaturmessung mit NTC (Abschnitt 7.2)

- 1 Arduino Uno
- 1 Steckbrett
- 1 NTC 10 kOhm
- 1 Widerstand 10 kOhm
- Jumper-Wires

Helligkeitssensor (Abschnitt 7.3)

- 1 Arduino Uno
- 1 BH1750
- 1 Breadboard
- Jumper-Wires

Umweltsensor (Abschnitt 7.4)

- 1 Arduino Uno
- 1 SHT31-D-Breakout-Board
- 1 Steckbrett
- 1 5-polige Stiftleiste
- Jumper-Wires

Barometer (Abschnitt 7.5)

- 1 Arduino Uno
- 1 BME680-Breakout-Board
- 1 Steckbrett
- Jumper-Wires

433-MHz-Sender (Abschnitt 7.6)

- 1 Arduino Uno
- 1 Funkmodul 433 MHz (Sender)
- 1 Breadboard
- Jumper-Wires

433-MHz-Empfänger (Abschnitt 7.6)

- 1 Arduino Uno
- 1 Funkmodul 433 MHz (Empfänger)
- 1 Breadboard
- Jumper-Wires

RFLink 433 MHz Gateway (Abschnitt 7.7)

- 1 Arduino Mega
- 1 Funkmodul 433 MHz (Empfänger)
- 1 Steckbrett
- Jumper-Wires

RF-Gateway mit ESP8266 (Abschnitt 7.8)

- 1 Wemos D1 Mini
- 1 Funkmodul 433 MHz (Empfänger)
- 1 Breadboard
- Jumper-Wires

RF-Gateway mit Sonoff RF Bridge (Abschnitt 7.9)

- 1 Sonoff RF Bridge

Ausgänge schalten (Abschnitt 8.1)

- 1 Arduino Uno
- 1 Raspberry Pi
- 2 Widerstände 1 kOhm
- 2 Leuchtdioden
- Jumper-Wires

IR-Sender (Abschnitt 8.2)

- 1 Wemos D1 Mini
- 1 Steckbrett
- 3 Infrarot-LED (LED1, LED2, LED3)
- 3 Transistoren NPN (beispielsweise BC237 oder BC546)
- 3 Widerstände 100 Ohm (R4, R5, R6)
- 3 Widerstände 1 kOhm (R1, R2, R3)
- Drahtbrücken

IR-Empfänger (Abschnitt 8.2)

- 1 Wemos D1 Mini
- 1 Steckbrett
- 1 Infrarot-Empfänger 38 kHz (Typ TSOP4838 oder Empfänger aus IR-Kit)
- Drahtbrücken

Drahtlose Klingel (Abschnitt 8.3)

- 1 433-MHz-Klingel (Aliexpress)

Analog/Digital-Wandler (Abschnitt 8.4)

- 1 Wemos D1 Mini
- 1 Steckbrett
- 1 IC MCP3008, Gehäuse DIP-16 (IC1)
- 1 Keramikkondensator 100 nF (C1)
- Drahtbrücken

Briefkastenwächter (Abschnitt 8.5)

- 1 Arduino Uno
- 1 Steckbrett
- 1 Infrarot-Diode
- 1 Infrarot-LED (D1)
- 1 433-MHz-Sendemodul
- 1 Infrarot-Empfänger 38 kHz (IC1, Typ TSOP4838 oder Empfänger aus IR-Kit)
- 1 Widerstand 4,7 kOhm (R1)
- Drahtbrücken

Home-Assistant-System (Abschnitt 9.1)

- 1 Raspberry Pi
- 1 Netzteil für Raspberry Pi

- 1 Ethernet-Kabel
- 1 SD-Karte 16 GB

Stromwächter (Abschnitt 10.2.2)

- 1 Wemos D1 Mini
- 1 Steckbrett oder Energy Monitor Board
- 1 Stromsensor SCT-013-030
- 2 Widerstände 10 kOhm (R1, R2)
- 1 Elektrolytkondensator 10uF/25V (C1)
- 1 Klinkenbuchse für Printmontage (optional)

Waschmaschinenwächter (Abschnitt 10.3)

- 1 ESP8266 oder Wemos D1 Mini
- 1 Steckbrett
- 1 LDR
- 1 Widerstand 10 kOhm
- Gehäuse für LDR (3D-Druck)
- Jumper-Wires

Gefrierschrankwächter – Sender (Abschnitt 10.4)

- 1 Arduino Uno
- 1 Funkmodul 433 MHz (Sender)
- 1 Sensor DS18B20
- 1 Widerstand 4,7 kOhm
- 1 Breadboard, Protoshield (optional) oder RF433-MHz-Shield (optional)
- Jumper-Wires

Gefrierschrankwächter – Empfänger (Abschnitt 10.4)

- 1 Arduino Uno
- 1 Funkmodul 433 MHz (Empfänger)
- 1 Breadboard, Protoshield (optional) oder RF433-MHz-Shield (optional)
- Jumper-Wires

Leuchtstreifen mit Wemos D1 Mini (Abschnitt 10.5)

- 1 Wemos D1 Mini
- 1 Steckbrett oder Wemos Proto Shield
- 1 Transistor BC307
- 1 Widerstand 470 Ohm (R3)

- 1 Widerstand 1,8 kOhm (R2)
- 1 Widerstand 3,3 kOhm (R1)
- 1 Elektrolytkondensator 1000 uF/16 V (C1)
- 2 Stiftleisten 2 Pin (JP1, JP2)
- 1 Stiftleiste 3 Pin (JP3)
- Jumper-Wires

Bezugsquellen

Nachfolgend sind einige Lieferanten aufgelistet, die Komponenten und Bauteile für das Smarthome anbieten.

Deutschland:

Arduino und Zubehör:

Watterott electronic
Winkelstr. 12a
37327 Hausen
`http://www.watterott.com/`

EXP GmbH
Meerwiesertalweg 23
66123 Saarbrücken
`http://www.exp-tech.de/`

ELEKTRONIKLADEN Mikrocomputer GmbH & Co. KG
Bielefelder Str. 561
32758 Detmold
`http://elmicro.com`

SEGOR-electronics GmbH
Kaiserin-Augusta-Allee 94
10589 Berlin
`http://www.segor.de`

Einzelkomponenten:

Conrad Electronic:
Filialen an 26 Standorten:
`http://www.conrad.de/ce/de/ChainstoreInfo.html?servicepoint=chainstore_info`
`http://www.conrad.de`

Reichelt Elektronik GmbH & Co. KG
Elektronikring 1
26452 Sande
`http://www.reichelt.de`

Schweiz:

Arduino und Zubehör:

boxtec internet appliances
Liestalerstr. 47
CH-4419 Lupsingen
`http://shop.boxtec.ch`

PLAY-ZONE.CH
Brunnmatte 1a
CH-5647 Oberrüti / AG
`http://play-zone.ch`

Bastelgarage
purecrea GmbH
Talstrasse 4
CH-4586 Kyburg-Buchegg
`https://www.bastelgarage.ch/`

Einzelkomponenten:

Conrad Electronic AG
Roosstr. 53
CH-8832 Wollerau
`http://www.conrad.ch`

Distrelec AG
Grabenstr. 6
Postfach
CH-8606 Nänikon
`http://www.distrelec.ch`

Weitere Lieferanten von Arduino-Komponenten (weltweit)

Aliexpress:
`https://de.aliexpress.com/`

Sparkfun:
`http://www.sparkfun.com/`

Adafruit:
`http://www.adafruit.com/`

Seeedstudio:
`http://www.seeedstudio.com/depot/`

Maker SHED:
`https://www.makershed.com/`

Stichwortverzeichnis

E

F

G

H

I

J

K

L

M

T

U

V

W

Michael Weigend

Python 3

Lernen und professionell anwenden
Das umfassende Praxisbuch

8., erweiterte Auflage

- Einführung in alle Sprachgrundlagen: Klassen, Objekte, Vererbung, Kollektionen, Dictionaries
- Benutzungsoberflächen und Multimediaanwendungen mit PyQt, Datenbanken, XML, Internet-Programmierung mit CGI, WSGI und Django
- Wissenschaftliches Rechnen mit NumPy, parallele Verarbeitung großer Datenmengen, Datenvisualisierung mit Matplotlib
- Übungen mit Musterlösungen zu jedem Kapitel

Die Skriptsprache Python ist mit ihrer einfachen Syntax hervorragend für Einsteiger geeignet, um modernes Programmieren zu lernen. Mit diesem Buch erhalten Sie einen umfassenden Einstieg in Python 3 und lernen darüber hinaus auch weiterführende Anwendungsmöglichkeiten kennen. Michael Weigend behandelt Python von Grund auf und erläutert die wesentlichen Sprachelemente. Er geht dabei besonders auf die Anwendung von Konzepten der objektorientierten Programmierung ein.

Insgesamt liegt der Schwerpunkt auf der praktischen Arbeit mit Python. Ziel ist es, die wesentlichen Techniken und dahinterstehenden Ideen anhand zahlreicher anschaulicher Beispiele verständlich zu machen. Zu typischen Problemstellungen werden Schritt für Schritt Lösungen erarbeitet. So erlernen Sie praxisorientiert die Programmentwicklung mit Python und die Anwendung von Konzepten der objektorientierten Programmierung.

Alle Kapitel enden mit einfachen und komplexen Übungsaufgaben mit vollständigen Musterlösungen.

Das Buch behandelt die Grundlagen von Python 3 (Version 3.7) und zusätzlich auch weiterführende Themen wie die Gestaltung grafischer Benutzungsoberflächen mit tkinter und PyQt, Threads und Multiprocessing, Internet-Programmierung, CGI, WSGI und Django, automatisiertes Testen, Datenmodellierung mit XML und JSON, Datenbanken, Datenvisualisierung mit Matplotlib und wissenschaftliches Rechnen mit NumPy.

Der Autor wendet sich sowohl an Einsteiger als auch an Leser, die bereits mit einer höheren Programmiersprache vertraut sind.

ISBN 978-3-7475-0051-4

Thomas Brühlmann

Arduino

Praxiseinstieg

4. Auflage

Alle Komponenten der Hardware, Verwendung der digitalen und analogen Ports, Einsatzbeispiele mit Sensoren, Aktoren und Anzeigen

Praktischer Einstieg in die Arduino-Programmierung

Beispielprojekte wie Gefrierschrankwächter, Miniroboter mit Fernsteuerung, Geschwindigkeitsmesser und Internetanwendungen wie Mailchecker und Wetterstation

Arduino besteht aus einem Mikrocontroller und der dazugehörigen kostenlosen Programmierumgebung. Aufgrund der einfachen C-ähnlichen Programmiersprache eignet sich die Arduino-Umgebung für alle Bastler und Maker, die auf einfache Weise Mikrocontroller programmieren möchten, ohne gleich Technik-Freaks sein zu müssen.

Dieses Buch ermöglicht einen leichten Einstieg in die Arduino-Plattform. Der Autor bietet Ihnen eine praxisnahe Einführung und zeigt anhand vieler Beispiele, wie man digitale und analoge Signale über die Ein- und Ausgänge verarbeitet.

Darüber hinaus lernen Sie, wie man verschiedene Sensoren wie Temperatur-, Umwelt-, Beschleunigungs- und optische Sensoren für Anwendungen mit dem Arduino-Board einsetzen kann. Anschließend werden Servo- und Motoranwendungen beschrieben. Dabei wird ein kleiner Roboter realisiert, der ferngesteuert werden kann.

Im Praxiskapitel beschreibt der Autor verschiedene Internetanwendungen mit dem Arduino-Board. Mittels einer Ethernet-Verbindung wird Ihr Arduino twittern, E-Mails senden und empfangen sowie Umweltdaten sammeln und verarbeiten können. Als Projekt wird eine Wetterstation realisiert, die Wetterinformationen aus dem Internet abruft und Wetter- und Sensordaten auf einem Display darstellt.

Zum Abschluss werden verschiedene Werkzeuge und Hilfsmittel sowie Softwareprogramme für den Basteleinsatz beschrieben und Sie erfahren, wie die Arduino-Anwendung im Miniformat mit ATtiny realisiert werden kann.

Mit dem Wissen aus diesem Praxis-Handbuch können Sie Ihre eigenen Ideen kreativ umsetzen.

ISBN 978-3-7475-0054-5